W0263336

Molekular- und Zellbiologie

Aktuelle Themen

Herausgegeben von
N. Blin, M.F. Trendelenburg und E.R. Schmidt

Mit 52 Abbildungen

Springer-Verlag
Berlin Heidelberg New York Tokyo 1985

NIKOLAUS BLIN, Institut für Humangenetik
Universitätsklinik Gebäude 68, Universität des Saarlandes
6650 Homburg

MICHAEL F. TRENDELENBURG
Deutsches Krebsforschungszentrum, Im Neuenheimer Feld 280
6900 Heidelberg

ERWIN R. SCHMIDT, Institut für Genetik
Ruhr-Universität, Postfach 10 21 48
4630 Bochum 1

CIP-Kurztitelaufnahme der Deutschen Bibliothek
Molekular- und Zellbiologie / hrsg. von N. Blin . . . –
Berlin; Heidelberg; New York; Tokyo: Springer, 1984.
ISBN-13: 978-3-540-13934-8   e-ISBN-13: 978-3-642-70100-9
DOI: 10.1007/978-3-642-70100-9
NE: Blin, Nikolaus [Hrsg.]

Druck- und Bindearbeiten: Weihert-Druck GmbH, Darmstadt
2131/3130-543210

Vorwort

Die vorliegende Themensammlung entstand aus Diskussionen
mit Studenten, die an Spezialkursen über zell- und molekularbiologische Methoden teilnehmen und mit Kollegen,
die solche Kurse abhalten. Wir gewannen den Eindruck,
daß es gegenwärtig relativ wenig gut zugängliche Literatur gibt, welche allgemeinverständlich die breite Palet-
te der aktuellen Themen und Methoden der Molekular- und
Zellbiologie behandelt. Bei der Vorbereitung des vorliegenden Bandes haben wir vor allem auf die Aktualität der
Themen Wert gelegt und weniger eine Vollständigkeit einer
Gesamtmonographie angestrebt. Auch wurde bewußt darauf
verzichtet, detaillierte Arbeitsanleitungen zu vermitteln.

Aufgrund unseres persönlichen wissenschaftlichen Engage-
ments haben wir drei Schwerpunkte gesetzt (Charakterisierung spezieller Proteine; DNA Analyse; Funktionsun-
tersuchungen an Genen und Chromosomen). Die Beiträge sind
so konzipiert, daß neben Spezialinformation auch Querver-
bindungen zu Nachbargebieten und übergreifenden Techniken
vermittelt werden sollten. Der Leser wird betont darauf
verwiesen auf solche Überschneidungen zu achten, da sie
zu den Charakteristika der aktuellen biologischen Forschung gehören.

Als Ergebnis entstand eine Sammlung von Kapiteln mit
zweierlei Akzentsetzung: einerseits Übersichtsartikel
mit Allgemeindarstellung und punktuellen Beispielen (z.B.
DNA-Klonierung), andererseits Beiträge, die beispielhaft
ein System ausführlicher belichten (z.B. Membranproteine
der Milchdrüse).

Dieses Buch ist für Studenten im fortgeschrittenen Semester konzipiert, die sich einen Einblick in eine Reihe
moderner Aspekte des weitumfassenden Gesamtkomplexes
Zell- und Molekularbiologie verschaffen wollen.

Die Herausgeber möchten an dieser Stelle allen an dem
Band beteiligten Kollegen herzlich für ihre Mitarbeit
danken.

Heidelberg, im Oktober 1984   N. BLIN
                                     M. TRENDELENBURG
                                     E. SCHMIDT

Inhaltsverzeichnis

Funktionsanalyse zellulärer Strukturproteine durch
Mikroinjektion
B.M. Jockusch und A. Füchtbauer (Mit 3 Abbildungen).   1

Methoden zur Charakterisierung von membranständigen
Rezeptoren: Biochemische Charakterisierung und Rein-
darstellung des Acetyl-LDL-Rezeptors von Makrophagen
H.A. Dresel, D.P. Via und G. Schettler
(Mit 2 Abbildungen).................................... 13

Isolation und Charakterisierung differenzierungs-
spezifischer Antigene der Milchdrüse
E.-D. Jarasch, G. Bruder und H. Heid
(Mit 5 Abbildungen)................................... 22

Sequenzieren von DNA
E.R. Schmidt (Mit 5 Abbildungen)..................... 35

Mathematische und informationstheoretische Hilfsmittel zur DNA-Sequenzierung und Sequenzanalyse
S. Suhai (Mit 5 Abbildungen)......................... 52

Vektor-Wirt Systeme zur DNA-Klonierung in *E. coli*
W. Lindenmaier (Mit 3 Abbildungen).................. 65

Zelloberflächenproteine - Klonierung ihrer Gene
durch DNA vermittelten Gentransfer und fluoreszenzaktivierte Zellsortierung
R.K. Ball und B. Groner (Mit 2 Abbildungen)........ 86

Linkshelikale Z-DNA: "DNA-Supercoiling" und Bindung
von Anti-Z-DNA Antikörpern
A. Nordheim (Mit 6 Abbildungen)..................... 93

Mikroklonierung von Chromosomenabschnitten
H. Jäckle, V. Pirrotta und J.E. Edström
(Mit 5 Abbildungen)................................. 110

Molekular- und Cytogenetik sortierter Methaphasen-
chromosomen
N. Blin (Mit 4 Abbildungen)......................... 123

Chromosomenspezifische DNA-Bibliotheken in der
Humangenetik
T. Cremer und C. Cremer (Mit 3 Abbildungen)........ 132

Gen-Injektion und Transkript-Analyse in der
Xenopus-Oocyte
A. Hofmann, A. Laier und M.F. Trendelenburg
(Mit 5 Abbildungen)................................. 144

Gentransfer in eukaryotische Zellen
H. Hauser.. 159

SV40 als Modellsystem zum Studium eukaryontischer
Genregulation
K. Chowdhury, H. Schöler und P. Gruss
(Mit 4 Abbildungen)................................. 177

Hormonal gesteuerte Transkription - Definition der
regulatorischen Sequenzen im Genom des Maus-Mamma-
tumorvirus
B. Groner (Mit 1 Abbildung)........................ 189

Sachverzeichnis..................................... 197

Mitarbeiterverzeichnis

Die Adressen der Mitarbeiter sind auf der jeweils ersten
Seite des betreffenden Beitrages zu finden.

Ball, R.K.   86
Blin, N.   123
Bruder, G.   22
Chowdhury, K.   177
Cremer, C.   132
Cremer, T.   132
Dresel, H.A.   13
Edström, J.E.   110
Füchtbauer, A.   1
Groner, B.   86,   189
Gruss, P.   177
Hauser, H.   159
Heid, H.   22
Hofmann, A.   144

Jäckle, H.   110
Jarasch, E.-D.   22
Jockusch, B.M.   1
Laier, A.   144
Lindenmaier, W.   65
Nordheim, A.   93
Pirrotta, V.   110
Schettler, G.   13
Schmidt, E.R.   35
Schöler, H.   177
Suhai, S.   52
Trendelenburg, M.F.   144
Via, D.P.   13

Funktionsanalyse zellulärer Strukturproteine durch Mikroinjektion

B. M. Jockusch und A. Füchtbauer

Lehrstuhl für Entwicklungsbiologie, Universität Bielefeld, D-4800 Bielefeld

Die Mikroinjektion gelöster Substanzen in tierische Gewebekulturzellen
sowie in Oocyten hat in den letzten Jahren weite Verbreitung gefunden.
Mit Hilfe dieser Methode kann man rasch und mit großer Ausbeute biologisch wichtige Makromoleküle wie z.B. DNA, mRNA oder Proteine, oder
auch kleinere Moleküle wie Hormone oder Salze in den Zellkern und in
das Zytoplasma einbringen, ohne die betroffenen Zellen zu schädigen.
Von der Fülle der sich daraus ergebenden Anwendungsgebiete soll in
diesem Kapitel nur auf einen Teilaspekt näher eingegangen werden: die
Analyse von Zytoskelett-Strukturen durch Mikroinjektion von Proteinen
ins Zytoplasma von Gewebekulturzellen.

Etwa ein Drittel des Gesamtproteins tierischer Zellen wird zum Aufbau
von Zytoskelett-Elementen verwendet. Innerhalb des fibrillären Zyto-
skeletts kann man drei Systeme unterscheiden: Mikrotubuli, Mikrofilamente und Intermediärfilamente, die sich in der Zusammensetzung ihrer
Proteinkomponenten, in ihrer Morphologie und ihrer Funktion voneinander unterscheiden. Das Mikrofilamentsystem besteht z.B. aus doppelhelikalen Aktinfilamenten von etwa 40 Å Durchmesser, die durch Asso-
ziation mit einer Fülle verschiedener Aktin-bindender Proteine unterschiedliche supramolekulare, räumliche und zeitliche Muster bilden
(vergl. Jokusch, 1983). Um die Bedeutung solcher zellulärer Strukturen
zu verstehen, ist daher eine Analyse sowohl der Verteilung als auch
der Funktion der einzelnen Bausteine wünschenswert. Während die Lokalisation durch spezifische Antikörper mit Immunfluoreszenz und
Immuno-Elektronenmikroskopie in den letzten Jahren große Fortschritte
gemacht hat, ist unsere Kenntnis über die Funktion vergleichsweise gering. Die Hauptgründe dafür sind wohl folgende: (1) Die Reinigung vieler Einzelkomponenten mit gebräuchlichen biochemischen Methoden ist
schwierig, da sie oft nur in geringen Konzentrationen vorhanden und
sehr Proteolyse-empfindlich sind. (2) Aus in vitro-Analysen zur Funktion solcher Einzelkomponenten kann man nicht ohne weiteres auf die
Funktion in der lebenden Zelle schließen. Z.B. kann man die vermutete
Interaktion eines gereinigten Strukturproteins mit Aktinfilamenten
durch viskosimetrische oder spektroskopische Methoden untersuchen. Es
fehlt hierbei aber das intrazelluläre Milieu: in der Zelle werden
solche Wechselwirkungen wahrscheinlich durch die Kompetition anderer
Proteine um dieselbe Bindungsstelle oder durch kontrollierte Änderung
des lokalen Ionen-Milieus moduliert.

Die Mikroinjektion in das Zytoplasma von Einzelzellen, kombiniert mit
Fluoreszenzmarkierung von Proteinen umgeht diese Schwierigkeiten. Zur
Erhöhung des intrazellulären Spiegels einer Strukturkomponente durch
Mikroinjektion z.B. genügen winzige Mengen gereinigten Materials, um
einen tiefgreifenden Effekt zu erzielen, der Rückschlüsse auf die Funktion dieser Komponente zuläßt. Antikörper gegen dieselbe Komponente
können das injizierte Material in fixierten Zellen lokalisieren. Injektion des Antikörpers in lebende Zellen kann durch Blockierung funk-

Molekular- und Zellbiologie
Hrsg. von Blin et al.

tioneller Bindungsstellen, durch Aggregation von Strukturelementen oder durch Präzipitation von Antigen-Antikörperkomplexen selektiv zum Ausfall einer Komponente führen. In diesem Beitrag soll im folgenden die Mikroinjektionsmethode beschrieben werden, so wie sie in verschiedenen Laboratorien für solche Untersuchungen eingesetzt wird. Ergebnisse verschiedener Arbeitsgruppen werden als Beispiele kurz diskutiert, um die Bedeutung der Methode zu illustrieren.

Methodik

Instrumente und Injektions-Technik. Zur Injektion in tierische Zellen hat sich in den letzten Jahren in den meisten Labors die sogenannte "Graessmann-Technik" durchgesetzt (Graessmann und Graessmann, 1976). Dabei wird eine mit Flüssigkeit gefüllte Mikrokapillare unter variablem Winkel von oben in Zellkultur-Zellen eingestochen, wobei die auf Glas- oder Plastik-Plättchen kultivierten Zellen in einer offenen Kulturschale im Medium verbleiben. Das Einstechen geschieht unter mikroskopischer Kontrolle, die Injektion der Flüssigkeit erfolgt durch Druckluft, die von hinten auf die Glaskapillare wirkt. Eine einfache Apparatur dieser Art ist in Abbildung 1 dargestellt. Das Invertmikroskop ermöglicht die Beobachtung des Einstechvorganges, der Mikromanipulator ist zur Fein-Regulation der Position der Kapillare notwendig. Bereits beim Eintauchen in das Medium wird mittels der Injektionsspritze auf die vorher gefüllte Kapillare Druck ausgeübt ("Haltedruck"). Beim Durchstechen der Zellmembran wird durch vorsichtiges Erhöhen des Druckes auf die Injektionsspritze ("Injektionsdruck") ein Quantum Flüssigkeit in die Zelle injiziert, die Kapillare wird unter dem gleichen Druck aus der Zelle zurückgezogen.

Von dieser ursprünglichen "Graessmann-Apparatur" gibt es inzwischen einige Varianten, bei denen die Druckluftzufuhr elektronisch geregelt wird (z.B. Ansorge, 1982; Pochapin et al., 1983). Dies bringt den Vorteil, daß stets gleich viel Druck bei jeder Injektion ausgeübt wird, so daß man theoretisch mit größerer Reproduzierbarkeit rechnen kann. Unter Umständen erweist es sich aber als wünschenswert, mit variablem Druck die Zellen "individuell" zu injizieren: wenn mit asynchronen Zellkulturen gearbeitet wird, so kann man den Unterschied in der Zellmasse auf diese Weise auszugleichen versuchen.

Für die Mikroinjektion eignen sich Glaskapillaren mit Innenfilament, wie sie für die Elektrophysiologie von entsprechenden Firmen angeboten werden. Zum Ausziehen der Kapillare kann ebenfalls ein käuflicher Nadelzieher benutzt werden, selbstgebaute Apparaturen sind unter Umständen den auf dem Markt angebotenen überlegen, weil sie auf individuelle Bedürfnisse abgestimmt werden und höhere Ausbeuten an brauchbaren Mikrokapillaren liefern können. In unserem Labor werden die Kapillaren mit einem von einer Instituts-Werkstatt angefertigten Nadelzieher sehr fein ausgezogen und unter mikroskopischer Kontrolle durch Abbrechen verkürzt, wobei ein Spitzendurchmesser von ca. 1 µm angestrebt wird.

Diese Kapillaren können auf verschiedene Arten mit der Injektionsflüssigkeit gefüllt werden: (1) Die Flüssigkeit wird in eine Röntgenkapillare eingesaugt und von hinten blasenfrei in die Mikrokapillare eingespritzt. (2) Die Flüssigkeit steigt durch Kapillarkräfte in die mit der Spritze eingetauchte Mikrokapillare auf. (3) Die Mikrokapillare wird mit dem stumpfen Ende eingetaucht, durch das Innenfilament steigt die Flüssigkeit langsam, aber blasenfrei bis in die vorderste Spitze. Anschließend kann die Mikrokapillare mit feinen Kanülen oder Röntgenkapillaren von hinten mit Paraffinöl aufgefüllt werden.

Abbildung 1. Einrichtung zur Injektion in Gewebekultur-zellen. Das Invertmikroskop liefert den zur Beobachtung der Zellen vor, während und nach der Operation nötigen Arbeitsabstand. Die Glaskapillare wird mit einem Mikromanipulator geführt. Über eine einfache 50 ml Injektionsspritze (als Explosionsschutz mit Klebeband umwickelt) wird die Injektionsflüssigkeit in der Kapillare unter "Haltedruck" in die Zelle eingebracht, unter einem etwas höheren "Injektionsdruck" aus der Kapillare in die Zelle befördert

Zellen. Für die Mikroinjektion eignen sich besonders Zellen, die sich auf einem künstlichen Substrat (Glas, Plastik, eventuell mit Matrix-Substanzen wie Collagen oder Fibronektin, Gelatine oder Polylysin beschichtet) anheften. Unter den tierischen Gewebekulturzellen gehören dazu vor allem Bindegewebs- und Epithelzellen, sowie Carcinomzellen. Die Haftung am Substrat muß der unter einem Winkel angreifenden Mikrokapillare ausreichenden Widerstand entgegensetzen. Bei Bindegewebszellen wird dies wohl durch die direkt auf dem Substrat liegenden Haftpunkte ("Focal Contacts, Izzard und Lochner, 1976) erreicht, bei Epithelzellen zusätzlich noch durch interzelluläre Verbindungen ("Junctions"). Carcinomzellen sind in Kultur häufig ebenfalls durch interzelluläre Kontakte verbunden. Außerdem entwickeln sich an ihrer Unterseite großflächig Bereiche, in denen die Zellmembran das Substrat zwar nicht direkt berührt, aber sehr nahe daran herankommt und vermutlich über extrazelluläre Matrix-Substanzen damit verbunden ist ("Close Contacts"). Zellen, die normalerweise in Suspension wachsen (z.B. Myelomzellen, Leukämien, Aszites-Tumorzellen) können unter Umständen durch Eingießen in Weichagar arretiert werden. Die Mikroinjektion in solche im dreidimensionalen Verband wachsenden Zellen ist jedoch ungleich schwieriger als in die "Monolayer"-Kulturen. Die Geometrie solcher Zellen spielt bei der Mikroinjektion ins Zytoplasma ebenfalls eine wichtige Rolle. Selbstverständlich sind große Zellen leichter zu injizieren als kleine. Ungünstig sind sehr flach ausgebreitete Zellen, bei denen die Zelldicke dicht neben dem Kern sehr scharf abfällt, so daß man in extrem flachen Winkeln mit der Mikrokapillare herankommen muß.

4

Ganz allgemein ist bei flachen Kulturzellen eine Injektion in den
Zellkern leichter als die ins Zytoplasma.

Auf die Verwundung durch den Einstich der Mikrokapillare reagieren
viele Zellen unmittelbar nach der Injektion mit der Bildung zahlreicher
Granula sowie mit dem Einziehen ihrer Rand- oder Frontlamellen. Bei
Kapillaren-Spitzendurchmessern von höchstens 1 μm und injizierten Volumina von 1/20 des Zellvolumens (siehe unten) sind diese "Verwun-
dungsphänomene" jedoch innerhalb von wenigen Minuten nach der Injektion
überwunden, die Zellen sind von nicht-injizierten Kontrollen nicht zu
unterscheiden.

Quantifizierung und Mess-Genauigkeit. Zur semi-quantitativen Bestimmung der
injizierten Volumina wurden in unserem Labor Puffer-Tröpfchen unter
Paraffinöl abgesetzt. Über den Durchmesser dieser Tröpfchen errechnet
sich ein durchschnittliches Volumen von 10^{-7} μl, das pro Injektion in
eine Zelle appliziert wird. Das entspricht ca. 1/20 des Zellvolumens
der gebräuchlichen Bindegewebs- oder Epithelzellen von Säugern und
Vögeln. Dieser Wert streut jedoch sehr stark und kann um den Faktor 10
variieren. Es müssen daher möglichst viele Zellen in kurzer Zeit injiziert werden, um vernünftige Meßpunkte zu erhalten. Mit unserer Ver-
suchsanordnung können etwa 100 Zellen in 5 Minuten injiziert werden.
Die Kurven über die Konzentrationsabhängigkeit injizierter Strukturproteine (Beispiel: Effekt von Aktin-bindenden Proteinen auf Mikrofilamentbündel) zeigen in unserem Fall, daß 100 Zellen pro Meßpunkt
ausreichend sind, um eine statistische Absicherung der Daten zu ge-
währleisten. Wir müssen dabei jedoch darauf verzichten, Aussagen über
die Vorgänge im Zeitraum von 0-5 Minuten zu machen.

Bei der Injektion von Antikörpern ist es unter Umständen erforderlich,
hohe Konzentrationen (10-50 mg/ml) zu verwenden. Selbst bei dem geringen Spitzendurchmesser von 1 μm der Mikrokapillare sind solche
Lösungen problemlos injizierbar, solange Aggregate und andere größere
Partikel (Staub) durch Ultrazentrifugation vorher daraus entfernt
werden.

Markierung der Proteine. Zur Lokalisation injizierter Strukturproteine
oder Antikörper in den behandelten Zellen verwenden viele Arbeitsgruppen Fluoreszenz-Mikroskopie und Fluoreszenz-markierte Proteine.
Zur Fluorochromierung benutzt man üblicherweise Derivate von Fluoreszein
und Rhodamin, die sich spontan mit reaktiven Seitengruppen am Polypeptid
umsetzen. Gebräuchliche Verbindungen dieser Art sind die entsprechenden
Isothiocyanate, Jodacetamide oder Sulphonylchloride. Die Brauchbarkeit
der fluorochromierten Proteine hängt davon ab, inwieweit ihre Funktion
unverändert geblieben ist. So sollte z.B. vor Mikroinjektions-Experi-
menten mit fluorochromierten Strukturproteinen ihre spezifische Interaktion mit zellulären Strukturen nochmals geprüft werden (vergl. Sanger
et al., 1984). Die Spezifität und Affinität fluorochromierter Antikörper muß kontrolliert werden. Unspezifische Bindung durch Ionen-Wechsel-
wirkung steigt mit der Anzahl der eingefügten geladenen Fluorochrom-
moleküle, das Molverhältnis Farbstoff:Protein sollte daher nicht höher
als 2-3 sein.

Zur Feinlokalisation injizierter Proteine im Zytoskelett bietet sich
Mikroinjektion Gold- oder Ferritin-markierter Strukturproteine sowie
entsprechender Antikörper an. Hier liegt ein bisher noch völlig uner-
forschtes Feld, das sicherlich interessante Ergebnisse erwarten läßt.

Analyse-Methoden. Zur Lokalisation injizierter Strukturproteine oder Antikörper in den behandelten Zellen verwenden viele Arbeitsgruppen Fluoreszenzmikroskopie. Dabei sind zwei Verfahren gebräuchlich:

1. Proteine werden mit Fluorochromen vor der Injektion gekoppelt, ihre intrazelluläre Verteilung wird während und nach der Injektion mit hochempfindlichen Kameras (sogenannten Restlicht-Kameras mit Lichtverstärker-Systemen) vom Fluoreszenzmikroskop auf einen Fernsehmonitor übertragen. Dies erlaubt die Beobachtung lebender Zellen im Fluoreszenzverfahren, erfordert aber relativ hohe Konzentrationen des injizierten Proteins oder seine Anreicherung in intrazellulären Strukturen (z.B. fluorochromiertes Aktin oder Tubulin in Mikrofilamentbündeln bzw. Mikrotubuli). Mit dieser Methode können die Zellen auch über längere Zeiträume beobachtet werden, falls ausreichend für Wärmeschutz und Medien-Pufferung gesorgt wird.

2. Die injizierten Proteine sind nicht fluorochromiert, sondern werden durch Immunfluoreszenz oder andere immunhistochemische Techniken nachgewiesen, nach Beendigung des Experiments. Bei diesem Verfahren müssen die behandelten Zellen innerhalb einer Zellpopulation wieder auffindbar sein (z.B. durch ihre Position in Relation zu einer Markierung des Untergrundes, oder durch simultane Injektion eines Vital-Fluorochroms, etc.). Bei der Auswertung werden fixierte Zellen betrachtet, Kinetiken können nur in diskreten Teilschritten an verschiedenen Zellen erstellt werden.

Ein Beispiel für indirekte Immunfluoreszenz ist in Abbildung 2 (siehe auch Titelbild) gegeben. Hier wurden Antikörper gegen Hühner-Glattmuskelaktin und anschließend Fluorochrom-gekoppelter Schaf-anti-Kaninchen-Antikörper (Farbstoff: Immunglobulin-Verhältnis 1:1) verwendet. Beide Antikörper waren an entsprechenden Antigen-Affinitätssäulen aus dem Rohserum gereinigt worden. Dadurch kann die verwendete Konzentration an Antikörpern auf 0.02-0.1 mg/ml gesenkt werden, wodurch unspezifische Bindungen nochmals sehr stark eingeschränkt werden.

Falls Fluoreszenzmikroskopie verwendet wird, so kann die mit einer der beiden Methoden erhaltene Information zusätzlich über ein Bildauswertungssystem gefiltert werden, um schwache Kontraste zu erhöhen und das "Rauschen" zu erniedrigen. Eine Hintergrund-Erniedrigung kann in manchen Fällen auch durch Kombination verschiedener Immunreagentien erzielt werden. Ein Beispiel: Zum Erstellen einer Kinetik der Zerstörung von Mikrotubuli durch injiziertes Anti-Tubulin lassen sich die verbleibenden Mikrotubuli besser mit Fluoreszenzmikroskopie erfassen als die Bruchstücke. Die Mikrotubuli sind aber auf dem Hintergrund der Tubulin-Antitubulin-Komplexe nach indirekter Immunfluoreszenz schlecht zu sehen. Man kann das Bild erheblich dadurch verbessern, daß man den injizierten (Kaninchen-)Antikörper zunächst nach Fixierung der Zellen mit Anti-Kaninchen-IgG abdeckt und erst danach eine normale indirekte Immunfluoreszenz mit Antitubulin und fluorochromiertem zweiten Antikörper anschließt.

Die geschilderten Verfahren zur Lokalisation des injizierten Materials können mit Lebendbeobachtungen an der betroffenen Zelle (z.B. über Phasen- oder Reflex-Kontrastmikroskopie) oder mit selektiver Färbung beliebiger Zellstrukturen kombiniert werden (Beispiel: Anfärbung von Mikrofilamentbündeln mit Anti-Aktin nach Injektion eines Antitubulins, um Wechselwirkungen zwischen Mikrofilamenten und Mikrotubuli zu analysieren).

Durch die in den letzten Jahren erfolgte Verfeinerung der Analysemethoden sind bei einer Injektionsrate von 100 Zellen pro 5 Minuten auch biochemische Untersuchungen möglich (z.B. auf zweidimensionale "Minigelen").

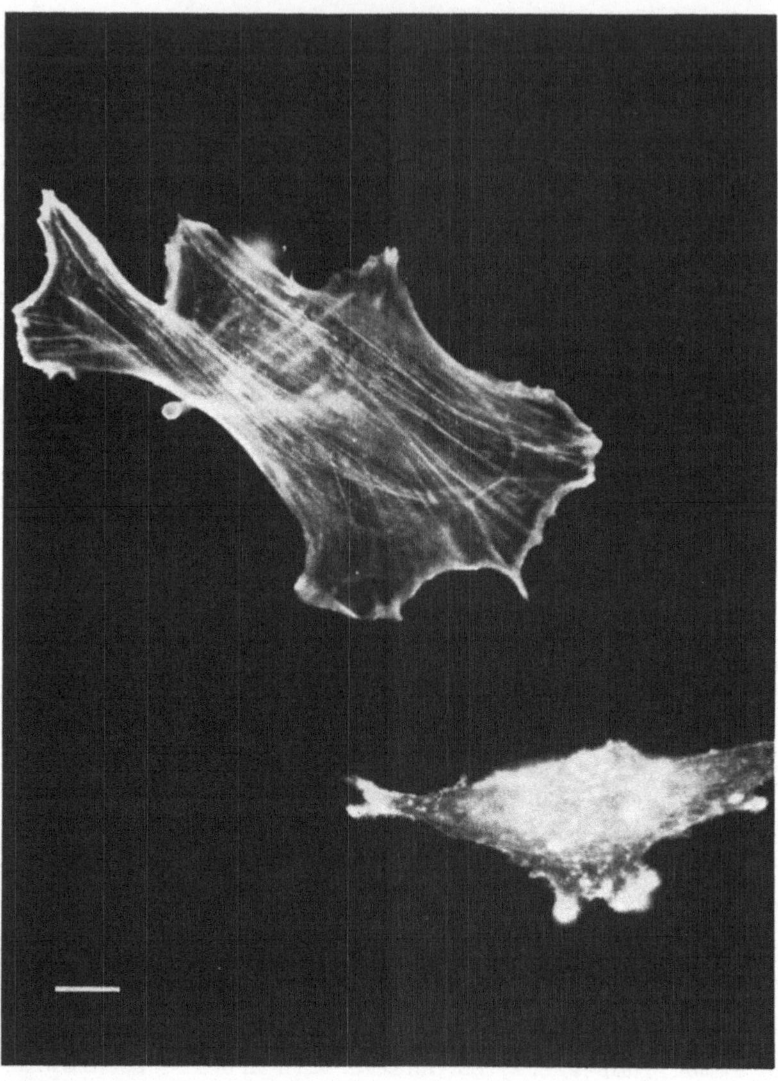

<u>Abbildung 2.</u> Das Mikrofilamentsystem fixierter embryonaler Hühnerfi-
broblasten dargestellt in der indirekten Immunfluoreszenz mit Anti-
Aktin. Die Zellen wurden mit p-Formaldehyd fixiert, mit einem Detergenz (Triton × 100) delipidiert und mit 0.05 mg/ml spezifischem Anti-
Aktin gekoppeltem "zweiten Antikörper" (Schaf-anti-Kaninchen Immunglobulin, ebenfalls affinitätssäulengereinigt) nachbehandelt. Die Aufnahme wurde mit einem ZEISS Photomikroskop mit Epifluoreszenz-Einrich-
tung gemacht. Die Zelle links oben zeigt die typischen Mikrofilamentbündel (Aktin-Kabel) sowie den kortikalen Mikrofilamentsaum an der
Peripherie. Die Zelle rechts unten wurde 30 min vor der Fixierung mit
Brain Capping Protein (Wanger and Wegner, 1984) injiziert. Die Aktin-
kabel sind verschwunden, die Zelle ist stark kontrahiert und zeigt
eine diffuse Aktinverteilung mit randständiger Konzentration in mehreren kleineren Lamellen. Maßstab: 10 μm

Ergebnisse und Diskussion ausgewählter Beispiele

Injektion von Strukturproteinen. Die Mikroinjektion von Rhodamin-konjugiertem Aktin sowie von Aktin-bindenden Proteinen in tierische Zellkulturzellen ist von verschiedenen Arbeitsgruppen durchgeführt worden (z.B. Kreis et al., 1979; Feramisco, 1979; Wehland und Weber, 1980; Wang und Taylor, 1980; Taylor und Wang, 1980; Sanger et al., 1980; Burridge und Feramisco, 1980; Geiger, 1981; Kreis et al., 1982; Kreis und Birchmeier, 1982; Glacy, 1983). Generell ergab sich, daß diese Proteine sich in den erwartenden subzellulären Regionen konzentrieren, z.B. Aktin, alpha-Aktinin und Tropomyosin in den Mikrofilamentbündeln, alpha-Aktinin und Vinculin im Bereich der Aktin-Plasmamembran-Interaktionen, etc. Das derivatisierte Aktin nimmt in Nichtmuskelzellen an der normalen Dynamik der Mikrofilamente teil und kann unter experimentellen Bedingungen auch in den Zellkern wandern, wo es filamentöse Aggregate bildet (Sanger et al., 1980; Wehland et al., 1980). Solche Resultate können natürlich ebenfalls als Funktionstest für die modifizierten Proteine gewertet werden.

Aktin-bindende Proteine können auch in Zellen injiziert werden, in denen sie normalerweise nicht vorkommen. Ein Beispiel dafür ist die Mikroinjektion von Villin, ein natürlicherweise auf Mikrovilli des Dünndarm- und Nierenepithels beschränktes Aktin-bindendes Protein, in andere Epithelzellen oder Fibroblasten. Dort assoziiert Villin mit dem Mikrofilament-System der "Microspikes" der Frontlamelle, nicht aber mit den Mikrofilamentbündeln, die die Zellen am Substrat verhaften (Bretscher et al., 1981). Das Protein findet also auch in fremden Zellen entsprechende Bindungsstellen an Aktinfilamenten, die in den Mikrofilamentbündeln aber vermutlich nicht zugänglich sind. Weitere Beispiele dieser Art sind Injektions-Experimente mit Proteinen, die an das rasch wachsende (Membran-nahe) Ende von Aktinfilamenten binden ("Actin Capping Protein"), wie sie aus Säugergehirn oder Schleimpilzen isolierbar sind. Die Injektion solcher Proteine in Epithelzellen oder Fibroblasten von Säugern oder Vögeln führt innerhalb weniger Minuten zur Zerstörung der Zell-Substrat-Kontakte, gefolgt von einer von distal nach proximal verlaufenden Auflösung der Mikrofilamentbündel. Der Effekt ist an die lebende Zelle gebunden und voll reversibel (Füchtbauer et al., 1983, Tabelle 1, Abbildungen 2 und 3). Die Wirkung solcher "Capping Proteins" ist also Gewebs- und Speziesübergreifend und vermutlich durch einen Eingriff in das in der lebenden Zelle vorliegende dynamische Gleichgewicht zwischen Aktinfilamenten und kleineren Untereinheiten (Oligomere? Monomere?) bedingt. Mikrofilamentbündel in Detergens-extrahierten Zellmodellen sind dagegen resistent gegen solche Proteine. Im Gegensatz dazu steht die Wirkung einer anderen Klasse von Aktin-bindenden Proteinen, die durch eine höhere Affinität für Aktinmoleküle auch an Untereinheiten im Mikrofilament binden und damit das Filament zerbrechen: solche "Aktin-schneidenden Proteine ("Actin Severing Proteins") zerstören daher bestehende Mikrofilamentbündel auch in Detergens-extrahierten Zellen und lösen nach Mikroinjektion in lebende Zellen die Mikrofilamentbündel von der Injektionsstelle nach außen fortschreitend (von proximal nach distal) auf. Die Zellhaftung am Substrat geht ebenfalls verloren, die Zellen kontrahieren sich jedoch wesentlich weniger als nach Injektion von Capping Proteinen. Auch dieser Effekt ist reversibel (Tabelle 1, Abbildung 3).

Injektion von Antikörpern. Für die Mikroinjektion von Antikörpern gegen Strukturproteine kommen sowohl polyklonale wie monoklonale Antikörper vom IgG-Typ in Betracht. Wenn die letzteren durch Affinitätschromatographie gereinigt werden, so hat man in beiden Fällen Antikörper mit hoher Spezifität zur Verfügung. Nach Injektion solcher Antikörper kann man folgende grundsätzlich verschiedene Reaktionen erwarten:

Tabelle 1. Die Wirkung mikroinjizierter Mikrofilament(MF)-bindender Proteine auf MF-Bündel (Aktinkabel)

MF-bindendes Protein	Wirkung auf Aktinkabel in lebenden Zellen (2.5 µM)[b]	Wirkung auf Aktinkabel in Zellmodellen[a] (2.5 µM)[b]	Reversibilität (50% Erholung)
Brain Capping Protein (Kilimann and Isenberg, 1982)	Auflösung in 30 min	kein Effekt	+ (2.5 h)
Brain Capping Protein (Wanger and Wegner, 1984)	Auflösung in 30 min	kein Effekt	+ (2.5 h)
CAP-42 (Maruta et al., 1983)	Auflösung in 30 min	?	+ (3 h)
Actin Depolymerizing Factor (Chaponnier et al., 1979)	Auflösung in 30 min	Auflösung in 5 min	+ (2 h)
Gelsolin Harris et al., 1982)	Auflösung in 60 min	Auflösung in 5 min	+ (2 h)
Anti-Vinculin (Füchtbauer and Jockusch, 1984)	Auflösung in 30 min	?	– (24 h)
Anti-Actin (Jockusch et al., 1978)	kein Effekt	kein Effekt	

[a]Die Zellen wurden mit 0.2% Triton X 100 extrahiert.
[b]Diese Angabe bezieht sich auf die Konzentration in der Injektionslösung.

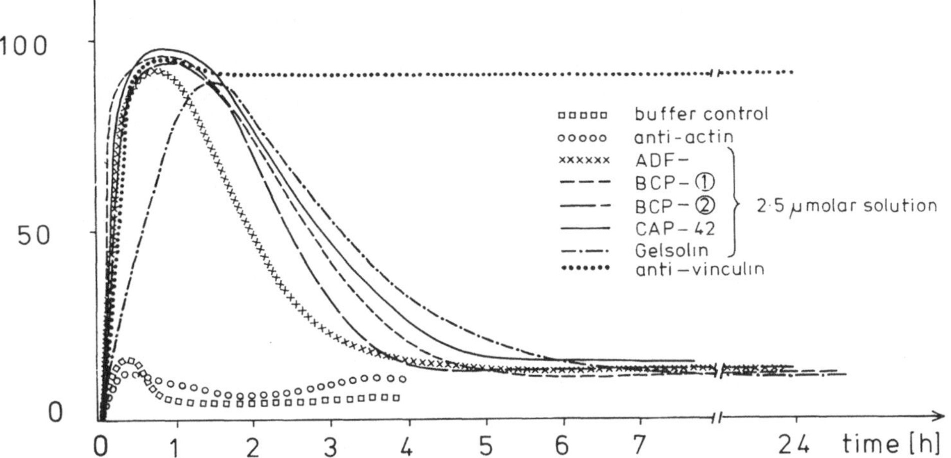

Abbildung 3. Zeitverlauf der Wirkung verschiedener Mikrofilament-bindender Proteine (Aktin-bindender Proteine und Antikörper) auf die Ausprägung von Aktinkabeln in Epithelzellen (PtK$_2$). Die Konzentration der Antikörper in der Injektionslösung betrug 0.4 mg/ml. BCP-(1) und BCP-(2): Brain Capping Protein isoliert von Wanger und Wegner (1984) sowie von Kilimann et al. (1982). ADF: Actin Depolymerizing Factor (Chaponnier et al., 1979). Ordinate: Prozentsatz der Zellen mit zerstörten Aktinkabeln

1. Der Antikörper blockiert eine funktionell wichtige Bindungsstelle am Strukturprotein, entweder weil diese mit dem vom Antikörper erkannten Epitop identisch ist, oder durch sterische Behinderung. Spezifische polyklonale Antikörper mit hoher Affinität werden in diesem Fall häufiger zur Störung einer zellulären Funktion führen als monoklonale, weil sie mehrere Epitope am selben Molekül abdecken. Zu diesen Fällen gehört wahrscheinlich ein polyklonaler Antikörper mit hoher Affinität zu beta-Tubulin, der bereits in geringer Konzentration (0.1-1.0 mg/ml) Mikrotubuli in lebenden Zellen, in Detergens-extrahierten Zellmodellen und in vitro polymerisierte Mikrotubuli depolymerisiert (Herrmann et al., 1982; Füchtbauer et al., 1984). Der Effekt in der lebenden Zelle ist voll reversibel, die Zellen erholen sich in wenigen Stunden und bilden neue Mikrotubuli aus. Eine grobe Überschlagsrechnung ergibt folgendes: Bei einer intrazellulären Gesamtkonzentration von alpha- und beta-Tubulin von 2 mg/ml, einer Antikörperkonzentration von 1 mg/ml in der Injektionslösung und einem Injektionsvolumen von 5%, liegt in der Zelle ein Molverhältnis von 1:100 von Antikörper zu beta-Tubulin vor. In lebenden Zellen ist nur etwa die Hälfte des Tubulins in Mikrotubuli festgelegt, die Hälfte des Antikörpers wird daher vermutlich von löslichem Tubulin gebunden. Für die an intakte Mikrotubuli bindenden Antikörper gilt, daß bivalente Antikörpermoleküle maximal 2 nebeneinander liegende beta-Tubuline in den heterodimeren Untereinheiten binden können, so daß im Schnitt maximal jedes 50. Molekül im Mikrotubulus an Antikörper gebunden wird. Dies genügt offensichtlich, um Mikrotubuli innerhalb weniger Minuten zu zerbrechen. Experimente mit in vitro polymerisierten Mikrotubuli bestätigen diesen Schluß. Dieser Antikörper wirkt auf Mikrotubuli wie ein "Aktin-schneidendes Protein" auf Mikrofilamente, nicht über eine Verschiebung eines Gleichgewichtes zwischen löslichem und strukturgebundenem Tubulin.

Zur gleichen Kategorie gehört vermutlich ein polyklonaler Antikörper
gegen Vinculin, der nach Mikroinjektion in Epithelzellen oder Fibroblasten die Haftpunkte dieser Zellen irreversibel zerstört. Hier wird
vermutlich die Interaktion der in den Bereichen der Haftpunkte kon-
zentrierten Vinculin-Moleküle in einer nicht-reparablen Weise betroffen. Dies ist unvereinbar mit einer normalen Verankerung der Zelle
am Untergrund (Jockusch und Füchtbauer, 1983; Füchtbauer und Jockusch,
1984).

2. Der bivalente Antikörper führt durch Aggregation von fibrillären
Zytoskelettstrukturen zu einer Störung. Zu dieser Klasse gehören poly-
klonale (Gawlitta et al., 1981) und monoklonale (Klymkowsky, 1981;
Lin und Feramisco, 1981) Antikörper gegen Vimentin, die in der Zelle
Intermediärfilamente des mesenchymalen Typus kollabieren lassen.
Interessanterweise behindert diese Aggregation weder Zellbewegung noch
Zellteilung. Auch die Proteinsynthese verläuft ungestört. Der am besten
charakterisierte Antikörper dieser Klasse ist gegen tyrosiliertes al-
pha-Tubulin gerichtet und führt bei mittleren und hohen Konzentrationen
(6-20 mg/ml) zur Aggregation von Mikrotubuli und damit zur Arretierung
saltatorischer Partikelbewegung (Wehland und Willingham, 1983).

3. Der Antikörper ruft durch Aggregation oder Präzipitation eines Be-
standteils eines Zytoskelett-Systems eine Störung in einem anderen
System hervor. Dies wurde beobachtet nach Mikroinjektion von Antitubulin (Wehland und Willingham, 1983; Blose et al., 1984) oder Anti-
spektrin (Mangeat und Burridge, 1984), die zur Aggregation von Inter-
mediärfilamenten und den Zerfall des Golgi-Apparates in Vesikel (im
Fall des Antitubulins) zur Folge hatte. Hieraus ergeben sich Schluß-
folgerungen über die strukturellen Verbindungen der Zytoskelettstrukturen miteinander sowie mit zellulären Membranen.

4. Schließlich könnten Antikörper gegen lösliche Proteine, die entweder als Strukturbausteine mit einem Zytoskelettelement im Gleichgewicht stehen (z.B. Aktin oder Tubulin), oder regulierend in den Auf-
und Abbau solcher Elemente eingreifen (z.B. Calmodulin), durch Aggregation und Präzipitation dieser löslichen Bausteine zum Ausfall einer
Funktion führen. Im Fall eines "Massenproteins" wie Aktin wird ein
solcher Effekt nur schwierig zu erreichen sein (vergl. Tabelle 1 und
Abbildung 3), bei einem der in geringen Konzentrationen vorliegenden
Aktin-bindenden Proteine ist er jedoch durchaus vorstellbar. In einem
solchen Fall sollte der Antikörper jedoch keine Wirkung auf das nach
Detergens-Extraktion verbleibende Zytoskelett haben.

Zusammenfassung

Zur Untersuchung der Funktion einzelner Komponenten der komplexen Zytoskelettstrukturen ist die Mikroinjektion eine adäquate Methode. Die
bisher damit erzielten Ergebnisse sind hier an einzelnen Beispielen
aufgezeigt. In Kombination mit spezifischen Antikörpern, biochemischen
"Mini-Meßmethoden" für geringe Zellzahlen, sowie mit Markierungsver-
fahren für licht- und elektronenmikroskopische Analyse eröffnet sich
damit ein weites Feld zur Untersuchung vieler mit dem Zytoskelett
assoziierter Phänomene, wie Zellverankerung, Lokomotion, Zellteilung
und intrazellulärer Transport.

Danksagung

Wir danken Prof. G. Gabbiani, Dr. A. Weeds und Dr. A. Wegner für gereinigte Aktin-bindende Proteine und Frau Ch. Wiegand für exzellente technische Hilfe bei unseren eigenen hier zitierten Arbeiten. Herrn Dr. J. Wehland sind wir für ausführliche Diskussionen zu Dank verpflichtet. Alle unsere eigenen Untersuchungen wurden von der Deutschen Forschungsgemeinschaft und der Stiftung Volkswagenwerk finanziell großzügig unterstützt.

Literatur

Ansorge W (1982) Improved systems for capillary microinjection into living cells. Exp Cell Res 140:31-37

Blose SH, Meltzer DI, Feramisco JR (1984) 10nm filaments are induced to collapse in living cells microinjected with monoclonal or polyclonal antibodies against tubulin. J Cell Biol 98:847-858

Bretscher A, Osborn M, Wehland J, Weber K (1981) Villin associates with specific microfilamentous structures as seen by immunofluorescence microscopy on tissue sections and cells microinjected with villin. Exp Cell Res 135:213-219

Burridge K, Feramisco JR (1980) Microinjection and localization of 130 K protein in living fibroblasts: relationship to actin and fibronectin. Cell 19:587-596

Chaponnier C, Borgia R, Rungger-Brändle E, Weil R, Gabbiani G (1979) An actin-destabilizing factor is present in human plasma. Experientia 35:1039-1041

Feramisco JR (1979) Microinjection of luorescently labeled alpha actinin into living fibroblasts. Proc Natl Acad Sci USA 76:3967-3971

Füchtbauer A, Herrmann M, Mandelkow EM, Jockusch BM (1984) Disruption of microtubles in living cells by high affinity antibodies to tubulin. In preparation

Füchtbauer A, Jockusch BM, Maruta M, Kilimann MW, Isenberg G (1983) Microfilament organisation is disrupted by F-actin capping proteins injected into living tissue culture cells. Nature 304:361-362

Füchtbauer A, Jockusch BM (1984) Vinculin as a functional component of focal contacts in tissue culture cells. J Submicrosc Cytol 16: 109-110

Gawlitta W, Osborn M, Weber K (1981) Coiling of intermediate filaments induced by microinjection of a vimentin-specific antibody does not interfere with locomotion and mitosis. Eur J Cell Biol 26:83-90

Geiger B (1981) The association of rhodamin-labelled alpha actinin with actin bundles in demembranated cells. Cell Biol Int Rep 5:627-634

Glacy SD (1983) Pattern and time course of rhodamin-actin incorporation in cardiac myocyts. J Cell Biol 96:1164-1167

Graessmann M, Graessmann A (1976) "Early" simian-virus-40-specific RNA contains information for tumor antigen formation and chromatin replication. Proc Natl Acad Sci USA 73:366-370

Harris HE, Bamburg JR, Bernstein BW, Weeds AG (1982) The depolymerization of actin by specific proteins from plasma and brain: a quantitative assay. Anal Biochem 119:102-114

Herrmann M, Mandelkow EM, Füchtbauer A, Jockusch BM (1982) Disruption of microtubules by high affinity antibodies specific for alpha and beta tubulin. Biol Cellul 45:263

Izzard CS, Lochner LR (1976) Cell-to substrate contacts in living fibroblasts: an interference-reflexion study with an evaluation of the technique. J Cell Sci 21:129-159

Jockusch BM, Kelley KH, Meyer RK, Burger MM (1978) An efficient method to produce anti-actin. Histochemistry 55:177-184

Jockusch BM, Füchtbauer A (1983) Organisation and function of structural elements in focal constants. Cell Motility 3:391-397

Kilimann MW, Isenberg G (1982) Actin filaments capping protein from mammalian brain. EMBO J 1:889-894

Klymkowsky MW (1981) Intermediate filaments in 3T3 cells collaps after intracellular injection of a monoclonal antiintermediate filament antibody. Nature 291:249-251

Kreis TE, Winterhalter KH, Birchmeier W (1979) In vivo distribution and turnover of fluorescently labeled actin microinjected into human fibroblasts. Proc Natl Acad Sci USA 76:3814-3818

Kreis TE, Birchmeier W (1982) Microinjection of fluorescently labeled proteins into living cells with emphasis on contractile proteins. Int Rev Cytol 75:209-227

Kreis TE, Geiger B, Schlessinger J (1982) Motility of microinjected rhodamine actin within living chicken gizzard cells determined by fluorescence photobleaching recovery. Cell 29:835-845

Lin JJ, Feramisco JR (1981) Disruption of the in vivo distribution of the intermediate filaments in fibroblasts through the microinjection of a specific monoclonal antibody. Cell 24:185-193

Mangeat PH, Burridge K (1984) Immunoprecipitation of nonerythrocyte spectrin within live cells following microinjection of specific antibodies: relation to cytoskeletal structures. J Cell Biol 98: 1363-1377

Maruta H, Isenberg G, Schreckenbach T, Hallmann R, Risse G, Schibayama T, Hesse T (1983) Ca-dependent actin binding phosphoprotein in Physarum polycephalum. I. Ca/actin-dependen inhibition of its phosphorylation. J Biol Chem 258:10144-10150

Pochapin MB, Sanger JM, Sanger JW (1983) Microinjection of Lucifer Yellow CH into sea urchin eggs and embryos. Cell Tissue Res 234: 309-318

Sanger JW, Sanger JM, Jockusch BM (1980) Reversible translocation of cytoplasmic actin into the nucleus caused by dimethyl sulfoxide. Proc Natl Acad Sci USA 77:5268-5272

Sanger JW, Mittal B, Sanger JM (1984) Analysis of myofibrillar structure and assembly using fluorescently labeled contractile proteins. J Cell Biol 98:825-833

Taylor DL, Wang YL (1980) Fluorescently labelled molecules as probes of the structure and function of living cells. Nature 284:405-410

Wang YL, Taylor DL (1980) Preparation and characterization of a new molecular cytochemical probe: 5-iodo-acetamido fluorescein-labeled actin. J Histochem Cytochem 28:1198-1206

Wanger M, Wegner A (1984) Equilibrium constant for binding of an actin filament binding protein to the barbed end of actin filaments. J Biol Chem (in press)

Wehland J, Weber K (1980) Distribution of fluorescently labeled actin and tropomyosin after microinjection in living tissue culture cells as observed with TV image intensification. Exp Cell Res 127:397-408

Wehland J, Weber K, Osborn M (1980) Translocation of actin from the cytoplasm into the nucleus in mammalian cells exposed to dimethyl-sulfoxide. Biol Cellul 39:109-111

Wehland J, Willingham MC (1983) A rat monoclonal antibody reacting specifically with the tyrosylated form of α-tubulin II. Effects on cell movement, organization of microtubules and intermediated filaments, and arrangement of Golgi elements. J Cell Biol 97:1476-1490

Methoden zur Charakterisierung von membranständigen Rezeptoren: Biochemische Charakterisierung und Reindarstellung des Acetyl-LDL-Rezeptors von Makrophagen

H. A. Dresel[1], D. P. Via[2] und G. Schettler[1]

1 Medizinische Klinik der Universität Heidelberg, Bergheimer Straße 58, D-6900 Heidelberg
2 Baylor College of Medicine, Dept. of Medicine, 6565 Fannin A 601, Houston, Texas, 77030, USA

EINLEITUNG

Die arteriosklerotische Läsion der Arterienwand hat eine komplexe Morphologie. Neben extrazellulären Ablagerungen von Kollagen, Fibrin und Cholesterin werden mit Cholesterin überladene Makrophagen, sogenannte "Schaumzellen", und proliferierende glatte Muskelzellen in der Arterienwand gefunden (Ross und Glomset 1976). Die Schaumzellen entwickeln sich entweder aus ortsständigen Makrophagen oder aus Monozyten des Blutes, die die Endothelzellbarriere penetrieren (Schaffner et al. 1980, Gerrity 1981, Ross 1981). Das morphologische Charakteristikum der Schaumzellen sind cytoplasmatische Cholesterineinschlüsse, die das Cytoplasma vakuolisieren und elektronenmikroskopisch "schaumig" verändert erscheinen lassen.

In den letzten Jahren wurde versucht, biologische Funktionen der Zellen der arteriosklerotischen Läsionen zu erforschen. Es wurden vor allem die Makrophagen in der Zellkultur auf ihre Wechselwirkung mit cholesterinhaltigen Lipoproteinen untersucht. Die Studien wurden stimuliert durch eine Beobachtung von Goldstein und Brown. Patienten mit familiärer Hypercholesterinämie in der homozygoten Form mit frühzeitiger Gefäßatherosklerose und intensiver Schaumzellenbildung haben sehr hohe Spiegel des atherogenen cholesterinreichen Low Density Lipoprotein (LDL). LDL kann in diesen Patienten von den Zellen der parenchymatösen Organe (im wesentlichen der Leber) nur unspezifisch aufgenommen werden, da die Endozytose über den LDL-Rezeptor der Zielzelle defekt ist (Goldstein und Brown 1977, Goldstein und Brown 1978). Makrophagen jedoch verfügen auch über andere Mechanismen der Cholesterinaufnahme, denn Cholesterin akkumuliert in den Organen des RES und Schaumzellen dieser Patienten. Von Kultur-Makrophagen wird natives LDL nur in vergleichsweise geringen Mengen aufgenommen und es gelingt nicht durch hohe Konzentrationen von LDL die Schaumzellenbildung in vitro auszulösen. Chemisch modifiziertes LDL (acetyliertes LDL, "acetyl-LDL") wird dagegen von peritonealen Makrophagen, Monozyten u.a. sehr rasch durch rezeptorspezifische Endozytose aufgenommen (Goldstein et al. 1979, Brown et al. 1980), ebenso ß-VLDL (Goldstein et al. 1980, Mahley et al. 1980). Die Cholesterinester werden intrazellulär in den Lysosomen durch die saure Lipase gespalten. Kann das freie Cholesterin nicht aus der Zelle ausgeschleust und an einen Cholesterinakzeptor des Mediums abgegeben werden, dann wird es mikrosomal wieder verestert. Es treten cytoplasmatische Cholesterinesterdepots auf, die mikroskopisch als Lipidtröpfchen ("Fettvakuolen") erscheinen (Goldstein et al. 1979, Brown, Ho, Goldstein 1980).

Abkürzungen: ELISA = Enzyme-linked immunosorbent assay. HDL = High Density Lipoprotein. LDL = Low Density Lipoprotein. RES = Retikuloendotheliales System. PAA = Polyacrylamid. PEI = Polyäthylenimin. PVS = Polyvinylsulfat. SDS = Natriumdodecylsulfat.

Molekular- und Zellbiologie
Hrsg. von Blin et al.
© Springer-Verlag Berlin Heidelberg 1985

14

Obwohl bisher kein biologisches Äquivalent des acetyl-LDL aus dem in-vivo-Plasmakom-
partment isoliert wurde, hat der acetyl-LDL-Rezeptor der Makrophagen möglicherweise
in vivo Bedeutung bei der Schaumzellenbildung. Es konnte gezeigt werden, daß Endothelzellen LDL zumindest in vitro modifizieren, wodurch die Elektronegativität des Parti-
kels zunimmt (EC-LDL). "EC-LDL" wird wie acetyl-LDL rasch von Kulturmakrophagen
abgebaut. Kompetitionsstudien mit acetyl-LDL lassen vermuten, daß "EC-LDL" ebenfalls
über den "acetyl-LDL-Rezeptor-pathway" in die Zelle gelangt (Henriksen et al. 1981,
Steinberg 1983). Vielleicht hat der acetyl-LDL-Rezeptor auch bei der Entzündung Bedeutung. Johnson et al. (1983) fanden, daß andere modifizierte Serumproteine wie Maleyl-
BSA an den Makrophagen-Rezeptor binden und dabei zelluläre Funktionen, wie z.B.
die Sekretion von neutralen Proteasen stimulieren , die als enzymatische Parameter
der Entzündung gelten. Entzündliche Reaktionen wurden von Pathologen vielfach in ar-
teriosklerotisch veränderten Gefäßen beobachtet. Goldstein und Brown haben kürzlich
über die Aufnahme von Lipoproteinen durch Makrophagen eine Übersichtsarbeit verfaßt
(Brown und Goldstein 1983). Im folgenden Beitrag fassen wir Arbeiten der letzten
zwei Jahre zusammen, die zum Ziel hatten, den acetyl-LDL-Rezeptor der Makrophagen
zu isolieren und biochemisch zu charakterisieren. Es werden dabei methodische Aspekte
hervorgehoben, die für die Reindarstellung von Membranrezeptoren allgemein von Interesse sind.

ACETYL-LDL-REZEPTOREN IN ZELLINIEN UND TUMORGEWEBE

Biochemische Arbeiten im präparativen Maßstab zur Charakterisierung von Membranrezeptoren erfordern rezeptorreiche Gewebemasse. Da Makrophagen am zellulären Blut
nur einen geringen Anteil haben und peritoneale Makrophagen auch nach Stimulation mit
z.B. Thioglykollat, Phytohämagglutinin, BCG aus Versuchstieren nicht im größeren Maßstab zu isolieren sind, wurden Experimente durchgeführt mit dem Ziel, rezeptorreiche
Tumorzellinien und Tumorgewebe für die biochemische Charakterisierung des acetyl-
LDL-Rezeptors zur Verfügung zu stellen (Via et al. 1984). Es wurde die LDL- und acetyl-
LDL-Bindung und deren Degradation in murinen makrophagozytären Zellinien (P388D1,
J774.1, RAW264.7, PU5-1.8) und humanen monozytären Linien (HL-60, U-937) unter-
sucht. Die Zellinien P388D1, J774.1 und RAW264.7 binden und degradieren acetyl-LDL
in ähnlicher Weise wie peritoneale Makrophagen und menschliche Monozyten. Die Degra-
dationsrate des acetyl-LDL ist in J774.1-Zellen am höchsten, z.B. 1,5-fach höher als in
P388D1 und 4-5-fach höher als in RAW264.7. Die Zellinie PU5-1.8 und die menschlichen
Zellinien U-937 und HL-60 haben nur geringe hochaffine acetyl-LDL-Bindungskapazität
und geringen acetyl-LDL-Abbau. Die Bindungskapazität von P388D1 liegt bei etwa 60 %
der von peritonealen Makrophagen. Man findet etwa 40 000 acetyl-LDL-Rezeptoren/Zelle.
Die $K_d = 3 \times 10^{-8}$ M. Die Bindung des acetyl-LDL ist wie in peritonealen Makrophagen
sensitiv gegenüber Polypurinen und Polysacchariden (Fucoidan und Dextransulfat).
Durch Inkubation von P388D1 mit acetyl-LDL steigt über 96 Stunden der intrazelluläre
Cholesteringehalt 250-fach an. Die Akkumulation von Cholesterinester ist reversibel,
wenn ein Cholesterinakzeptor wie HDL_3 dem Inkubationsmedium zugesetzt wird. Aus
diesen Ergebnissen wurde geschlossen, daß die peritonealen Makrophagen der Maus
und die Tumorzellinien P388D1, J774.1 und RAW264.7 einen gemeinsamen Bindungs-
und Endozytoseweg für acetyliertes LDL haben und deshalb geeignete Modellsysteme
sein könnten, eine größere Tumormasse in einem in-vivo-System herzustellen.

Die subkutane Injektion von P388D1 und J774.1 in die isogenen Mäusestämme führt zu
schnellem, solitärem, lokalem Tumorwachstum. Nach ca. 2 Wochen kann etwa 2 g re-
zeptorreiches Tumorgewebe pro Versuchstier gewonnen werden (Via et al. 1984).

HOMOGENISATION UND SOLUBILISATION DES ACETYL-LDL-REZEPTORS

Die acetyl-LDL-Rezeptoraktivität wird nach Homogenisation des Tumorgewebes und Ultrazentrifugation in der Membranfraktion gefunden. Die Analyse nach Scatchard ergibt eine einzige hochaffine Bindungsstelle für acetyl-LDL (K_D = 2,5 x 10^{-8} M) und hohe Sensitivität gegenüber Polypurinen (wie Polyinosinsäure und Polyvinylsulfat) und saurem Polysaccharid (Fucoidan). Die in der Membran gefundene Rezeptoraktivität hat ähnliche funktionelle Charakteristika wie die der intakten Zelle. Die Bindungskapazität (Rezeptorzahl) der Membranfraktion entspricht etwa der von in gleicher Weise präparierten Membranen kultivierter Zellen.

Der acetyl-LDL-Rezeptor wird aus der Membranfraktion des Tumorgewebes mit den nicht-ionischen Detergentien Triton X-100 (Via, unveröffentlicht), Triton X-114 (Dresel et al. 1984 b), ß-Octylglucosid (Dresel et al. 1984 a). Ionische Detergentien wie SDS sind ebenfalls effektiv. Die Rezeptoraktivität kann nach der Behandlung der Membranen mit diesen Detergentien nicht mehr im Membransediment nachgewiesen werden. Durch Verdünnung des ß-D-Octylglucosids unter die kritische micelläre Detergenskonzentration kann der acetyl-LDL-Rezeptor aus dem Überstand wieder in ein aktives Aggregat übergeführt werden, das pelletiert. Die Bindungskapazität der solubilisierten Membranproteine für acetyl-LDL entspricht der Rezeptoraktivität in der Membranfraktion der Gewebe.

HYDRODYNAMISCHE CHARAKTERISIERUNG DES SOLUBILISIERTEN ACETYL-LDL-REZEPTORS

Der solubilisierte acetyl-LDL-Rezeptor-Octylglucosidkomplex ist wie der LDL-Rezeptor der Nebennierenrinde (Kovanen et al. 1979, Schneider et al. 1979, Schneider et al. 1980) mit hydrodynamischen Methoden wie Dichtegradientenzentrifugation und Porensiebchromatographie physikochemisch zu charakterisieren. Voraussetzung ist, daß der acetyl--LDL-Rezeptor mit einem einfachen Bindungsansatz ausreichender Sensitivität in verdünnten Lösungen getestet werden kann. Ziel der hydrodynamischen Untersuchungen ist es, das Molekulargewicht des solubilisierten Rezeptors zu ermitteln. Es werden deshalb die Sedimentationskonstante, der Stoke'sche Radius oder die Diffusionskonstante und das partielle spezifische Volumen des Rezeptors bestimmt.

Die Bindung von ^{125}J-acetyl-LDL an solubilisierten acetyl-LDL-Rezeptor ist nicht ohne zusätzliche Manipulationen zu messen. Ein Bindungstest in Verbindung mit einem Filtersystem zur Separation von freien und an den Rezeptor gebundenen Liganden wurde von Schneider (1980) als Assaysystem zur Aufreinigung des LDL-Rezeptors aus Rindernebenniere und zur Bestimmung der Orientierung des LDL-Rezeptors im Phosphatidylcholinbilayer verwendet. In modifizierter Form ist dieser Test auch für die Bindungsanalyse des acetyl-LDL am solubilisierten Rezeptor geeignet. Die Detergenskonzentration wird kritisch abgesenkt und der acetyl-LDL-Rezeptor und Phosphatidylcholin mit Aceton präzipitiert und in kleinem Volumen resuspendiert. Die entstandenen Liposomen-Rezeptorkomplexe werden mit Radioliganden inkubiert. Die freien Liganden werden von den gebundenen Liganden durch Filtration durch einen Celluloseacetatfilter entfernt. Natives LDL und HDL kompetitieren wie an der intakten Zelle nicht effektiv selbst in hohem Überschuß mit ^{125}J-acetyl-LDL um die Bindung an Phosphatidylcholin-acetyl-LDL-Rezeptorkomplexen. Der rekonstituierte Rezeptor ist sensitiv gegenüber Pronase-Vorbehandlung und Zusätzen von Polypurinen und Polysacchariden.

Das spezifische Volumen des solubilisierten Rezeptor-Detergens-Komplexes wird durch Sedimentationsanalysen nach Clarke (1975) gemessen. Es wird eine Dichtegradientenzentrifugation des solubilisierten Rezeptors in wässriger Zuckerlösung in H_2O und D_2O durchgeführt, wobei das Sedimentationsverhalten des Rezeptor-Detergens-Komplexes analysiert wird im Vergleich zu wasserlöslichen Standardproteinen, die kein Detergens binden. Das spezifische Volumen von Proteinen im Komplex mit Detergentien wird durch die Bindung von Detergentien beeinflußt. Von Vorteil ist die Verwendung von ß-D-Octylglucosid, dessen spezifisches Volumen nahe bei dem spezifischen Volumen von Proteinen ($\bar{v}$ = 0.71 - 0.74 ml/g).

Der acetyl-LDL-Rezeptor-Octylglucosidkomplex zeigt das gleiche Sedimentationsver-- halten in H_2O- und D_2O-Rohrzuckergradienten. Die Bindung von Octylglucosid verändert nicht das spezifische Volumen des acetyl-LDL-Rezeptors. Da der Anteil des Octylglucosid im Rezeptor-Detergenskomplex die Hydrodynamik des Rezeptors im Dichtegradienten nicht wesentlich beeinflußt, ist auch für den acetyl-LDL-Rezeptor-Detergens-Komplex $\bar{v}$ = 0.71 - 0.74 ml/g.

Die Sedimentationsanalyse im Metrizamidgradienten in Gegenwart von 40 mM Octylglucosid bei niedriger und hoher Ionenstärke ergibt für den acetyl-LDL-Rezeptor aus P388D1 eine Sedimentationskonstante $S_{w,20}$ = 6.5 in H_2O und D_2O.

Die Porensiebchromatographie zur Ermittlung der Diffusionskonstanten bzw. des Stoke' schen Radius wurde in niedriger und hoher Ionenstärke und in Gegenwart von 40 mM Octylglucosid an Agarosesäulen durchgeführt. Der Stokeradius des acetyl-LDL-Rezeptors ist 100-110 A. Kalibriert wurde mit Proteinen, deren Distributionskoeffizienten gegen die bekannten Stokeradii zur Erstellung der Eichgeraden aufgetragen werden.

Durch die Sedimentation/Säulenchromatographie wird der acetyl-LDL-Rezeptor verdünnt. Das hochaffine Bindungsverhalten bleibt nahezu unverändert. Die Gleichgewichtskonstante der acetyl-LDL-Bindung an Phosphatidylcholin-acetyl-LDL-Rezeptorkomplexe ist in derselben Größenordnung wie für den membranständigen Rezeptor (K_D = 1.5 x 10^{-8} M).

Aus der Sedimentationskonstante S und dem Stoke'schen Radius a läßt sich nach Siegel & Monty (1966) bei bekanntem $\bar{v}$ das Molgewicht des Rezeptor-Detergens-Komplexes er- rechnen:

$$M = \frac{6 \pi N \eta \, a \, S_{w,20}}{1 - \bar{v} \rho}$$

M = Molgewicht
N = Avogadro'sche Zahl
η = Viskosität von Wasser (20° C)
ρ = Dichte von Wasser (20°C)

Mit unseren Werten errechnet sich für den acetyl-LDL-Rezeptor-Octylglucosidkomplex ein Molgewicht von 260 000 - 290 000 D. Sedimentationskonstante (6.55) und Diffusionskonstante (2.02 $cm^2 s^{-1}$ x 10^7) weisen auf ein stark assymetrisches Molekül hin (Dresel et al., 1984a).

PRÄPARATION DES ACETYL-LDL-REZEPTORS AUS MEMBRANEN IM GROSSEN MASSSTAB UND REINDARSTELLUNG

Die präparative Darstellung des acetyl-LDL-Rezeptors aus P388D1 Tumorgewebe ist in großem Maßstab möglich. Kleinere Mengen sind in methodisch gleicher Weise aus humanen Leukozyten oder peritonealen Makrophagen zu gewinnen.

Der acetyl-LDL-Rezeptor wird im präparativen Maßstab mit Triton X-114 solubilisiert (Dresel et al. 1984 a, 1984 c). Es ist preisgünstiger als ß-D-Octylglucosid. Es ermöglicht unmittelbar nach der Solubilisation die Abtrennung der hydrophoben Proteine von den amphiphilen Membranproteinen (Bordier 1981). Wird der "cloud point" von Triton X-114 überschritten (25°C), so kommt es zur Ausbildung von Micellen. Die hydrophoben Membranproteine assoziieren an die Micellen und werden mit den Micellen durch Zentrifugation durch ein Kissen mit 6 % Rohrzucker von dem amphiphilen Membranproteinen abgetrennt. Der acetyl- LDL-Rezeptor bleibt in der wässrigen Phase, aus der die restlichen Phospholipide, Nukleinsäuren und die basischen Membranproteine durch Ionenaustauschchromatographie an Polyethylenimin (PEI)-Cellulose entfernt werden. Mit dem Säulendurchfluß werden mit Octylglucosid die basischen Membranproteine und Phospholipide ausgewaschen. Die Nukleinsäuren bleiben gebunden. Aktiver acetyl-LDL-Rezeptor wird bei hoher Ionenstärke in einem einzigen Aktivitätsgipfel nach der Majorität der sauren Membranproteine eluiert. Bei hohen Proteinkonzentrationen verhindert die Gegenwart von ß-D-Octylglucosid die Aggregation der eluierten Membranproteine. Die spezifische Bindungskapazität pro mg eluiertem Protein liegt 50-fach über der der intakten Membran, die K_D ist 1.3×10^{-8} M. Durch präparative Isoelektrofokussierung im granulierten Flachgel in Gegenwart von Octylglucosid wird für den acetyl-LDL-Rezeptor ein isoelektrischer Punkt im schwach sauren Bereich gemessen (Via et al. 1984 b, Dresel et al. 1984 a).Der acetyl-LDL-Rezeptor bleibt nach Abtrennung der hydrophoben und basischen Membranproteine in verdünnten Lösungen ohne Detergens in Lösung. Zur Reindarstellung wird eine Affinitätschromatographie an acetyl-LDL-Sepharose 4 B durchgeführt . Dann wird der Rezeptor von der Säule in Gegenwart von Polyvinylsulfat eluiert. Polyvinylsulfat ist ein wirksamer Inhibitor der Bindung des acetyl-LDL (Brown et al. 1980). Die Gegenwart des Polyvinylsulfat führt zum sofortigen Zerfall des Rezeptor-Liganden-Komplexes. Im Eluat der Säule wird ein Polypeptid mit einem Molekulargewicht von 280 000 - 300 000 D gefunden (Via 1983, Dresel et al. 1984 c). Über seinen möglichen Carbohydratanteil liegen keine Informtionen vor, das Molekulargewicht könnte daher auch geringer sein. Andererseits besteht eine Übereinstimmung mit den Ergebnissen der hydrodynamischen Untersuchungen.

CHARAKTERISIERUNG DES ACETYL-LDL-REZEPTORS DURCH "LIGANDENBLOTTING"

Das Molekulargewicht des acetyl-LDL-Rezeptors kann durch Ligandenblotting bereits aus den solubilisierten Membranen und partiell gereinigten Rezeptorfraktionen durch Elektrophorese ermittelt werden. Das Ligandenblotting wurde von der Arbeitsgruppe Goldstein zur Darstellung des Kaninchen-LDL-Rezeptors ausgearbeitet (Daniel et al. 1983, Schneider et al. 1983) und von uns mit einem anti-LDL-ELISA zur direkten Darstellung des LDL-Rezeptors und des acetyl-LDL-Rezeptor-Ligandenkomplexes modifiziert (Dresel et al. 1984b). Die solubilisierten Membranproteine werden durch Elektrophorese in SDS-Polyacrylamidgelen getrennt und auf Nitrocellulosepapierstreifen übertragen und fixiert (Towbin et al. 1979). Der Darstellung des acetyl-LDL-Rezeptors liegt die Bindung des acetyl-LDL an den immobilisierten Rezeptor und die Ausbildung eines stabilen Rezeptor-Liganden-Komplexes zugrunde. Weil der Rezeptor-acetyl-LDL-Komplex stabil ist, gelingt die Darstellung des Rezeptors durch anti-Liganden-IgG und anti-IgG-Peroxidase-Konjugate (ELISA) direkt auf dem Nitrozellulosepapier (Dresel et al.1984c). 4-chloro-1-naphthol wird von der am anti-IgG kovalent gebundenen Peroxidase zu einem blauen Produkt umge-

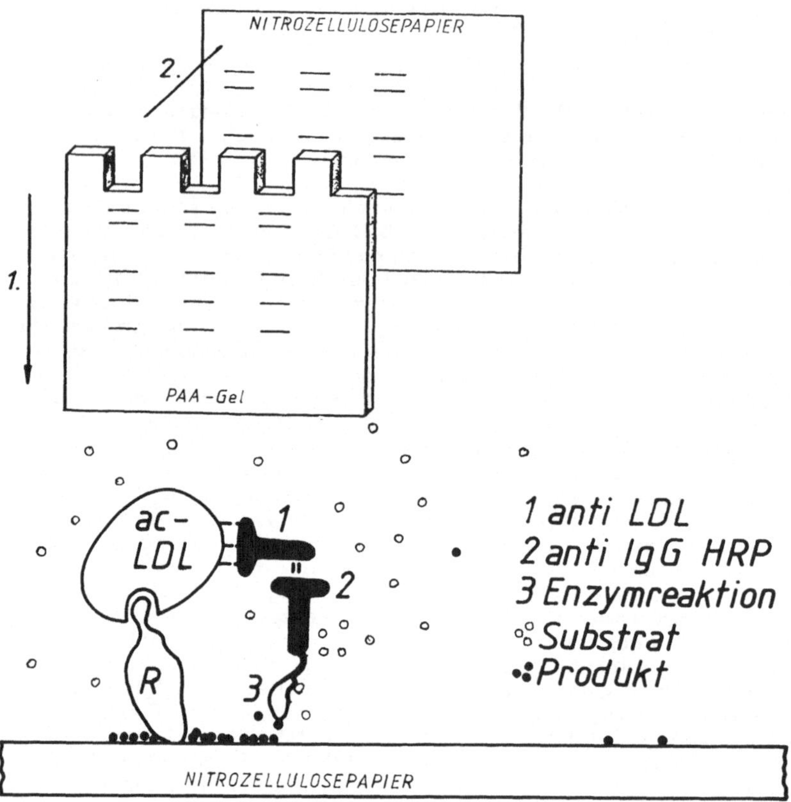

<u>Abb. 1:</u> Darstellung von Membranrezeptoren durch "Ligandenblotting"
und ELISA.

Die solubilisierten Membranproteine werden durch Elektrophorese in Polyacrylamid-
plattengelen getrennt und auf Nitrozellulosepapierstreifen übertragen: Die Proteine
binden und sind immobilisiert. Unspezifische Bindungsstellen der Nitrozellulosemembran werden mit Albumin blockiert. Die Nitrozellulosemembran mit den Membranproteinen wird in Streifen geschnitten und für einen Ligandenbindungstest verwendet.
Parallele Inkubationslösungen enthalten neben Liganden zur Kontrolle Inhibitoren,
Kompetitoren etc. Stabil gebundene Liganden am immobilisierten Rezeptor sind nachzuweisen durch Autoradiographie oder mit Hilfe von Antiligandenantikörpern. Zur Entwicklung eignet sich ein ELISA für Antiligandenantikörper. Der ELISA mit Horserad-
dish Peroxidase (HRP), die kovalent an Anti-IgG gebunden ist, ermöglicht die Entwicklung einer farbigen Bande in Position des Rezeptor-Liganden-Komplexes, da das
Produkt der Enzymreaktion auf dem Nitrozellulosepapier haftet. Für die Charakterisierung des Rezeptors sind Antiligandenantikörper ausreichend, die hohe Empfindlichkeit des Ansatzes kommt durch die Kaskade der Antikörperreaktionen zustande, wodurch eine mehrfache Verstärkung erzielt wird

setzt, das der Nitrozellulose anhaftet und auf dem Papierstreifen in der Position des Rezeptor-Liganden-Komplexes zur Entwicklung einer blauen Farbbande führt. In den
Abbildungen 1 und 2 ist die Entwicklung eines Ligandenblots dargestellt.
Mehrere charakteristische molekulare und funktionelle Parameter des acetyl-LDL-Rezeptors sind durch das Ligandenblotting zu demonstrieren. Die Molekulargewichtsbestimmung
des acetyl-LDL-Rezeptors durch Ligandenblotting ergibt ein ähnliches Resultat wie die
hydrodynamischen Studien mit der solubilisierten Membran von P388D1 Tumorgewebe.

LDL bindet nicht an den acetyl-LDL-Rezeptor und kompetiert auch nicht mit acetyl-LDL.
Die Bindung des acetyl-LDL wird auch im Ligandenblot durch Fucoidon, Polyinosinsäure
und Polyvinylsulfat in gleicher Weise wie an der intakten Zellmembran wirksam gehemmt.
Der Ligandenblot ist ein sensitives Assaysystem zum Nachweis von Rezeptoraktivität.

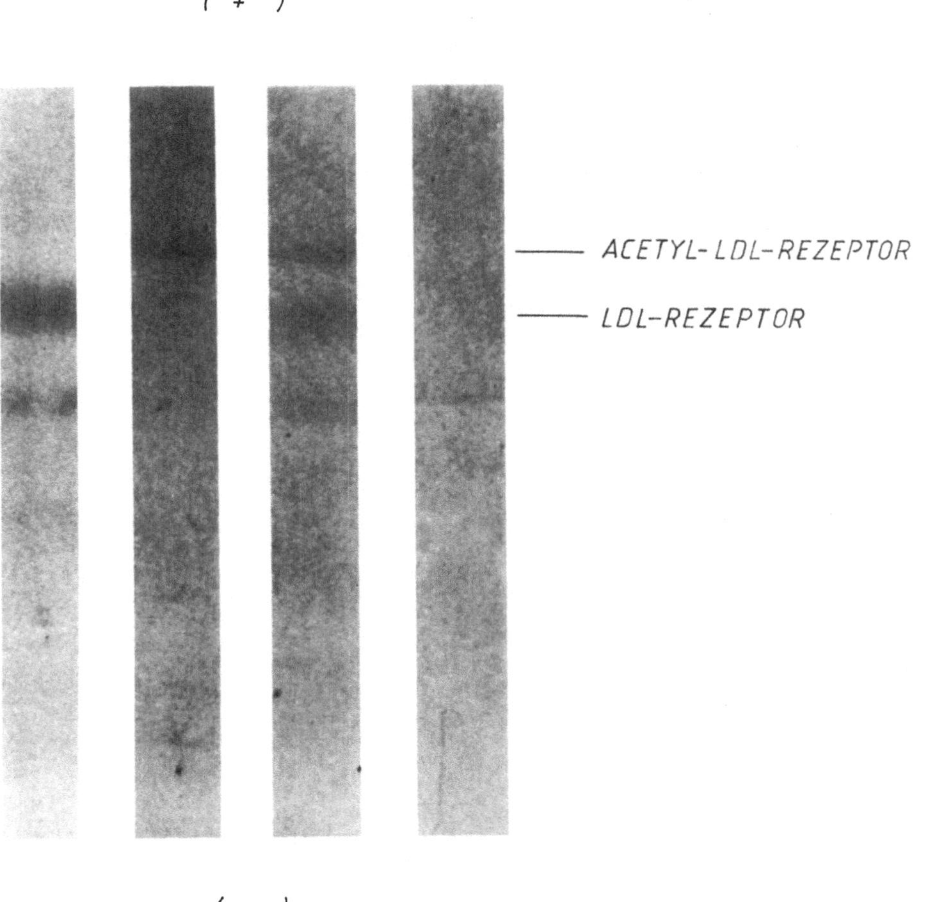

Abb. 2: Ligandenblotting von Lipoproteinrezeptoren: Darstellung des LDL-Rezeptors
und acetyl-LDL-Rezeptors

Die Proteine eines Gemisches partiell aufgereinigter Fraktionen mit LDL-Rezeptoraktivität aus Nebennierenrindenmembran und acetyl-LDL-Rezeptoraktivität aus Membranen
menschlicher Leukozyten wurden durch SDS-Polyacrylamidgelelektrophorese aufgetrennt: (-) Anode, (+) Kathode. Die Proteine wurden auf Nitrocellulosepapier übertragen und von links nach rechts mit LDL-acetyl-LDL und einem Gemisch aus LDL und
acetyl-LDL inkubiert. Eine Spur wird zur Kontrolle mit PVS und EDTA inkubiert, die
Inhibitoren der LDL- und acetyl-LDL-Bindung sind. Die Liganden-Rezeptor-Komplexe
werden mit einem ELISA für LDL visualisiert und kommen als blaue Banden zur Darstellung (Dresel et al. 1984 b)

LITERATUR

Bordier Ch (1981) Phase separation of integral membrane proteins in Triton X-114.
    J Biol Chem 265: 1604-1607
Brown MS, Ho YK, Goldstein JL (1980) The cholesteryl ester cycle in the macrophage
    foam cell. J Biol Chem 255: 9344-9352
Brown MS, Basu SK, Falck JR, Ho YK, Goldstein JL (1980) The scavanger cell pathway
    for lipoprotein degradation: Specificity of the binding site that mediates the uptake of
    negatively charged LDL by macrophages. J Supramolec Struct 13: 67-81
Brown MS, Goldstein JL (1983)
    Ann Rev Biochem 52: 223-261
Clarke S (1975) Size and detergent binding of membrane proteins
    J Biol Chem 250: 5459-5469
Daniel TO, Schneider WJ, Goldstein JL, Brown MS (1983) Visualization of lipoprotein
    receptors by ligand blotting. J Biol Chem 258: 4606-4611
Dresel HA, Via DP, Gotto AM jr (1984 a) Characterization of an acetyl LDL receptor de-
    tergent complex from a murine macrophage tumor. Eingereicht zur Veröffentlichung
Dresel HA, Otto I, Weigel H, Schettler G, Via DP (1984 b) A simple and rapid anti-
    ligand enzyme immunoassay for visualization of low density lipoprotein (LDL) mem-
    brane receptors. Biochim Biophys Acta, im Druck
Dresel HA, Schettler G, Via DP (1984 c) Solubilization and purification of an acetyl-
    LDL binding membrane protein from human leukocytes. In:•Parnham MJ, Winkel-
    mann J (eds) Cologne Atherosclerosis Conference No. 2. Lipids. Birkhäuser Verlag
    Basel Boston Stuttgart
Gerrity RG (1982) Transition of blood-borne monocytes into foam cells in fatty lesions.
    Am J Pathol 103: 181-190
Goldstein JL, Brwon MS (1977) The low density lipoprotein pathway and its relation-
    ship to atherosclerosis. Ann Rev Biochem 46: 897-900
Goldstein JL, Brown ML (1978) Familial hypercholesterolemia: pathogenesis of a re-
    ceptor disease. John Hopkins Med J 143: 8-16
Goldstein JL, Ho YK, Basu SL, Brown MS (1979) Binding site on macrophages that
    mediates uptake and degradation of acetylated low density lipoprotein, producing
    massive cholesterol deposition. Proc Natl Acad Sci USA 76: 333-337
Goldstein JL, Ho YK, Brown MS, Innerarity TL, Mahley RW (1980) Cholesteryl ester
    accumulation in macrophages resulting from receptor-mediated uptake and degrada-
    tion of hypercholesterolemic canine ß-VLDL. J Biol Chem 255: 1839-1848
Henriksen T, Mahoney EM, Steinberg D (1981) Enhanced macrophage degradation of
    low density lipoprotein previously incubated with cultured endothelial cells: Recog-
    nition by the receptor for acetylated low density lipoprotein. Proc Natl Acad Sci
    USA 78: 6499-6503
Johnson WJ, Pizzo SV, Imber MJ, Adams DO (1982) Receptors for maleylated proteins
    regulate secretion of neutral proteases by murine macrophages. Science 218: 574-576
Kovanen PT, Basu SK, Goldstein JL, Brown MS (1979) Low density lipoprotein recep-
    tors in bovine adrenal cortex. II. Low density lipoprotein binding to membranes
    prepared from fresh tissues. Endocrinology 104: 610-616
Mahley RW, Innerarity TL, Brown ML, Ho YK, Goldstein JL (1980) Cholesterol ester
    synthesis in macrophages: stimulation by ß-VLDL from cholesterol fed animals of
    several species. J Lipid Res. 21: 970-980
Ross R, Glomset JA (1976) The pathogenesis of atherosclerosis.
    N Engl J Med 295: 369-376
Ross R (1981) Atherosclerosis: A problem of the biology of the arterial wall cells and
    their interactions with blood components. Arteriosclerosis 1: 293-311
Schaffner T, Taylor K, Bartucci EJ, Fischer-Dzoga K, Beeson JH, Glagov S,
    Wissler RW (1980) Arterial foam cells with distinctive immunomorphologic and histo-
    chemical features of macrophages. Am J Pathol 100: 57-80
Schneider WJ, Basu SK, McPhaul MJ, Goldstein JL, Brown MS (1979) Solubilization
    of the low density lipoprotein receptor. Proc Natl Acad Sci USA 76: 5577-5581

Schneider WJ, Goldstein JL, Brown MS (1980) Partial purification and characteriza-
   tion of the low density lipoprotein receptor from bovine adrenal cortex.
   J Biol Chem 255: 11442-11447
Schneider WJ (1983) Reconstitution of the low density lipoprotein receptor.
   J Cell Biol 23: 95-106
Schneider WJ, Slaughter CJ, Goldstein JL, Anderson RGW, Capra JD, Brown MS
   (1983) Use of antipeptide antibodies to demonstrate external orientation of the NH_2
   terminus of the low density lipoprotein receptor in the plasma membrane of fibro-
   blasts. J Cell Biol 97: 1635-1640
Siegel LM, Monty KJ (1966) Determination of molecular weight and frictional ratios of
   protein in impure systems by use of gel filtration and density gradient centrifuga-
   tion. Application to crude preparations of sulfite and hydroxylamine reductases.
   Biochim Biophys Acta 112: 346-362
Steinberg D (1983) Lipoproteins and atherosclerosis: a look back and a look ahead.
   Arteriosclerosis 3: 283-301
Towbin H, Staehelin T, Gordon J (1979) Electrophoretic transfer of proteins from poly-
   acrylamidgels to nitrocellulose sheets: Procedure and some application.
   Proc Natl Acad Sci USA 76: 4350-4354
Via DP, Dresel HA, Gotto AM jr (1983) The acetyl-LDL receptor in macrophages. In:
   Augustin J et al.: Lipoproteins and Lipoprotein Metabolism. International Confe-
   rence on Lipoproteins. Heidelberg 1983. Buchausgabe der Referate in Vorbereitung.
Via DP, Plant AL, Craig IF, Gotto AM jr, Smith LC (1984 a) Metabolism of normal and
   chemically modified low density lipoproteins by macrophage cell lines of murine
   and human origin. Manuskript eingereicht zur Veröffentlichung
Via DP, Dresel HA, Gotto AM jr (1984 b) Partial purification of an acetyl-LDL receptor
   from murine macrophage tumors. Eingereicht zur Veröffentlichung
Via DP, Dresel HA, Chen SL, Gotto AM jr (1974 c) Purification of the acetyl-LDL receptor from a murine macrophage tumor. Manuskript eingereicht zur Veröffentlichung

ZUSAMMENFASSUNG

Die biochemische Charakterisierung und Reindarstellung von Membranrezeptoren ist
eine Voraussetzung für das Studium der molekularen Mechanismen der Rezeptorfunktion.
Hydrodynamische Methoden, die Reindarstellung von Rezeptoren durch Affinitätschromatographie sowie das Ligandenblotting sind wichtige Schritte zur Ermittlung der molekularen Parameter (Molgewicht, isoleketrischer Punkt, Untereinheitsstruktur). Die Bestimmung der molekularen Parameter von Membranrezeptoren gibt Einblick in die Regula-
tionsmechanismen der Rezeptor-Liganden-Interaktion.

Unsere Experimente zeigen, daß der acetyl-LDL-Rezeptor der Makrophagen ein amphi-
philes, saures Membranprotein mit einem Molekulargewicht von etwa 280 000 D ist. Von
der Reindarstellung des Rezeptors wie auch vom Ligandenblotting wissen wir nun, daß
der acetyl-LDL-Rezeptor aus einer einzigen funktionellen Einheit besteht und die Wechselwirkung mit dem acetyl-LDL-Liganden eine bimolekulare Reaktion ist.

Die hier aufgeführten Techniken zur biochemischen Charakterisierung und Reindarstellung des acetyl-LDL-Rezeptors könnten auch vorteilhaft für Studien an anderen membranständigen Rezeptorsystemen sein, z.B. dem ß-VLDL-Rezeptor von Makrophagen
(Goldstein et al. 1980, Mahley et al. 1980),für die im Augenblick keine immunchemischen
Nachweismethoden möglich sind. Die Anwendung der Separationsmethode Bordiers (1981)
für hydrophobe und amphiphile Membranproteine mit Polyethyleniminzellulose-Säulen-
chromatographie haben in unserem System zur Gewinnung einer ohne Zusatz von Detergentien in wässrigen Lösungen beständigen Rezeptorpräparation geführt, aus der der
acetyl-LDL-Rezeptor homogen dargestellt werden   konnte. Das Ligandenblotting erlaubt
die Durchführung eines spezifischen Aktivitätstests während der Aufreinigung auch in
Gegenwart von Inhibitoren, da diese durch die Elektrophorese vom Rezeptor separiert
werden.

Isolation und Charakterisierung differenzierungsspezifischer Antigene der Milchdrüse

E.-D. Jarasch, G. Bruder und H. Heid

Institut für Zell- und Tumorbiologie, Deutsches Krebsforschungszentrum, D-6900 Heidelberg

In diesem Kapitel stellen wir zwei Membranproteine vor, die für die Drüsen-
epithelzelle der laktierenden Mamma in allen daraufhin untersuchten Säugetieren
charakteristisch und spezifisch sind. Als Ausgangsmaterial zur Isolation dieser
Proteine dient das Sekretprodukt der Drüsenepithelzellen, die Milch. Die Haupt-
bestandteile der Milch - Proteine, Kohlenhydrate und Fette - werden alle von diesen Zellen synthetisiert und sezerniert. Dabei werden zwei ganz verschiedene Se-
kretionswege eingeschlagen, die in Abb. 1 skizziert sind: Während die typischen
Milchproteine (vor allem Caseine und α-Lactalbumin) und Kohlenhydrate (vor allem
Lactose) über einen Exocytose-Mechanismus via den Golgi-Apparat und sekretorische
Vesikel, deren Membran mit der apikalen Plasmamembran verschmilzt, nach außen
abgegeben werden (A), erfolgt die Sekretion des Milchfetts (vor allem Tri-
glyceride) durch Abschnürung von der apikalen Zelloberfläche (B). Dieser Prozeß
kommt, soweit bekannt, nur bei der laktierenden Mammaepithelzelle vor; er ähnelt
dem "budding" von Viruspartikeln, jedoch ist die von der Zelloberfläche abge-
schnürte Plasmamembran bei der Milchfettsekretion etwa 10 000 mal größer.

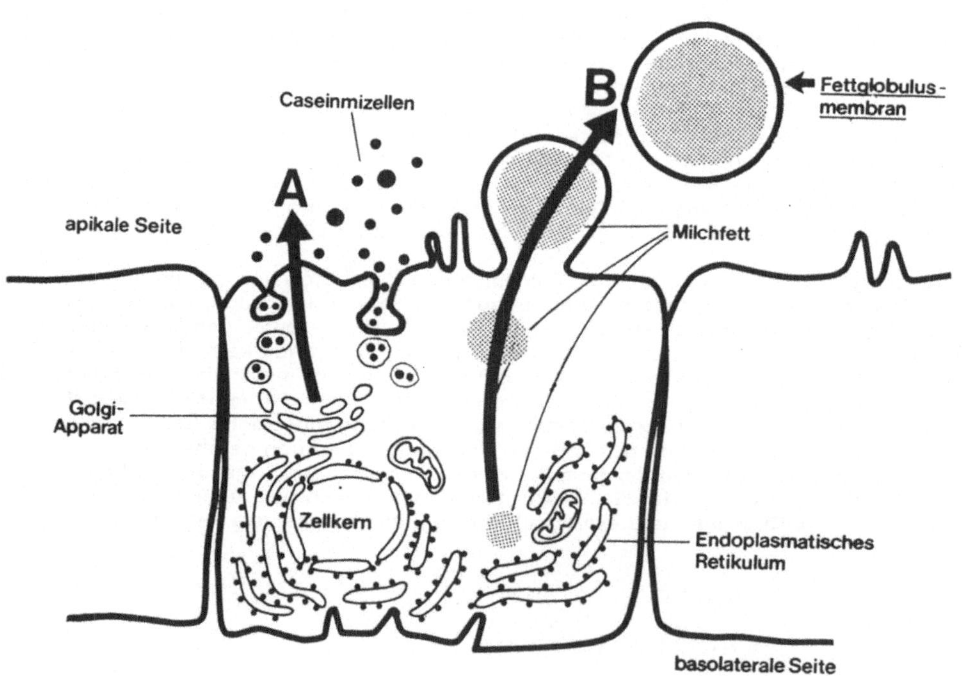

Molekular- und Zellbiologie
Hrsg. von Blin et al.
© Springer-Verlag Berlin Heidelberg 1985

Isolation der Milchfettmembranen

Die von Membranen eingehüllten Milchfettglobuli lassen sich aus der Milch leicht
durch Abrahmen gewinnen. Ihre Membran kann durch einfache physikalische Methoden
(Waschen des Milchrahms frei von Komponenten des Milchserums, Aufbrechen der
Globuli und Sedimentation der Membranfragmente auf der Ultrazentrifuge) in hoher
Ausbeute und Reinheit isoliert werden (Abb. 2; vergleiche Jarasch et al., 1977).

ISOLATION VON MILCHFETTMEMBRANEN

Milch (auf ca. 12°C gekühlt)

↓ zentrifugieren, 2000 g, 20 min

Rahm

↓ 3 x waschen (in PBS* resuspendieren
und zentrifugieren, 2000 g, 20 min

Gewaschener Rahm

↓ aufnehmen in PBS; 1:1 verdünnen mit
Wasser; kühlen auf Eis; mit dem
Messerhomogenisator aufbrechen
("buttern")

"Buttermilch"

↓ enthält zerschlagene Milchfettmembranen und Butterfett, das ab-
filtriert wird. Zentrifugieren,
100 000 g, 2 Stunden

Membransediment
"Milchfettmembranen"

*PBS: "phosphate-buffered saline" (0,15 M
NaCl, 10 mM Natriumphosphat-Puffer, pH 7,4)

Wegen der in der Milch enthaltenen proteolytischen Enzyme müssen Maßnahmen zum
Schutz der Membranproteine vor Degradation getroffen werden: 1) Nur frisch ge-
molkene, unbehandelte Milch wird verwendet. 2) Die Aufarbeitung erfolgt so rasch
wie möglich bei Temperaturen zwischen 10° und 12°C. Bei noch tieferen Temperaturen
wird die Resuspendierung der Milchfettglobuli in den Pufferlösungen schwierig und
dauert unnötig lange. 3) Den Pufferlösungen werden Protease-Inhibitoren zugesetzt:
a) Phenylmethylsulfonylfluorid, 0,4 mM (aus einer 40 mM Stammlösung in Methanol;
sie muß tropfenweise unter Rühren zugegeben werden, um ein Ausfällen des
Inhibitors zu vermeiden); b) ε-Aminocapronsäure, 1 mM; c) Trypsin-Inhibitor aus
Sojabohnen, 15 mg/l. Außerdem wird Dithioerythrit (1 mM) zugegeben, um eine
Oxidation freier SH-Gruppen der Proteine zu Disulfidbrücken und damit eine Inaktivierung und mögliche Quervernetzung zu großen, unlöslichen Komplexen zu vermeiden.

Polyacrylamid-Gelelektrophoresen

Die Proteinzusammensetzung der Milchfettmembranen wird durch Polyacrylamid-Gelelektrophorese analysiert. Da die isolierten Membranen noch etwas unspezifisch
gebundenes Milchfett enthalten, das eine saubere Auftrennung der Proteine im Gel
behindert, wird eine kleine Probe der sedimentierten Membranen in Aceton, das
auf -20°C vorgekühlt war, "entfettet", d.h. resuspendiert und bei dieser Temperatur auf der Laborzentrifuge 20 Minuten bei 3500 g sedimentiert. Das Sediment wird
vorsichtig unter Stickstoff getrocknet und anschließend in "Probenpuffer" aufgenommen.

Zur eindimensionalen Auftrennung der Proteine auf Polyacrylamidgelen nach
relativen Molekulargewichten M_r verwenden wir Probenpuffer, der 2-Mercaptoäthanol
und Natriumdodecylsulfat (SDS) enthält (siehe Lämmli 1970). Sollen außerdem die
isoelektrischen Punkte der Membranproteine bestimmt werden (zweidimensionale
Elektrophorese), nimmt man das Acetonpulver der Membranen in Lysispuffer 3 (nach
O'Farrell 1975; O'Farrell et al. 1977) auf, der eine hohe Harnstoffkonzentration
(9.5 M) enthält. Eventuell ungelöste Membranpartikel zentrifugiert man bei 2000 g
ab und schichtet den Überstand auf das Fokussierungsgel, das Ampholine® (Serva,
Heidelberg) von pH 3-10 enthält. Der Membransuspension können Proteine mit bekanntem pI zugesetzt und mitfokussiert werden, sogenannte interne Standards, die
die Bestimmung der isoelektrischen Punkte der Membranproteine erleichtern (z.B.
Aktin, pI 5,4; Serumalbumin, pI 6,2-6,4; Phosphoglyceratkinase, pI 7,4). Für die
"Nicht-Gleichgewichtsfokussierung" nach O'Farrell et al. (1977) setzt man am
besten Cytochrom c (pI 10) zu, dann kann anhand der roten Farbe sehr leicht das
Ende der Fokussierung erkannt werden. Der Vorteil der "Nicht-Gleichgewichtsfokussierung" besteht darin, daß im Gegensatz zur isoelektrischen Fokussierung
(nach O'Farrell 1975) auch die basischen Proteine aufgetrennt werden.

Das Rundgel läßt sich nach dem Fokussieren leicht aus den zuvor silikonisierten
Glasröhrchen pressen, wenn die Röhrchen kurz bei -20°C eingefroren werden. Das
Rundgel wird auf ein Flachgel nach Lämmli (1970) gebettet, das 7-10 % enthält. In
einer Randspur (vergl. Abb. 3) kann man zusätzliche Referenzproteine (z.B. Myosin,
M_r 200 K; ß-Galactosidase, 116 K; Phosphorylase, 92 K; Serumalbumin, 68 K;
Catalase, 60 K; Aktin 42 K; Chymotrypsinogen, 25 K) oder Milchfettmembranen - in
Laemmli-Probenpuffer gelöst - zur Bestimmung der relativen Molekulargewichte der
fokussierten Proteine mit auftragen. Nach der Elektrophorese nach Laemmli (1970)
werden die nach pI und Molekulargewicht aufgetrennten Proteine mit folgenden
Methoden sichtbar gemacht: (i) PAS-Färbung (nach Fairbanks et al. 1971), um
Glykoproteine zu erkennen. (ii) Coomassie-Färbung (nach Laemmli, 1970). Wenn nach
der PAS-Färbung das Gel extensiv mit 7 % Essigsäure gewaschen wird, werden die
meisten Proteine mit dieser Methode angefärbt. (iii) Silber-Färbung (nach Switzer
et al. 1978), um geringe Proteinmengen noch sichtbar zu machen. Die Methode ist
bis zu 50 mal empfindlicher als die Coomassie-Färbung und kann eingesetzt werden,
wenn zuvor die Coomassie-Farbe mit 20 % Methanol oder Isopropanol (weniger
giftig!) vollständig aus dem Gel gewaschen wird.

Die beiden Hauptproteine sind Xanthinoxidase (XO; M_r 155 K), die mehrere isoelektrische Varianten von pI 7,0 bis 7,5 aufweist und Butyrophilin (B; M_r 67 K),
ein Glykoprotein, das bei einem pI von 5,2 bis 5,3 fokussiert.

Abbildung 3 zeigt die zweidimensionale Auftrennung von Milchfettmembranen nach
einer "Nicht-Gleichgewichtsfokussierung" (NEPHGE; von links nach rechts) und nach
SDS-Polyacrylamidgelelektrophorese (SDS; von oben nach unten) neben einer
eindimensionalen Auftrennung der Membranen auf dem gleichen Gel (rechte Randspur).

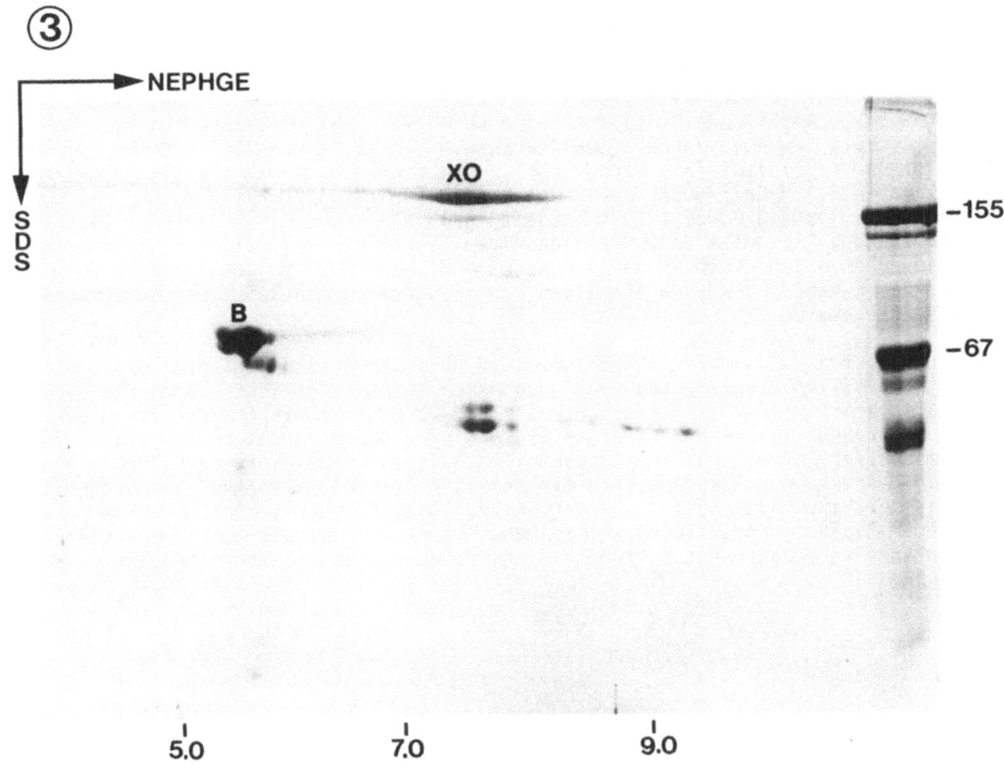

Membran-Fraktionierung

Die präparative Auftrennung und Anreicherung der beiden Proteine, Xanthinoxidase
und Butyrophilin, erfolgt zunächst durch selektive Extraktionsmethoden. Die in
einem kleinen Volumen PBS suspendierte Milchfettmembran-Fraktion wird im zehn-
fachen Volumen 1.5 M KCl in PBS aufgenommen, eine Stunde bei 4°C gerührt und zwei
Stunden bei 100 000 g auf der Ultrazentrifuge zentrifugiert. Der Überstand wird
aufgehoben, das Sediment in PBS resuspendiert, dem 1 mM Dithioerythrit zugesetzt
worden ist, und wie oben eine Stunde gerührt und auf der Ultrazentrifuge
sedimentiert. Bei beiden Extraktionen, vor allem aber der zweiten, ist - neben
einigen anderen Proteinen - der größte Teil der Xanthinoxidase in Lösung gegangen,
während Butyrophilin vollständig im Sediment zurückbleibt. Beide Extraktionen
können auch in einem Schritt vereinigt werden, jedoch ist dann die Ausbeute an
gelöster Xanthinoxidase geringer. Wir können aus diesem Löslichkeitsverhalten den
Schluß ziehen (der durch andere Methoden bestätigt werden kann), daß Xanthinoxidase einerseits durch Disulfid-Brücken an die Membran gebunden ist, die durch
Dithioerythrit gespalten werden, andererseits durch Ionenbindungen, die durch hohe
Salzkonzentrationen aufgehoben werden. Die Ausbeute an gelöstem Xanthinoxidase-
Protein kann durch Zugabe von Detergentien (z.B. 1 % Triton-X-100) zu den
Extraktions-Pufferlösungen noch erhöht werden, allerdings wird dabei ein Großteil
der Enzymaktivität inaktiviert. Ein Teil des Proteins verhält sich demnach wie ein
"integrales" (durch hydrophobe Interaktion mit den Membranlipiden gebundenes) und
ein Teil wie ein "peripheres" (durch Ionenbindungen gehaltenes) Membranprotein,
während der größte Teil der Xanthinoxidase durch kovalente Bindungen (Disulfid-
Brücken) gebunden ist. Das Beispiel zeigt die Schwierigkeit der Abgrenzung des
Begriffs "Membranprotein".

Reinigung der Xanthinoxidase

Die Xanthinoxidase-haltigen Überstandsfraktionen werden vereinigt und das Protein durch Ausfällen mit Ammoniumsulfat konzentriert. Das bei einer Konzentration von 20 % $(NH_4)_2SO_4$ anfallende Präzipitat wird verworfen, der Überstand auf eine Endkonzentration von 30 % $(NH_4)_2SO_4$ gebracht und zwei Stunden bei 4°C gerührt. Das dunkelbraune Präzipitat (die Farbe rührt von dem Flavin-Gehalt der Xanthinoxidase her) wird in 0,1 M Natriumphyrophosphat-Puffer (pH 7,15), der außerdem 2 mM Natriumsalicylat und 0,005 % EDTA enthält, gelöst und über eine Sephadex G-75-Säule gegeben. Salicylat und EDTA dienen dem Schutz der enzymatisch aktiven, funktionellen Gruppen des Proteins (das sind Flavin, NAD, Molybdän und an Schwefel gebundenes Eisen) und werden bei allen chromatographischen Reinigungsschritten und Dialysen zugesetzt.

Da Xanthinoxidase ein Molekulargewicht weit über der Ausschlußgrenze des verwendeten Gelfiltrations-Systems hat (monomeres Molekulargewicht 155 K; die enzymatisch aktive Form ist ein Dimeres von M_r 300 K), eluiert das Protein mit dem Vorlauf der Sephadex G-75-Säule. Das Protein wird durch Vakuumdialyse gegen 10 mM Kaliumphosphat-Puffer (pH 6,8) konzentriert. Das ist eine einfache Methode, um Proteinlösungen oder -suspensionen gleichzeitig zu dialysieren und einzuengen. Das Prinzip der Vakuumdialyse ist aus der Skizze (Abb. 4) zu ersehen: An der Außenseite der Dialysemembran (eine Kollodiumhülse; Fa. Sartorius, Göttingen) wird ein Vakuum angelegt, während die Probe im Innern unter Atmosphärendruck steht.

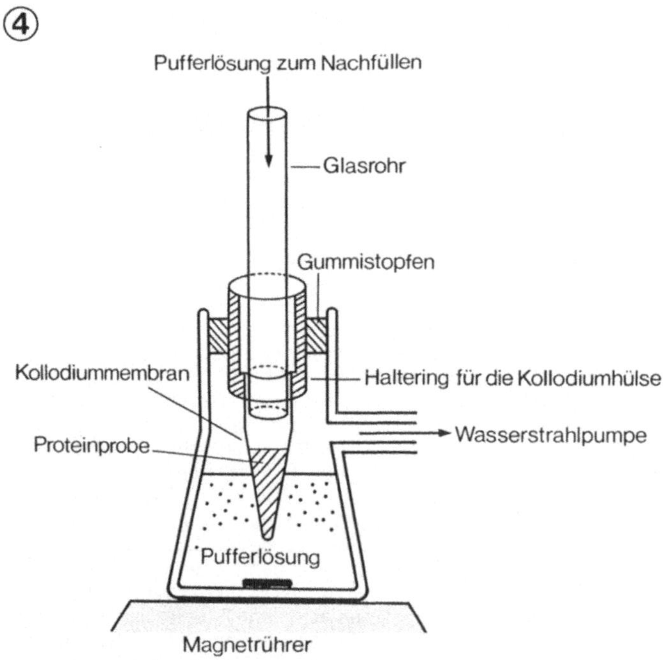

Der nächste Reinigungsschritt ist eine Adsorptionschromatographie über Hydroxyapatit $(Ca_{10}(PO_4)_6(OH)_2)$. Dabei interagieren sowohl positiv wie negativ geladene Gruppen des Proteins mit den Ionen der Oberfläche des Hydroxyapatits, wobei die Interaktion in unterschiedlicher Weise von der Ionenkonzentration des Puffers beeinflußt wird (Bernardi 1971). Die dialysierte Probe wird auf eine mit gleichem

Puffer äquilibrierte Hydroxyapatit-Säule aufgetragen und mit schrittweise
steigenden Phosphat-Konzentrationen eluiert. Die einzelnen Fraktionen werden durch
SDS-Polyacrylamid-Gelelektrophorese und durch Messung der Enzymaktivität auf ihren
Gehalt an Xanthinoxidase analysiert.

Die Xanthinoxidase-Aktivität wird über die folgende Reaktion gemessen (Roussos
1967): Hypoxanthin + 2 H_2O + 2 O_2 = Harnsäure + 2 H_2O_2
Die Bildung der Harnsäure wird über den Anstieg der Absorption bei 290 nm auf
einem Spektralphotometer mit Schreiber verfolgt. Diese Reaktion, die beim
Purinkatabolismus eine große Rolle spielt, ist aller Wahrscheinlichkeit nach nicht
die, die in situ von der Xanthinoxidase der Milchfettmembranen katalysiert wird.
Die wirkliche biologische Funktion der großen Mengen an Xanthinoxidase in der
laktierenden Mamma und in den Milchfettmembranen ist damit nicht erklärt.

Xanthinoxidase wird in den Fraktionen gefunden, die bei 0,3 bis 0,4 M Kaliumphosphat-Puffer (pH 7,0) von der Hydroxyapatit-Säule eluiert werden. Die
Fraktionen werden vereinigt, das Protein durch Präzipitation mit Ammoniumsulfat
oder durch Vakuumdialyse, wie oben beschrieben, konzentriert, in einem kleinen
Volumen 0,1 M Phosphat-Puffer (pH 7,0) aufgenommen und auf eine Sephadex G-200-
Säule aufgetragen. Die Proteinkonzentrationen der einzelnen in einem Fraktionssammler aufgefangenen Fraktionen werden bei 280 nm gemessen und die proteinhal-
tigen Fraktionen wiederum durch SDS-Polyacrylamid-Gelelektrophorese analysiert.
Auf den Gelspuren der entsprechenden Sephadex-Fraktionen wird Xanthinoxidase
jetzt als einheitliche Bande vom Molekulargewicht M_r 155 K zusammen mit einer
schwachen Bande bei M_r 140 K, die ein Spaltstück der Xanthinoxidase ist, ohne
erkennbare andere Proteinkomponenten gefunden. Auch mit der Nicht-Gleichgewichtsfokussierung finden wir nur die isoelektrischen Varianten von Xanthinoxidase im
pH-Bereich 7,0-7,5 (vgl. Abb. 3). Die Xanthinoxidase-Fraktionen werden vereinigt,
gegen 1 mM Kaliumphosphat-Puffer (pH 7,0) dialysiert und durch Vakuumdialyse
konzentriert.

Reinigung des Butyrophilins

Im Gegensatz zu Xanthinoxidase bleibt Butyrophilin unter allen nicht-denaturierenden Extraktionsbedingungen unlöslich. Zur Anreicherung dieses Proteins
werden die Milchfettmembranen daher zweimal mit Pufferlösungen hoher Ionenstärke
(1,5 M KCl; 10 mM Phosphat-Puffer, pH 7,4) in Gegenwart von 1 mM Dithioerythrit
und anschließend zweimal mit 1 % Triton-X-100 (ebenfalls in Phosphat-Puffer und
Dithioerythrit) extrahiert. Der unlösliche Rückstand wird im Probenpuffer nach
Laemmli (1970) aufgenommen und 5 Minuten gekocht. Der größte Teil des - allerdings
irreversibel denaturierten - Proteins geht dabei in Lösung, es bleibt aber nach
Zentrifugation immer noch ein Rückstand, der verworfen wird. Die zweidimensionale
gelelektrophoretische Analyse zeigt, daß im Molekulargewichtsbereich von Buty-
rophilin (M_r 67 K) keine anderen Polypeptide in der Probe vorhanden sind. Die
Reinigung des Butyrophilins erfolgt jetzt durch präparative SDS-Polyacrylamid-
Gelelektrophorese. Dazu wird wieder das Gelsystem von Laemmli (1970) mit einer
Acrylamid-Konzentration des Trenngels von 10 % verwendet, die Dicke des Gels aber
auf 3 mm erhöht und die Probe auf die ganze Breite des Gels aufgetragen. Nach
Beendigung der Elektrophorese (wenn das zugesetzte Bromphenolblau den unteren Rand
des Gels erreicht hat), wird die Butyrophilin-Bande (ungefähr in der Mitte des
Gels) durch kurzes Inkubieren des Gels in einer 4 M Natriumacetat-Lösung sichtbar
gemacht. Das Protein erscheint dabei als weiße Präzipitationslinie. Die Bande wird
mit einer Rasierklinge ausgeschnitten und in SDS-haltigem Puffer (23 mM Tris; 0,19
M Glycin; 0,2 % SDS; 1 mM Dithioerythrit, pH 8,8) inkubiert. Die Elution des
Proteins kann entweder durch Diffusion erfolgen, wobei über einen Zeitraum von
zwei Tagen der proteinhaltige Puffer gesammelt und durch neuen ersetzt wird, oder
durch Elektrophorese. Dabei sind die Gelstückchen im Puffer auf der Kathodenseite
durch eine Glassinterplatte von der Pufferkammer zum Sammeln des Proteins auf

der Anodenseite getrennt. Die elektrophoretische Methode ist vorzuziehen, da mit ihr schneller (12-24 Stunden bei 10-20 mA) und vollständiger eluiert wird. Das Protein wird wieder durch Vakuumdialyse im gleichen SDS-haltigen Puffer konzentriert und die Reinheit des Präparats durch gelelektrophoretische Analyse kontrolliert.

Natürlich kann man auch das Xanthinoxidase-Polypeptid durch Ausschneiden der Bande aus dem Polyacrylamid-Gel gewinnen. Die Vorteile der säulenchromatographischen Reinigungsmethode sind jedoch so groß (die Ausbeute liegt bei etwa 10 mg des enzymatisch aktiven Xanthinoxidase-Proteins je Gramm Milchfettmembranen, die aus 10 l Milch isoliert werden können, während aus 10 präparativen Gelen höchstens 1 mg Butyrophilin gewonnen werden kann), daß die Elution aus Gelbanden nur bei solchen unlöslichen Proteinen angewendet werden sollte, wo alle anderen Methoden versagen.

Gewinnung der Antiseren

Wir haben jetzt zwei definierte, homogene Proteinpräparationen, die als Antigene zur Gewinnung spezifischer Antikörper verwendet werden können. Es ist wichtig, niemals die ganze verfügbare Antigenmenge zur Immunisierung einzusetzen, da ein Teil noch zumindest zur Charakterisierung und Reinigung des erhaltenen Antikörpers benötigt wird (siehe unten). Die gewonnenen Präparate an Xanthinoxidase und Butyrophilin werden daher in mehrere Portionen aufgeteilt.

Zur Immunisierung werden von uns Meerschweinchen und Kaninchen verwendet. Es ist vorteilhaft, Antikörper verschiedener Tierarten für verschiedene Antigene zur Verfügung zu haben, da man sie dann für Doppelmarkierungen in Lokalisationsstudien einsetzen kann. Für ein Meerschweinchen werden etwa 0,2 mg und für ein Kaninchen etwa 0,6 mg Protein benötigt. Eine andere Möglichkeit, nämlich Mäuse zu immunisieren und Hybridom-Zellkulturen zur Gewinnung monoklonaler Antikörper anzulegen, soll hier nicht beschrieben werden.

Die zur Immunisierung vorgesehene Proteinmenge wird in Aceton suspendiert und sedimentiert, wobei (im Falle von Butyrophilin) das überschüssige SDS entfernt wird, und anschließend unter Stickstoff getrocknet. Das Aceton-Trockenpulver wird in 1,5 ml PBS aufgenommen und für die Erst-Immunisierung sowie zwei "Booster"-Injektionen in drei Teile aufgeteilt. Details der Immunisierung, der Blutentnahme und Serumgewinnung können in Fachbüchern der Immunologie nachgelesen werden (z.B. Herbert 1978).

Reinigung spezifischer Antikörper

Immunglobuline werden aus dem Serum durch Ammoniumsulfat-Fällung angereichert. Dazu wird das Serum mit dem gleichen Volumen PBS, das 0,02 % NaN_3 zur Verhinderung von Bakterienwachstum enthält, verdünnt und unter Rühren auf Eis tropfenweise eine gesättigte Ammoniumsulfat-Lösung bis zu einer Konzentration von 40 % Sättigung zugegeben. Nach 30 Minuten wird das Präzipitat abzentrifugiert (20 Minuten, 3 500 g bei 0°C), wieder im doppelten Serumvolumen PBS/NaN_3 gelöst und noch einmal mit der gleichen Ammoniumsulfat-Konzentration gefällt. Dieses Präzipitat wird in 20 mM Tris-HCl (pH 8,0) gelöst, gegen diesen Puffer dialysiert und durch Vakuumdialyse konzentriert.

Um restliche Serumproteine, vor allem Plasminogen (Vorstufe der Fibrin-Endopeptidase Plasmin, die Immunglobuline degradieren kann), zu entfernen, wird die dialysierte Ammoniumsulfat-Fraktion über eine DEAE-Affi-Gel-Blue-Säure (Firma Bio-Rad, München) gegeben, auf der diese unerwünschten Serumproteine festgehalten werden, während Immunglobuline mit 20 mM Tris-HCl-Puffer (pH 8,0) eluiert und mit

dem Fraktionssammler aufgefangen werden. Einzelheiten sind der Vorschrift der
Firma Bio-Rad zu entnehmen.

Aus der gereinigten Immunglobulin-Fraktion wird der Antigen-spezifische Antikörper
durch Affinitätschromatographie gewonnen. Dazu wird das Antigen (also Xanthinoxidase oder Butyrophilin), das in Puffer (pH 8,4), der 0,1 M Borsäure, 0,025 M
Natriumteraborat, 0,075 M NaCl und - im Falle von Butyrophilin - 2 % SDS enthält,
gelöst und an CNBr-aktivierte Sepharose 4B (Firma Pharmacia, Freiburg) gekoppelt.
Methodische Details sind in dem von der Firma herausgegebenen Manual angegeben.
Die an die Säule gebundene Antigenmenge (die Kapazität der Säule) wird durch
Bestimmung des Gesamtproteins in der Ausgangsfraktion und in den Fraktionen, die
nach der Kopplung beim extensiven Waschen der Säule anfallen, ermittelt.

Die über DEAE-Affi-Gel-Blue gereinigte Immunglobulin-Fraktion wird in PBS gelöst
und mit der Antigen-Sepharose 4B-Säule 12 Stunden bei 4°C unter Drehen inkubiert.
Bei einer Kapazität der Säule von 1 mg gebundenem Antigen werden bis zu 50 mg
Immunglobulin eingesetzt. Immunglobuline, die nicht an das Antigen gebunden haben,
werden durch Waschen der Säule mit folgenden Lösungen entfernt: (i) 0,5 % Triton-
X-100 in PBS; (ii) 0,1 % Triton-X-100 in PBS; (iii) 0,5 M NaCl in PBS; (iv) PBS.
Spezifisch an das Antigen gebundener Antikörper wird mit 3 M KSCN eluiert. Das
Thiocyanat-Anion NCS^- ist ein sehr effektives "chaotropes" Agens, das die
elektrostatische Wechselwirkung (Wasserstoffbrücken- und Ionenbindungen) der
Antigen-Antikörper-Interaktion aufhebt. Bei längerer Einwirkung greift Thiocyanat
aber auch Disulfid-Brücken und damit die Antikörper-Struktur an, deswegen wird das
eluierte, affinitätsgereinigte Immunglobulin sofort mit PBS verdünnt und anschließend dialysiert. Aus dem gleichen Grunde ist es auch wichtig, bei Arbeiten
mit Antikörpern keine Thiolreagentien (z.B. Dithioerythrit oder 2-Mercaptoäthanol)
zu verwenden.

Für den Einsatz des Antikörpers zur Erkennung des Antigens in Zellen oder Zellfraktionen ist in der Regel ein markierter, gruppenspezifischer Ligand, der an
den Fc-Teil des Antikörpers bindet, nötig. Das kann ein zweiter Antikörper oder
sehr oft Protein A aus Staphylococcus aureus sein. Dazu müssen wir aber wissen, zu
welcher Immunglobulin-Klasse unser affinitätsgereinigter Antikörper gehört, da
nicht alle Immunglobuline gebunden werden.

Bestimmung der Antikörper-Klassen

In der Praxis ist für uns vor allem die Unterscheidung zwischen IgM und IgG, den
häufigsten Antikörpern der primären bzw. sekundären Immunantwort, wichtig. Die
schweren Ketten von IgM und IgG unterscheiden sich genügend in ihrem Molekulargewicht, um sie durch SDS-Polyacrylamid-Gelelektrophorese differenzieren zu
können. Wir verwenden dazu ein 10 %-Acrylamid-Gel mit Referenzproteinen. Beim
Menschen haben γ-Ketten von IgG_1, IgG_2 und IgG_4 etwa ein Molekulargewicht von M_r
51 K, IgG_3 eines von M_r 60 K und die μ-Ketten von IgM eines von M_r 67 K.

Gegen die wichtigsten Immunglobulin-Klassen des Meerschweinchens gibt es inzwischen käufliche Antikörper (Firma Miles, Frankfurt). Mit ihnen kann die
Immunglobulin-Klasse des affinitätsgereinigten Antikörpers leicht durch den
Doppel-Immundiffusions-Test nach Ouchterlony (Johnstone and Thorpe 1982) bestimmt
werden.

"Immunblot"

Die Spezifität des affinitätsgereinigten Antikörpers wird in gelelektrophoretisch
aufgetrennten Fraktionen durch die "Immunblot"-Methode kontrolliert. Für ein-
dimensionale SDS-Polyacrylamid-Gelelektrophorese wird je eine Spur mit gereinigtem

Antigen, mit Milchfettmembranen, mit Homogenat von laktierendem Mammagewebe, mit Homogenaten anderer Gewebe (z.B. von Leber) sowie mit Referenzproteinen aufgetragen. Nach beendigter Elektrophorese werden die Proteinbanden elektrophoretisch auf Nitrozellulose-Papier transferiert (Towbin et al. 1979), das anschließend in einer 1 % Serumalbumin-Lösung inkubiert wird, um alle Proteinbindungsstellen abzusättigen. Dann wird die Nitrozellulose in der spezifischen Antikörper-Lösung eine Stunde bei Raumtemperatur sanft geschüttelt und anschließend mit Triton-X-100-Lösungen, mit Puffern erhöhter Salzkonzentrationen (0.5 M-1 M) und PBS gewaschen, um nicht-spezifisch gebundenen Antikörper wieder zu entfernen. Gehört der spezifische Antikörper zur IgG-Klasse, wird die Nitrozellulose mit ^{125}Jod-markiertem Protein A inkubiert. Im Falle von IgM-Antikörpern muß vorher erst ein entsprechender Anti-IgM-Antikörper mit radioaktivem Jod, z.B. nach der Methode von Bolton und Hunter (Dingwall et al. 1982) markiert werden. Nicht-gebundenes, radioaktives Reagens wird wieder wie oben durch extensives Waschen der Nitrozellulose entfernt, diese anschließend bei 80°C getrocknet und in einer Kassette mit einem Röntgenfilm bei -70°C unterschiedlich lange Zeiten (in der Regel zwischen ein und sieben Tagen) exponiert (Franke et al. 1981; Heid et al. 1983).

Im einfachsten Falle wird man auf dem entwickelten Röntgenfilm nur eine Bande, nämlich die des Antigens, finden. Die Immunblot-Methode eigenet sich dann für einen hochempfindlichen Nachweis des Antigens in den verschiedensten Fraktionen von Zellen oder Geweben (Abb. 5). Auch die Kreuzreaktion des Antikörpers mit den entsprechenden Proteinen anderer Spezies kann auf diese Weise geprüft werden.

Wenn mehrere Proteinbanden verschiedenen Molekulargewichts mit dem Antikörper reagieren, muß das nicht heißen, daß die Antikörper-Präparation inhomogen ist. Es können von dem Antikörper gleiche Determinanten auf verschiedenen Proteinen erkannt werden; das ist z.B. bei manchen Glykoproteinen der Fall, deren Kohlenhydrat-Reste besonders antigen sind, d.h. leicht eine Antikörper-Reaktion im Tier hervorrufen. Die Erkennung der gleichen Determinante kann auch auf einen biogenetischen Zusammenhang der Proteine hindeuten, etwa wenn es sich um einen Präkursor oder ein Degradationsprodukt handelt.

Wir haben mit der Immunblot-Methode nachgewiesen, daß Butyrophilin - außer in Milchfettmembranen - nur in der laktierenden Mamma, nicht aber in der nicht-laktierenden (jugendlichen oder regredierten) Milchdrüse und auch in keinen anderen daraufhin untersuchten Geweben vorkommt. Nach unserer derzeitigen Kenntnis handelt es sich bei Butyrophilin also tatsächlich um eine für die Laktation spezifische Differenzierung eines Zelltyps, der Mammaepithelzelle (Franke et al. 1981).

Mit Xanthinoxidase sind die Ergebnisse anders. Auch hier finden wir die bei weitem stärkste Immunblot-Reaktion in Milchfettmembranen und in laktierendem Mammagewebe. Jedoch werden kleine Mengen des M_r 155 K-Proteins mit dem spezifischen Antikörper auch in der nicht-laktierenden Mamma und in zahlreichen anderen Geweben, z.B. Leber, Herzmuskel, Lunge, Dünndarm nachgewiesen. Eine Aussage, in welchen Zellen oder Zellstrukturen das Protein vorkommt, erlaubt die Immunblot-Methode aber nur mit der Genauigkeit, mit der die untersuchten Zellfraktionen definiert werden können.

Immunfluoreszenz

Hier helfen die Methoden der Immunlokalisation auf licht- und elektronenmikroskopischem Niveau weiter. Am verbreitesten ist die indirekte Immunfluoreszenz-Technik, die an anderer Stelle dieses Buches beschrieben wird. Hier sollen nur einige Ergebnisse, die mit unseren affinitätsgereinigten Antikörpern erzielt wurden, genannt werden.

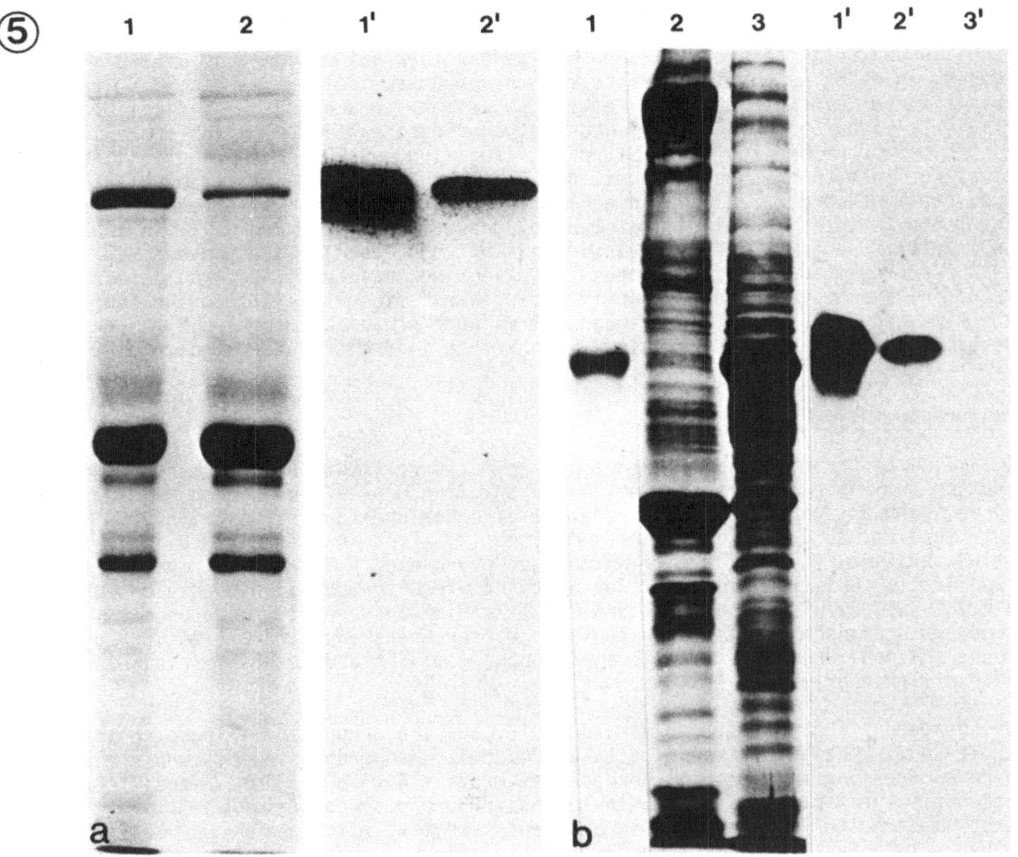

Abb. 5: SDS-Polyacrylamid-Gelelektrophorese und Immunblot.
a) Spur 1 zeigt ein mit Coomassie Blue gefärbtes Gel (8 % Acrylamid) einer Routine-
präparation von Milchfettmembranen der Kuh, Spur 2 dieselbe Präparation nach Extraktion mit Dithioerythrit. Die Spuren 1' und 2' zeigen die entsprechenden Autoradiogramme der Immunblot-Reaktion mit spezifischen Antikörpern gegen Xanthinoxidase.
b) Spur 1 zeigt gereinigtes Butyrophilin aus Milchfettmembranen der Kuh, Spur 2
eine Mikrosomenfraktion und Spur 3 eine lösliche Überstandsfraktion (Cytosol) aus
laktierendem Kuheuter nach gelelektrophoretischer Auftrennung (10 % Acrylamid).
Die Spuren 1', 2' und 3' zeigen die entsprechenden Autoradiogramme der Immunblot-
Reaktion mit spezifischen Antikörpern gegen Butyrophilin. In der löslichen Frak-
tion ist kein Butyrophilin enthalten

Butyrophilin wird auch mit Immunfluoreszenz nur in den laktierenden Mammaepithelzellen, und zwar im Bereich der apikalen Plasmamembran, sowie in Milchfettmembranen, die ja von dieser Plasmamembran abgeschnürt werden, nachgewiesen
(Franke et al. 1981). Xanthinoxidase wird ebenfalls in den laktierenden Mammaepithelzellen, und zwar im Cytoplasma, gefunden. Die Immunreaktion ist besonders
stark in der apikalen Region dieser Zellen und in den Milchfettmembranen. Außerdem
reagiert der Antikörper spezifisch in einem anderen Zelltyp, den Endothelzellen
der Kapillaren, und zwar nicht nur in der Mamma, sondern in allen untersuchten
Geweben (mit Ausnahme der Kapillaren des Hirns und des Hodens). Alle anderen
Zellen dieser Gewebe sind in der Immunfluoreszenz negativ (Jarasch et al. 1981;
Bruder et al. 1983).

Immunaffinitätschromatographie

Mit Hilfe des affinitätsgereinigten Antikörpers kann das Antigen aus diesen
Geweben, in denen es nur in winzigen Mengen vorkommt, isoliert werden. Dazu wird
der Antikörper nach der gleichen Methode, wie oben für das Antigen beschrieben, an
aktivierte Sepharose 4B gekoppelt. Da Xanthinoxidase partiell löslich ist, wird
aus den Gewebehomogenaten durch Ultrazentrifugation bei 100 000 g eine lösliche
Überstandsfraktion gewonnen, die mit der Antikörper-Sepharose-Säule inkubiert
wird. Das Waschen der Säule und die Elution des an den immobilisierten Antikörper
gebundenen Antigens geschieht wie oben angegeben. Das Eluat wird dialysiert und
konzentriert und mit SDS-Polyacrylamid-Gelelektrophorese auf das Vorhandensein des
M_r 155 K-Polypeptids und im Enzymtest auf Xanthinoxidase-Aktivität analysiert. Mit
der Affinitätschromatographie kann immunologisch definiertes Antigen aus den
verschiedenen Geweben isoliert werden, um es auch proteinchemisch, z.B. durch
zweidimensionale Peptidmusteranalyse zu charakterisieren (Bruder et al. 1982).

Immunpräzipitation

Die affinitätschromatographisch gereinigten Antikörper können zur Immunpräzipitation der Antigene verwendet werden. Die Zellen oder Gewebe werden mechanisch
und in Gegenwart von 1 % Triton-X-100 aufgebrochen und 20 Minuten bei 8000 g
zentrifugiert. Zu 0,1 ml des Überstands (ca. 1 mg Protein) werden 10 µl der
Antikörperlösung (10-20 µg Protein) zugegeben und eine Stunde bei Raumtemperatur
inkubiert. Im Falle sehr unlöslicher Proteine wie Butyrophilin wird das Homogenat
in 0,7 % SDS, 0,7 % Triton-X-100 und 0,3 % Natriumdeoxycholat eine Stunde
inkubiert und anschließend zentrifugiert. Dieser Überstand wird mit Antikörper-
lösung (gleiche Proteinverhältnisse wie oben) gemischt und ebenfalls eine Stunde
inkubiert (Mather et al. 1984b).

Der Antigen-Antikörper-Komplex wird durch Zugabe von gruppenspezifischem Antikörper (Anti-Spezies-Antikörer; etwa die doppelte Menge des spezifischen Antikörpers) oder von Sepharose 4B-gekoppeltem Protein A (5 mg je 10 µl spezifischer
Antikörper) präzipitiert und 20 Minuten bei 8000 g sedimentiert. Das Sediment wird
durch wiederholte Resuspension und Sedimentation mit Triton-X-100- und Salzlösungen (wie für die Waschungen der Nitrozellulose bei der Immunblot-Methode)
gewaschen. Das gewaschene Sediment wird in Probenpuffer für die Elektrophorese
aufgenommen; dabei lösen sich die Komplexe und die Protein A-Sepharose-Kügelchen
können abzentrifugiert werden.

Wenn der Antikörper die Enzymaktivität nicht inhibiert, kann auch im Immun-
präzipitat Xanthinoxidase-Aktivität gemessen und damit ein spezifischer Nachweis
des Antigens geführt werden (Jarasch et al. 1981).

Eine wichtige Anwendung findet die Immunpräzipitation in Untersuchungen zur
Biogenese der Proteine. Voraussetzung ist, daß der spezifische Antikörper auch die
früh gebildeten Präkursoren des Proteins erkennt, daß also die antigenen Determinanten in der Primärstruktur und nicht etwa im terminalen Kohlenhydrat-Gerüst
liegen. Der Antikörper kann dann zur Erkennung und Präzipitation der spezifischen
mRNA dieses Proteins aus einer Gesamt-Polyribosomen-Population des Gewebes
eingesetzt werden (Shapiro and Young 1981). Auch die Anreicherung des neu-
synthetisierten Proteins im in vitro-Translations-Ansatz erfolgt über Immunpräzipitation; das präzipitierte Translationsprodukt wird dann mit der SDS-
Polyacrylamid-Gelelektrophorese und Autoradiographie des getrockneten Gels
analysiert. Radioaktiv markierte Präkursoren der Proteine können durch Immunpräzipitation auch aus Zellkulturen, die in Gegenwart von ^{35}S-Methionin gewachsen
sind, isoliert werden. Da die hohen Konzentrationen an Butyrophilin und Xanthinoxidase in den Mammaepithelzellen jedoch spezifische Differenzierungen während der
Laktation sind, die unter Zellkulturbedingungen bisher nur sehr unvollkommen
nachgeahmt werden können, haben wir die Proteine durch Perfusion der laktierenden

Meerschweinchen-Mamma in situ radioaktiv markiert, das Gewebe anschließend
fraktioniert und die einzelnen Zellfraktionen mit Hilfe der spezifischen Antikörper auf das Vorkommen neu synthetisierter Butyrophilin- und Xanthinoxidase-
Moleküle untersucht. Wir konnten damit nachweisen, daß diese beiden Membranproteine, die - verglichen mit typischen sekretorischen Proteinen wie Casein oder
α-Lactalbumin - nur in sehr geringen Mengen gebildet werden, mit unterschiedlicher Kinetik synthetisiert werden: Butyrophilin an membrangebundenen Ribosomen
des Endoplasmatischen Retikulums und Xanthinoxidase an freien Ribosomen des
Cytoplasmas (Mather et al. 1984a,b).

Literatur

Bernardi G (1971) Chromatography of proteins on hydroxyapatite. Methods Enzymol
     22:325-329
Bruder G, Heid H, Jarasch E-D, Keenan TW, Mather IH (1982) Characteristics of
     membrane-bound and soluble forms of xanthine oxidase from milk and endo-
     thelial cells of capillaries. Biochim Biophys Acta 701:357-369
Bruder G, Heid HW, Jarasch E-D, Mather IH (1983) Immunological identification and
     determination of xanthine oxidase in cells and tissues. Differentiation
     23:218-225
Dingwall C, Sharnick SV, Laskey RA (1982) A polypeptide domain that specifies
     migration of nucleoplasmin into the nucleus. Cell 30:449-458
Fairbanks G, Steck TL, Wallach DFH (1971) Electrophoretic analysis of the major
     polypeptides of the human erythrocyte membrane. Biochemistry 10:2606-2617
Franke WW, Heid HW, Grund C, Winter S, Freudenstein C, Schmid E, Jarasch E-D,
     Keenan TW (1981) Antibodies to the major insoluble milk fat globule
     membrane-associated protein: Specific location in apical regions of
     lactating epithelial cells. J Cell Biol 89:485-494
Heid HW, Winter S, Bruder G, Keenan TW, Jarasch E-D (1983) Butyrophilin, an
     apical plasma membrane-associated glycoprotein characteristic of lactating
     mammary glands of diverse species. Biochim Biophys Acta 728:228-238
Herbert WJ (1978) Mineral-oil adjuvant and the immunization of laboratory
     animals. In: Weir DM (ed) Handbook of Experimental Immunology,
     Vol 3, Application of Immunological Methods. 3rd edition. Blackwell
     Scientific, Oxford, p A3.1
Jarasch E-D, Bruder G, Keenan TW, Franke WW (1977) Redox constituents in
     milk fat globule membranes and rough endoplasmic reticulum from
     lactating mammary gland. J Cell Biol 73:223-241
Jarasch E-D, Grund C, Bruder G, Heid HW, Keenan TW, Franke WW (1981)
     Localization of xanthine oxidase in mammary-gland epithelium and
     capillary endothelium. Cell 25:67-82
Johnstone A, Thorpe R (1982) Immunochemistry in Practice, Blackwell Scientific
     Oxford, p 298
Laemmli UK (1970) Cleavage of structural proteins during the assembly of the
     head of bacteriophage T4. Nature 227:680-685
Mather IH, Jarasch E-D, Bruder G, Heid HW, Mepham TB (1984a) Protein synthesis
     in lactating guinea-pig mammary tissue perfused in vitro. I. Radiolabelling
     of membrane and secretory proteins. Exp Cell Res 151:208-223
Mather IH, Bruder G, Jarasch E-D, Heid HW, Johnson VC (1984b) Protein synthesis
     in lactating guinea-pig mammary tissue perfused in vitro. II. Biogenesis
     of milk-fat-globule membrane proteins. Exp Cell Res 151:277-282
O'Farrell PH (1975) High resolution two-dimensional electrophoresis of
     proteins. J Biol Chem 250:4007-4021
O'Farrell PZ, Goodman HM, O'Farrell PH (1977) High resolution two-dimensional
     electrophoresis of basic as well as acidic proteins. Cell 12:1133-1142

Roussos GG (1967) Xanthine oxidase from bovine small intestine. Methods Enzymol XII, 5-16
Shapiro SZ, Young JR (1981) An immunochemical method for mRNA purification. Application to messenger RNA encoding trypanosome variable surface antigen. J Biol Chem 256:1495-1498
Switzer RC, Merril CR, Shifrin S (1979) A highly sensitive silver stain for detecting proteins and peptides in polyacrylamide gels. Analyt Biochem 98:231-237
Towbin H, Staehelin T, Gordon J (1979) Electrophoretic transfer of proteins from polyacrylamide gels to nitrocellulose sheets: Procedure and some applications. Proc Natl Acad Sci USA 76:4350-4354

Sequenzieren von DNA

E. R. Schmidt

Lehrstuhl für Genetik, Ruhr-Universität, Postfach 102148, Universitätsstraße 150, D-4630 Bochum

"Even the smallest functional DNA varieties seen, those occuring in certain small
phages, must contain something like 5,000 nucleotides in a row. We may, therefore
leave the task of reading the complete nucleotide sequence of a DNA to the 21st
century, which will however, have other worries." -- Progress in Nucleic Acid
Research and Molecular Biology, 1968

"ØX 174 sequenced" -- Nature, 1977 (5386 Basenpaare)

"Nucleotide sequence of bacteriophage λ DNA" -- J. Mol. Biol., 1982 (48.502 Bp.)

European Molecular Biology Laboratory Nucleotide Sequence Data Library, Stand
Dezember 1983 -- 1.654.863 Basenpaare

"Automatic DNA sequencing" -- Nature, 1984

Die Entwicklung von Methoden zur schnellen Bestimmung von langen Nukleotidsequenzen hat, wie sich an den vorangestellten Zitaten unschwer erkennen läßt, einen
stark beschleunigenden Einfluß auf die Entwicklung und den Kenntnisstand der
Molekularbiologie gehabt. Die Gentechnologie in der heutigen Form wäre wohl kaum
denkbar, wenn es nicht die Möglichkeit gäbe, Nukleotidsequenzen schnell und mit
großer Zuverlässigkeit zu bestimmen. Die Sequenzierung von DNA gehört zu den
Standardmethoden in nahezu allen molekularbiologischen Labors.

Der vorliegende Artikel soll eine kurze theoretische Einführung in die Problema-
tik der zur Verfügung stehenden Sequenzierungstechniken sein und fortgeschrittenen
Studenten die Übersicht über die vielen Variationen dieser Techniken erleichtern.
Für die praktische Anwendung der beschriebenen Methoden wird auf die Original-
literatur verwiesen, bzw. die Lektüre von Hindleys "DNA sequencing" empfohlen.

Die zwei Techniken der DNA-Sequenzierung

Nahezu zur gleichen Zeit wurden zwei prinzipiell unterschiedliche Techniken zur

Molekular- und Zellbiologie
Hrsg. von Blin et al.
© Springer-Verlag Berlin Heidelberg 1985

schnellen Sequenzierung von langen DNA-Molekülen entwickelt. Die eine Methode,
die *Maxam und Gilbert-Technik* (Maxam und Gilbert, 1977, 1980) beruht auf der basenspezifischen, chemischen Spaltung von "einfach-endmarkierten" DNA-Molekülen. Diese
Methode wird deshalb auch häufig als die *"chemische Sequenzierung"* bezeichnet. Die
zweite Methode, die *Sanger-Technik*, basiert auf der basenspezifisch unterbrochenen,
enzymatischen Reparatursynthese an einem einzelsträngigen DNA-Molekül, wobei der
Start der Reparatursynthese durch ein kurzes "Primer"-Molekül initñert wird (Sanger,
1981). Diese Methode wird häufig auch als die *"enzymatische Sequenzierung"* bezeichnet.

DIE MAXAM UND GILBERT-TECHNIK

Das Ausgangsmaterial für die chemische Sequenzierung sind "einfach-endmarkierte"
DNA-Moleküle, über deren Herstellung weiter unten berichtet wird.Sehr wichtig ist,
daß das Ausgangsmaterial homogen ist, also wirklich nur ein radioaktiv markiertes
DNA-Fragment enthält und daß alle Moleküle nur an ein und derselben Stelle radioaktiv markiert sind. Die zu sequenzierende Probe wird auf mindestens 4 Teile aufgeteilt und in mind. 4 verschiedenen Reaktionen einer basenspezifischen Spaltung
unterzogen (Abb. 1). Für jede Base in der DNA muß mindestens eine spezifische
Reaktion durchgeführt werden. Es gibt zwar inzwischen mehr als 15 verschiedene
Möglichkeiten, eine DNA basenspezifisch zu spalten, in der Praxis werden aber meist
nur 4 oder 5 verschiedene Reaktionen durchgeführt. Die gebräuchlichsten Reaktionen
sind die Spaltung der DNA bei Guanin, bei Guanin+Adenin (Purin-Spaltung), bei
Cytosin+Thymin (Pyrimidin-Spaltung), bei Cytosin und bei Adenin+Cytosin. Alle genannten basenspezifischen Spaltungsreaktioner sind "Zweistufenreaktionen": in dem
ersten Schritt werden die Basen modifiziert oder entfernt, und im zweiten Schritt
wird die Phosphordiesterbindung zwischen dem Zucker und den beiden Phosphatresten
durch ß-Eliminierung gelöst.

Die G-Reaktion: Dimethylsulfat, ein potentes Karzinogen, ist bekannt als ein DNA
methylierendes Agen   Dimethylsulfat überträgt Methylgruppen auf Guanin (an N-7)
und auf Adenin (an N-3) (Lawley and Brookes, 1963). Der Imidazolring im Guanin
wird durch die Methylierung geöffnet. Eine nachfolgende Behandlung mit Piperidin
führt zu einer Abspaltung der modifizierten Guaninreste und zur ß-Eliminierung beider Phosphatgruppen vom Zucker. Methylierte Adenin-Basen werden von Piperidin nicht
in der gleichen Weise attackiert und verbleiben in der DNA, so daß die Dimethylsul-
fat-Piperidin Spaltung eine Guanin-spezifische Spaltung ist.

Die A+G-Reaktion:Für die Entfernung der Purin-Basen (Adenin+Guanin) aus der DNA
wird die "saure Hydrolyse" der DNA angewendet. Es ist seit langem bekannt, daß
eine Behandlung von DNA mit verdünnten Mineralsäuren die Purin-Basen aus der DNA
entfernt (Kochetkov und Budovskii 1972). Eine besonders spezifische Depurinisierung
wird durch die Anwendung von Ameisensäure in Anwesenheit von 2-3% Diphenylamin
erreicht (Petersen und Burton 1964).Die Diphenylamin-Ameisensäure Behandlung führt
bereits allein zur Abspaltung der Phosphatgruppen durch ß-Eliminierung. Unter
den partiellen Spaltungsbedingungen der Sequenzierungsreaktion ist die Abspaltungsreaktion aber nicht quantitativ zu erwarten. Deshalb erfolgt auch bei der A+G-
Reaktion eine Nachspaltung mit Piperidin, die quantitativ die depurinisierten
Stellen in Strangbrüche umwandelt.

Die C+T, bzw. C-Reaktion: Mit dem nukleophilen Reagenz Hydrazin kann eine spezifische
Spaltung bei Pyrimidinen durchgeführt werden. Hydrazineinwirkung auf Pyrimidine
führt zur Öffnung des Pyrimidinrings zwischen N-3 und C-4 und Hydrazin bildet zusammen mit C-4, C-5 und C-6 einen Pyrazol-Ring. Weitere Hydrazineinwirkung führt
zur Ablösung des Pyrazolrings und des N-1, C-2, N-3-Fragments von der Deoxyribose,
sowie zur Anlagerung von Hydrazin an das C-1 Atom der Deoxyribose unter Bildung
von Hydrazon. Die Bildung von Hydrazon kann bereits zur Eliminierung der Phosphatgruppen führen und so einen pyrimidinspezifischen Strangbruch auslösen. Eine Nach-
behandlung mit Piperidin führt dann bei allen durch Hydrazinolyse modifizierten
Pyrimidinnukleosiden zu einer ß-Eliminierung beider Phosphatgruppen und damit zum

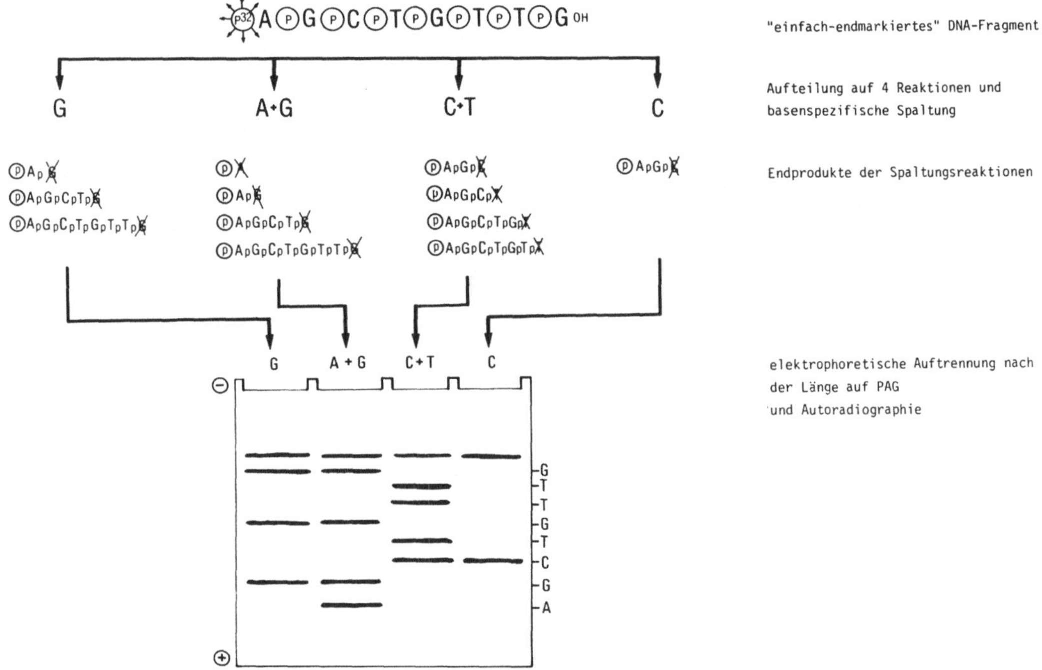

Abb. 1. Schema der "chemischen Sequenzierung" nach Maxam und Gilbert. Als Ausgangsmaterial dient ein "einfach-endmarkiertes" DNA-Fragment, das auf vier Proben aufgeteilt wird. In vier verschiedenen Reaktionen werden die DNA-Fragmente basenspezifisch gespalten, bei Guanin (G) mit Dimethylsulfat, bei Adenin und Guanin (A+G) mit
Ameisensäure plus Diphenylamin, bei Cytosin und Thymin (C+T) mit Hydrazin und bei
Cytosin mit Hydrazin in Anwesenheit von 1M NaCl.Die basenspezifische Spaltung erfolgt
unvollständig (ca. 1-2 Spaltungen pro Molekül), so daß eine Kollektion von DNA-Fragmenten entsteht, die z.B. in der G-Reaktion bei allen möglichen Positionen von Guanosin enden. Ein Teil dieser Moleküle ist an einem Ende radioaktiv markiert ⓟ und nur
diese Fragmente werden bei der späteren Autoradiographie sichtbar. Nach elektrophoretischer Auftrennung auf Polyacrylamidgelen und Autoradiographie kann die Basensequenz auf dem Autoradiogramm von "unten" nach "oben" gelesen werden, wobei die
unterste Bande die Base an dem markierten Ende repräsentiert, also nach einer 3'-
Markierung die Base am 3'-Ende des DNA-Fragments. Am "oberen Ende" des Autoradiogramms erscheinen Banden in allen vier Spuren, weil bei allen Reaktionen Moleküle
übrig bleiben, die überhaupt nicht gespalten wurden und die deshalb noch die volle
Ausgangslänge behalten haben

basenspezifischen Strangbruch (Kochetkov und Budovskii 1972). Die C-Reaktion, basenspezifisch für Cytosin, unterscheidet sich von der C+T-Reaktion nur durch die Anwesenheit von NaCl im Reaktionsgemisch. In Anwesenheit von 1M NaCl reagiert Hydrazin
bevorzugt mit Cytosin.

Die A+C-Reaktion: Adenin und Cytosin sind labil gegenüber heißer Alkalibehandlung
(Kochetkov und Budovskii 1972), wobei Adenin schneller mit Alkali
reagiert als Cytosin. Die nach Alkalibehandlung ringoffenen Basen können anschließend
durch Piperidinbehandlung entfernt werden. Dabei kommt es zur ß-Eliminierung des
Zuckers von den Phosphatresten.

Allen Reaktionen ist gemeinsam, daß zunächst die Modifikation der entsprechenden
Basen durchgeführt wird und anschließend diese Basen und die dazugehörige Deoxy-
ribose entfernt werden, wobei es durch ß-Eliminierung der Phosphatgruppen zum
Strangbruch kommt.

Analyse der Spaltungsprodukte und "Lesen"der Basensequenz

Bei der Durchführung der basenspezifischen Modifikationsreaktionen ist vor allem
wichtig, daß statistisch ca. 1 Modifikation pro Molekül stattfindet. Da die Modifikationen zufällig über die Moleküllänge verteilt sind, ergibt sich nach der
vollständigen Strangbruchreaktion eine Kollektion von Fragmenten unterschiedlicher
Länge, die alle mit dem einen Ende basenspezifisch, z. B. bei allen möglichen
Positionen von Guanin, terminieren. Das zweite Ende ist durch Radioaktivität markiert. Die Positionen aller modifizierter Basen (gleichbedeutend mit Strangbrüchen)
relativ zu dem radioaktiv markierten Ende kann dann durch einfache Längenbestimmung festgelegt werden. Die Längenbestimmung erfolgt durch hochauflösende Polyacrylamidgelelektrophorese. Dabei kommt es darauf an,daß sich Moleküle, die sich in
der Länge nur um jeweils eine Base unterscheiden,deutlich voneinander trennen
(Einzelheiten zur Elektrophorese s. u.). Die Lage der radioaktiv markierten Moleküle im Gel wird durch Autoradiographie mit Hilfe von Röntgenfilm festgestellt. Wie
aus den Autoradiogrammen von Sequenzgelen die Basensequenz zu lesen ist, zeigt Abb.1.

Voraussetzungen für die Sequenzierung nach Maxam und Gilbert

Das Kernstück der *Maxam und Gilbert-Sequenzierung* ist zwar die basenspezifische
Spaltung der DNA-Moleküle, um aber zu einer lesbaren DNA-Sequenz zu kommen, müssen
weitere Voraussetzungen erfüllt sein. Die wichtigste Voraussetzung ist die Möglichkeit, eine homogene DNA-Präparation herzustellen, in der alle DNA-Moleküle identische
Längen haben. Darüberhinaus müssen diese DNA-Moleküle an *einem* Ende radioaktiv markiert
sein.

Herstellung "einfach-endmarkierter" DNA-Fragmente

Die Bereitstellung von großen Mengen homogener DNA Fragmente wird am besten durch
die zur Verfügung stehenden Klonierungstechniken erreicht. Aus längeren DNA-Molekülen werden mit Hilfe von entsprechenden Restriktionsenzymen kleinere Fragmente
herausgeschnitten und, wenn nötig, durch präparative Gelelektrophorese von unerwünschten oder störenden DNA Fragmenten getrennt. Auf diese Weise erhält man eine
große Menge absolut homogener DNA Fragmente mit identischen Enden. Die Enden der
doppelsträngigen DNA können je nach verwendetem Restriktionsenzym "glatt" (d.h.
keine überstehenden einzelsträngigen DNA Stücke), "5'-überhängend" oder "3'-über-
hängend" (d. h. 1 bis 5 Basen des einen Stranges ragen über das Ende des anderen
hinaus) sein. Alle Restriktionsenzyme produzieren 5'-Phosphat-und 3'-OH-Enden. Es
stehen verschiedene Methoden zur Verfügung, sowohl am 5'-Phosphatende als auch am
3'-OH-Ende eine radioaktive Markierung anzubringen.

Die 5'-Endmarkierung: Die 5'-Endmarkierung ist universell für nahezu alle Nuklein-

säuremoleküle unabhängig von der Struktur ihrer Enden anwendbar (Ausnahme: "Cap"-
Ende von mRNA). Sie läßt sich sowohl an doppelsträngiger als auch an einzelsträngiger Nukleinsäure durchführen. Die Markierungsreaktion wird meist in zwei Schritten durchgeführt: 1. die Entfernung der endständigen Phosphatgruppe durch Behandlung mit *alkalischer Phosphatase* (bakterielle Phosphatase oder Kälberdarm-Phos-
phatase). Das dabei entstehende 5'-OH-Ende wird anschließend mit Hilfe des Enzyms
Polynukleotidkinase phosphoryliert. Bei dieser Reaktion wird ATP als Energie-und
Phosphatspender benutzt, wobei die Phosphatgruppe in γ-Stellung des ATP auf das
5'-Ende der Nukleinsäure übertragen wird. Soll das 5'-Ende also   radioaktiv
markiert werden, muß γ-[^{32}P]-ATP in der Reaktion eingesetzt werden. Die Phospho-
rylierungsreaktion mit Hilfe der *T4-Polynukleotidkinase* läßt sich auch ohne voran-
gegangene Dephosphorylierung des 5'-Endes als "Austauschreaktion" durchführen, wobei
allerdings die zu erzielende Einbaurate um etwa eine Größenordnung niedriger ist.
Bei der 5'-Markierung von doppelsträngigen DNA-Molekülen werden beide 5'-Enden
markiert, so daß nach der Markierung noch eine Trennung der komplementären Stränge,
bzw. der beiden Enden erfolgen muß (s.u.).

Die 3'-Endmarkierung: Für die radioaktive Markierung des 3'-Endes von doppel-und
einzelsträngigen DNA-Molekülen gibt es zwei alternative Methoden: 1. die Übertragung eines Nukleotids mit Hilfe der *Terminalen Deoxynucleotidyltransferase* ("Terminale Transferase", "TdT") und 2. den Einbau eines Nukleotids mit Hilfe der
DNA-Polymerase I ("Kornberg-Enzym") aus Escherichia coli.

1. Die Markierung mit Hilfe der *Terminalen Transferase* erfordert den Einsatz von
in α-Stellung mit ^{32}P radioaktiv markierten Deoxynukleosidtriphosphaten oder
Nukleotidanalogen. Die Terminale Transferase überträgt dabei die angebotenen Nukleosidtriphosphate auf das 3'-Ende der vorhandenen DNA, wobei das radioaktive ^{32}P in
die Phosphodiesterbindung der Nukleinsäure eingeht. Da die Terminale Transferase
nicht nur ein Nukleotid auf das 3'-OH-Ende einer einzel-oder doppelsträngigen DNA
überträgt sondern eine wechselnde Anzahl, muß zusätzlich dafür gesorgt werden, daß
eine Übertragung von mehreren Nukleotiden nicht möglich ist, bzw. daß überzählige
Nukleotide wieder entfernt werden. Die Übertragung von nur einem Nukleotid kann
erreicht werden, wenn statt der normalen Nukleotide das Nukleotidanalogon Cordycepin-
α-[^{32}P]-triphosphat eingesetzt wird. Es handelt sich dabei um 2',3'-Dideoxyribo-
nukleosidtriphosphat. Da dem Cordycepin die 3'-OH-Gruppe fehlt, ist eine Kettenverlängerung nach Cordycepineinbau nicht möglich. Die zweite Möglichkeit, zu einem
einzigen radioaktiven Nukleotid zu kommen, ist die Verwendung von Ribonukleosid-
triphosphaten. Nach der Reaktion mit der Terminalen Transferase wird eine alkali-
sche Hydrolyse durchgeführt, wodurch alle Ribonukleotide bis auf eines am 3'-Ter-
minus der DNA verdaut werden (Maxam und Gilbert 1980).

Die 3'-Endmarkierung mit Hilfe der Terminalen Transferase ist prinzipiell bei allen
Endentypen (glatte, 5'-und 3'-überhängende Enden) möglich, obwohl bei 5'-überhän-
genden Enden der Einbau wesentlich schwächer ist als bei 3'-überhängenden Enden.

2. Die 3'-Endmarkierung mit Hilfe der *DNA-Polymerase I* erfordert ebenfalls den Einsatz von in α-Stellung mit ^{32}P radioaktiv markierten Deoxynukleosidtriphosphaten.
Die einfachste Möglichkeit, mit Hilfe der *Polymerase I* eine 3'-Endmarkierung durchzuführen, ist die sog. "filling in"-Reaktion. Für diese Reaktion müssen 5'-über-
hängende Enden vorhanden sein. In Anwesenheit des passenden, d. h. komplementär
zur ersten Base des überhängenden Einzelstrangendes, Deoxynukleosidtriphosphates
hängt die Polymerase I ein oder in ungünstigen Fällen zwei Nukleotide an das 3'-
OH-Ende an, wobei das überhängende 5'-Ende als Matrizenstrang fungiert. Man verwendet für diese Art der Markierung nicht das Holoenzym der Polymerase I, sondern
das *Klenow-Fragment* (large Fragment) der DNA-Polymerase I, welches durch Subtilisin-
Verdauung erhalten wird. Das *Klenow-Fragment* unterscheidet sich von dem intakten
Enzym dadurch, daß von den ursprünglich dem Enzym eigenen 3'-5' und 5'-3' Exonukle-
aseaktivitäten nur noch die 3'-5' Exonukleaseaktivität vorhanden ist. Diese 3'-End-
markierung ist sehr problemlos und schnell durchzuführen und gibt im Durchschnitt
erheblich bessere Einbauraten als alle anderen Endmarkierungsmethoden. Der gravie-

rende Nachteil der Methode ist die Abhängigkeit von den 5'-überhängenden Enden,
so daß nur ein Teil der Restriktionsendonukleasen für diese Markierungstechnik
verwendbar ist. Das *Polymerase I-Klenow Fragment* kann durch die *T4-DNA Polymerase*
ersetzt werden, die keine 5'-3' Exonukleaseaktivität besitzt.

Eine wenig angewendete Variante der 3'-Endmarkierung mit Hilfe der DNA-PolymeraseI
ist die sog. *Austauschreaktion*. Dabei wirken 3'-5' Exonukleaseaktivität und die
5'-3' Polymeraseaktivität der DNA-Polymerase   zusammen, indem bei "glatten"
Enden das terminale 3'-Nukleotid abgebaut und ein in α-Stellung mit ^{32}P markiertes
Nukleosidtriphosphat wieder eingebaut wird. Diese Methode ist nur für glatte Enden
verwendbar, die Einbaurate ist erheblich geringer als bei der "filling in"-Reaktion.

<u>Vom "zweifach-endmarkierten" zum "einfach-endmarkierten" Molekül</u>

Doppelsträngige DNA-Moleküle, die mit einer Restriktionsendonuklease geschnitten wurden und identische Enden haben, werden normalerweise an ihren beiden Enden gleichstark radioaktiv markiert. Dies gilt prinzipiell für alle Endmarkierungstechniken.
Lediglich wenn die beiden Enden eines Moleküls verschieden sind, z. B. weil das DNA-
Fragment aus einer Doppelrestriktion mit zwei verschiedenen Restriktionsendonukleasen stammt, kann man mit Hilfe der "filling in" Reaktion eine "Einfachendmarkierung"
erreichen. Nämlich dann, wenn durch die Doppelrestriktion ein glattes und ein 5'-
überhängendes Ende erzeugt wurde. Dann wird nur das 5'-überhängende Ende markiert,
während das glatte Ende unmarkiert bleibt. Leider ist es aber in den meisten Fällen
nicht möglich, von vorneherein solche Moleküle zu produzieren, die dann auch noch
eine sinnvolle Sequenzierungsstrategie ermöglichen.

Für die Herstellung von einfach-endmarkierten DNA Fragmenten gibt es zwei Alternativen:
1. die elektrophoretische *Strangtrennung* und 2. die *Sekundärrestriktion*.

Die elektrophoretische *Strangtrennung* der komplementären DNA Stränge erfolgt auf
Polyacrylamidgelen unter nicht-denaturierenden Bedingungen. Die doppelsträngigen
DNA Fragmente werden zunächst in ihre Einzelstränge z.B. durch Hitzebehandlung über-
führt, dann, um eine Renaturierung zu Doppelsträngen zu verhindern, sehr schnell ab-
gekühlt und anschließend unter nicht-denaturierenden Bedingungen elektrophoretisiert.
Dabei trennen sich in den allermeisten Fällen die komplementären Stränge voneinander
(Szalay et al. 1977). Es wird angenommen, daß Sekundärstrukturen (intramolekulare
Rückfaltungen, Haarnadelstrukturen) für die unterschiedlichen elektrophoretischen
Laufeigenschaften der komplementären Stränge verantwortlich sind. Dies läßt sich
auch daraus ableiten, daß durch Erhöhung der Temperatur während der Strangtrennungs-
elektrophorese die Trennung der komplementären Stränge verhindert wird. Nach eigenen
Erfahrungen wirkt sich das Abkühlen der Gele auf 4°C sehr positiv auf die Trennung
der komplementären Stränge aus. Es lassen sich auf diese Weise sogar die komplementären Stränge von Molekülvarianten, die sich nur durch einen einzigen Basenaustausch
voneinander unterscheiden, problemlos voneinander trennen. Die *Strangtrennung* hat
den großen Vorteil, daß beide komplementären Stränge für die Sequenzierung zur Verfügung stehen und somit sofort die Sequenz des einen Strangs durch die Sequenz des
anderen Strangs verifiziert werden kann. Der Nachteil der Strangtrennungstechnik
ist der hohe Verlust an markiertem Material, der teilweise dadurch entsteht, daß
z.B. durch die Aufarbeitung und Restriktionsverdauung Einzelstrangbrüche in längeren
DNA-Molekülen vorkommen. Da für die Strangtrennung eine Denaturierung der DNA-Moleküle unumgänglich ist, gehen alle Moleküle verloren, die auch nur einen einzigen
Einzelstrangbruch aufweisen.

Die *Sekundärrestriktion* ist demgegenüber völlig unempfindlich gegen vorhandene Einzelstrangbrüche. Mit Hilfe der Sekundärrestriktion werden die beiden markierten Enden
eines doppelsträngigen DNA Moleküls dadurch voneinander getrennt, daß mit einem
(zweiten) Restriktionsenzym das Molekül in zwei ungleichgroße Hälften zerlegt wird.
Die beiden Fragmente werden dann durch Agarose-oder Polyacrylamid-Gelelektrophorese
voneinander getrennt und sind dann nur noch an jeweils einem Ende radioaktiv markiert.

Obwohl die Sekundärrestriktion den Vorteil hat, gegen Einzelstrangbrüche unempfindlich zu sein, hat die Methode einen anderen Nachteil: durch den sekundären Restriktionsschnitt ist eine überlappende Sequenzierung und damit eine Verifizierung durch
die jeweils komplementäre Sequenz nicht möglich. Ein besonders günstiger Fall der
Sekundärrestriktion findet bei der Sequenzierung mit Hilfe des Sequenzierungsplas-
mids pUR250 seine Anwendung.

Die Verwendung von pUR250 für die Maxam und Gilbert-Sequenzierung

Das Problem , daß bei der Maxam und Gilbert-Sequenzierung entweder durch Strangtrennung oder durch Sekundärrestriktion mit anschließender präparativer Elektrophorese einfach endmarkierte DNA-Fragmente hergestellt werden müssen, konnte durch
die Konstruktion eines speziellen Klonierungsplasmides elegant gelöst werden(U.Rüther
1982). Das Plasmid pUR250 enthält ähnlich wie die Klonierungsvektoren M13 und pUC
eine "Multiple Cloning Site" (MCS) in einem lacZ-Gen, das zur Selektion von positiven
Klonen verwendet werden kann (s.U.).Der entscheidende Vorteil in der Verwendung von
pUR250 liegt in der Anordnung der Restriktionsschnittstellen, die zur Klonierung
und zur Endmarkierung verwendet werden können. Das Prinzip der pUR250 Sequenzierung
ist in Abb. 2 dargestellt. Über die Restriktionsschnittstellen SalI, AccI und HincII
können DNA Fragmente in pUR250 integriert werden, wobei über die HincII - Schnittstelle universell Fragmente mit glatten Enden kloniert werden können. Zur Sequenzierung
werden getrennt zwei Restriktionen durchgeführt,die eine mit XbaI, die andere mit BamHI.
Beide Enzyme hinterlassen 5'-überhängende Enden, so daß sie ein ideales Substrat für die
problemlose und einfache 3'-Endmarkierung mit Hilfe der Polymerase I-Auffüllreaktion
darstellen. Nach der 3'-Endmarkierung werden dann die BamHI-Probe mit EcoRI und die
XbaI-Probe mit HindIII sekundär restringiert. Dadurch entstehen einfach endmarkierte
DNA-Fragmente, die den zu sequenzierenden Bereich umfassen, und zwar in beiden
Richtungen, so daß in einem Experiment die komplementären Stränge bestimmt werden
können. Ferner ist es nicht notwendig, die Fragmente nach der Sekundärrestriktion
noch einmal über Gelelektrophorese voneinander zu trennen, weil neben dem zu sequenzierenden Fragment nur noch ein wenige Basen langes Fragment entsteht, das auf Grund
seiner Kürze nicht mit der zu lesenden Sequenz interferiert. Auf diese Weise kann
ohne eine Strangtrennung die Sequenz beider komplementärer Stränge bestimmt werden.

Genomische Sequenzierung

Die Standard-Sequenzierungstechniken erfordern die Isolierung des interessierenden
DNA-Moleküls in reiner Form und passender Größe . Dies wird durch Klonierung erreicht.
Das ist arbeitsaufwendig und es gehen Informationen wie z.B. der Methylierungsstatus
der Ausgangs-DNA verloren. Church und Gilbert(1984) haben eine Methode entwickelt,
die es ermöglicht, die Sequenz eines Gens bzw. eines Restriktionsfragments in einem
Eukaryontengenom ohne vorherige Isolierung zu bestimmen.Diese "genomische Sequenzierung" beruht auf folgendem Prinzip: Zunächst wird die genomische DNA mit einer
Restriktionsnuklease bis zur Vollständigkeit verdaut.Dann wird das gesamte Fragment-
gemisch in 4 bzw. 5 Reaktionen einer vollständigen, basenspezifischen Spaltung nach
Maxam und Gilbert unterzogen.Die basenspezifisch-gespaltenen Restriktionsfragmente
werden auf typischen Sequenzierungsgelen unter denaturierenden Bedingungen der Größe
nach aufgetrennt und anschließend ähnlich wie bei einem "Southern-Blot" auf eine
Nylonmembran (elekrophoretisch) übertragen, so daß ein "Abklatsch" des Sequenzier-
gels entsteht. Um nun an die Sequenz des interessierenden Gens oder Restriktionsfragmentes zu kommen, muß mit einer kurzen , einzelsträngigen, radioaktiv-markierten
DNA oder RNA-Sequenz hybridisiert werden, die entweder zum 5' oder 3'-Ende des
Restriktionsfragmentes homolog sein muß.Wenn die Hybridisierungsprobe kurz(100 - 200
Nukleotide) und die basenspezifisch gespaltenen Restriktionsfragmente relativ lang
(ca. 1 Spaltung pro 500 Nukleotide) sind, so erscheint nach der Hybridisierung und
Autoradiographie das typische "Maxam und Gilbert Sequenzbandenmuster". Entscheidend
für die Methode ist die Verfügbarkeit der spezifischen Hybridisierungsprobe, mit der
entweder das 3' oder das 5'-Ende "markiert werden kann.Es ist sogar möglich,

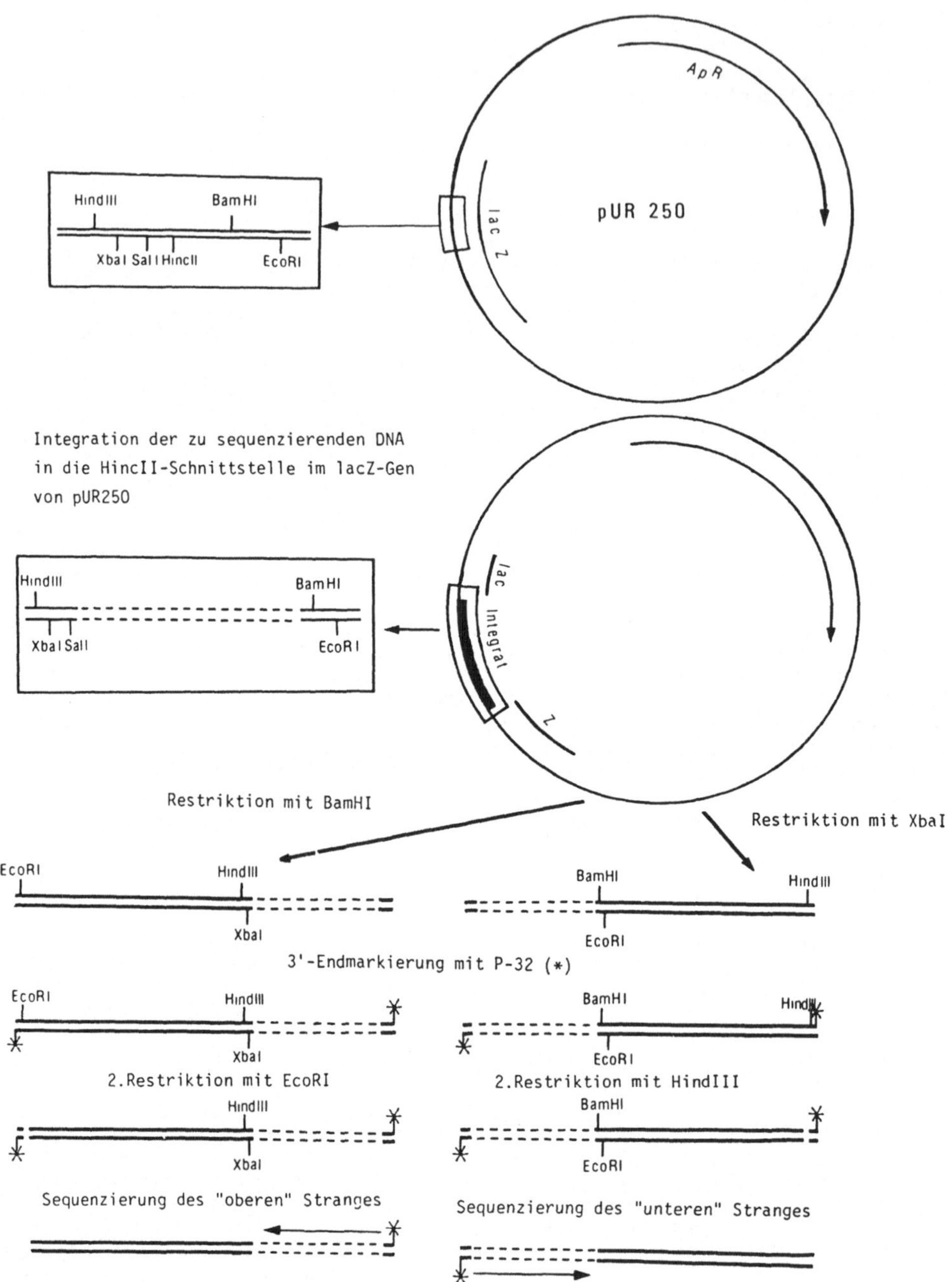

Abb. 2. Schema der Sequenzierung mit Hilfe von pUR250. Erklärung siehe Text

zunächst mit dem 3'-homologen Fragment zu hybridisieren, nach Auswertung die Probe
abzulösen und anschließend mit dem 5'-homologen Fragment die Sequenz vom 5'-Ende her
in umgekehrter Orientierung darzustellen. Selbstverständlich kann mit entsprechenden
Hybridisierungsproben die gleiche Prozedur für den komplementären Strang durchgeführt werden. Mit Hilfe dieser Methode ist es z. B. möglich, Methylierungsmuster
von Genen zu bestimmen, weil 5-Methylcytosin kaum mit Hydrazin reagiert. Auch
Sequenzvarianten bzw. Mutationen können ohne vorherige Isolierung der DNA-Fragmente
aus der genomischen DNA sequenziert werden.

DIE SANGER-TECHNIK

Die Sequenzierungstechnik nach Sanger et al. (1977) beruht auf dem Prinzip der sog.
"*Kettenabbruchsynthese*" mit Hilfe der *DNA-Polymerase* I (*Klenow-Fragment*).An einem
einzelsträngigen DNA-Molekül wird mit Hilfe eines "*Primers*" ein Startpunkt für die
Polymerase I angeboten. Bei dem Primer handelt es sich um ein kurzes, einzelsträngiges
DNA-Molekül, das durch Renaturierung an den zu sequenzierenden DNA-Strang anhybridisiert wird. Dieser Primer bestimmt den Startpunkt für die DNA-Polymerase und stellt
auch die unbedingt notwendige 3'-OH-Gruppe bereit, an der die DNA-Polymerase schließlich die DNA-Synthese beginnt.Für die Synthese des zum eingesetzten Strang komplementären DNA Stranges werden dem Reaktionsgemisch alle vier Nukleosidtriphosphate
zugesetzt, wobei eines der eingesetzten Triphosphate mit ^{32}P in α-Stellung radioaktiv markiert ist. In vier parallelen Reaktionen wird die DNA-Synthese jedoch basenspezifisch unterbrochen, und zwar in der heute gebräuchlichen Weise durch Zugabe von
2',-3',-*Dideoxynukleosidtriphosphaten*. Den 2',-3'-Dideoxynukleosidtriphosphaten
fehlt die für die Kettenverlängerung notwendige 3'-OH-Gruppe. Infolgedessen kommt es
nach Einbau eines Dideoxynukleotides zum Kettenabbruch. In 4 parallelen Reaktionen
wird jeweils ddATP, ddTTP, ddCTP oder ddGTP in geringem Verhältnis zu den "normalen"
Nukleosidtriphosphaten zugesetzt, so daß es basenspezifisch zu Kettenabbrüchen kommt.
Dabei kann durch das Verhältnis zwischen dem zugesetzten Dideoxy-und Deoxynucleosid-
triphosphat in etwa die Anzahl der Kettenabbrüche und damit die statistische Ketten-
länge bestimmt werden. Nach der erfolgten Kettenabbruchsynthese wird das radioaktiv
markierte Syntheseprodukt durch Denaturierung von dem nicht-radioaktiven Matrizenstrang abgelöst und auf einem hochauflösenden Polyacrylamidgel der Länge nach aufgetrennt. Dabei gilt dasselbe Prinzip wie bei der Maxam und Gilbert-Technik.

Die Verwendung des einzelsträngigen Klonierungsvektors M13 zur Sanger-Sequenzierung

Eines der größten Probleme bei der Anwendung der Sanger-Technik war die Herstellung
der Einzelstrangmatrize sowie des kurzen Primer-Moleküls. Dieses Problem ist durch
die Einführung des einzelsträngigen Bakteriophagen M13 als Klonierungsvector sehr
elegant gelöst worden (Messing, et al., 1977). M 13 ist ein sex-spezifischer,
einzelsträngiger DNA-Phage von *E.coli*, der intracellulär während der Vermehrungs-
phase als doppelsträngige Form (RF= "replicative form") vorkommt und hohe Kopien-
zahlen erreicht. Entscheidend aber für die Verwendung von M13 als Klonierungsvector
speziell für die enzymatische Sequenzierung ist, daß die mit M13 infizierten Zellen
Phagenpartikel in großer Kopienzahl produzieren, die nur einen DNA-Strang, den
+-Strang enthalten. Diese Phagenpartikel werden durch die Zellwand in das Außen-
medium abgesondert. Auf diese Weise kann sehr leicht aus dem Medium der infizierten
Zellen einzelsträngige M13-DNA gewonnen werden.Durch verschiedene genetische Manipulationen wurde aus dem Wildtyp von M13 ein außerordentlich effektives Klonierungs-
vehikel konstruiert.Kernstück der M13mp-Klonierungsvectoren ist eine "Multipurpose
Cloning Site" (MCS), die aus einer Anhäufung von verschiedenen Schnittsequenzen für
Restriktionsendonukleasen besteht. Diese Restriktionsschnittstellen sind nur einmal
in dem M13-Molekül vorhanden und können deshalb für die Integration von Fremd-DNA
verwendet werden. Diese "Vielzweck-Klonierungssequenz" liegt in dem lacZ Gen, dessen
Funktionsfähigkeit anhand einer Farbeinlagerung auf entsprechenden Indikatorplatten
leicht zu erkennen ist.Die MCS wurde so konstruiert, daß der Leserahmen des lacZ-Gens

nicht zerstört wurde. Durch die Integration einer Fremd-DNA wird jedoch i.A. der
Leserahmen des lacZ-Gens zerstört, was zu farblosen Plaques[1] führt. Auf Grund der
Vielseitigkeit der MCS und der leichten Erkennbarkeit von positiven Klonen ist die
Klonierung in M13mp-Vektoren sehr attraktiv . Auf diese Weise wurde die Herstellung
von einzelsträngigen, zur Kettenabbruchsequenzierung geeigneten Molekülen erheblich
erleichtert und beschleunigt.

Ein weiterer begrenzender Faktor war die Bereitstellung eines geeigneten Primers.
Nachdem vorübergehend ein"universeller Primer "durch separate Klonierung in pBR322
produziert wurde, wird heute mit dem Fortschritt der automatischen Oligonukleotid-
synthese ein synthetischer Primer verwendet, der aus 15 bis 20 Basen besteht und
komplementär zur einer Sequenz unmittelbar vor der Multipurpose Cloning Site ist.
Der Ablauf der M13/Dideoxy-Sequenzierung ist in Abb. 3 dargestellt.

Durch die Einführung der "biologischen Strangtrennung" mit Hilfe des filamentösen
Phagen M13 als Vektor, sowie durch die trickreichen Umbauten von M13 zur Integration
von Fremd-DNA und die Verwendung eines synthetischen Primers bei der Sequenzierungsreaktion ist die enzymatische Sequenzierung nach Sanger heute
die schnellste Methode zur Sequenzierung langer DNA-Moleküle. Sie erfordert zwar eine gewisse Einarbeitungsperiode, ist aber nach ihrer
Etablierung in Geschwindigkeit und in der Sicherheit der Daten sicherlich unschlagbar.
Für weniger ausgedehnte Sequenzierungsprojekte erfordert allerdings die Maxam und
Gilbert-Technik weniger Einarbeitungszeit, und eine zusätzliche (Um)-Klonierung
der DNA-Sequenzen in M13 ist nicht notwendig. Es muß wohl für jedes Sequenzierungs-
projekt neu entschieden werden, welches die vorteilhafteste Methode zur Sequenzierung
ist. Dabei spielt vor allem die *Sequenzierungsstrategie* eine wichtige Rolle.

Eine neue Sequenzierungsstrategie: "shot-gun"-Sequenzierung

Die Sequenzierung sehr großer Moleküle wie z.B. des gesamten Genoms des Bakteriophagen λ von 48502 Basenpaaren erforderte die Einführung einer neuen Sequenzierungs-
strategie(Sanger et al.1982). Die alte Sequenzierungsstrategie folgte dem Prinzip,
zunächst eine zuverlässige Restriktionskartierung des interessierenden DNA-Fragments
durchzuführen und anschließend das Molekül mit den entsprechenden Restriktionsendonukleasen in kleine, für die Sequenzierung zugängliche Fragmente zu zerlegen. Das
hatte zwar den Vorteil, daß jeweils bekannt ist, wo in etwa die erstellte Sequenz auf
dem DNA-Molekül einzuordnen ist, ist aber auf der anderen Seite sehr zeitaufwendig.
Vor allem das Auffinden und Kartieren von geeigneten Restriktionsschnittstellen dauert
manchmal länger als die eigentliche Sequenzierungsarbeit. Insbesondere bei der
schnellen Sanger-Technik war es notwendig, von der Restriktionsstrategie loszukommen.
Die neue Strategie des "shot gun" -Sequenzierens beruht darauf, ein großes DNA-Molekül zufällig in kleinere Stücke zu zerlegen, z. B. durch DNase-oder Ultraschallbehand-
lung, dann die entstandenen Fragmente in M13 zu klonieren und wahllos eine zufällige
Auswahl der Klone zu sequenzieren. Die einzelnen Teilsequenzen werden über ein um-
fangreiches Computerprogramm in der richtigen Reihenfolge zusammengefügt, wobei es
darauf ankommt, daß möglichst viele überlappende Bereiche sequenziert wurden. Dieses
"random sequencing" oder *"shot-gun sequencing"* wurde bei der Sequenzierung des Genoms des Bakteriophagen λ angewendet. Obwohl bei der "shot-gun Sequenzierung" im

---

[1] Eigentlich handelt es sich bei "M13-Plaques" nicht um echte Plaques, die auf Lyse
von Zellen zurückzuführen sind, sondern sie entstehen dadurch, daß M13-infizierte
Zellen langsamer wachsen als der sie umgebende Zellrasen.

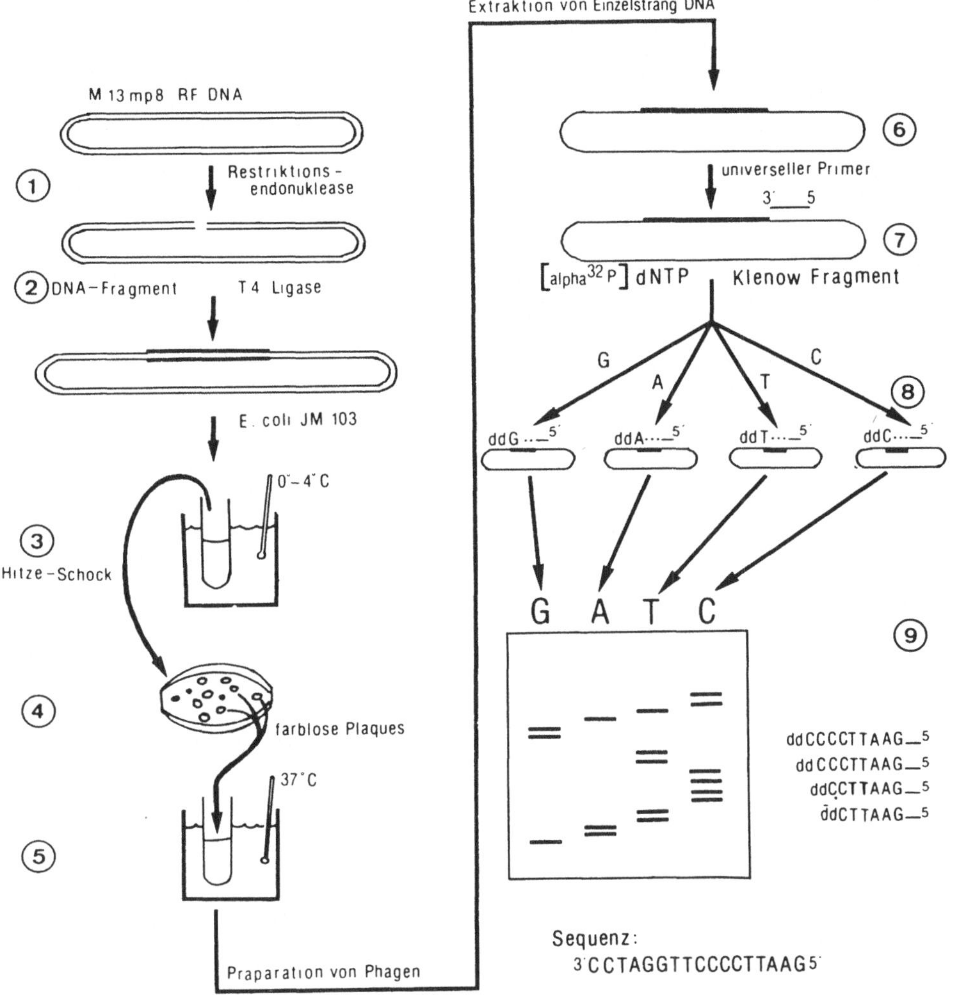

Abb. 3. Schema der Sequenzierung mit Hilfe der M13/Dideoxymethode (verändert nach Messing,1982). Die zu sequenzierende DNA wird in M13 kloniert. Dazu wird die doppelsträngige Form der M13 DNA (=RF-DNA) mit einem Restriktionsenzym geschnitten (1) und die zu sequenzierende DNA mit der M13 RF-DNA mit Hilfe von T4-Ligase verknüpft (2). Die Integration der DNA erfolgt an einer "Multiple Cloning Site", die in dem teilsynthetischen Lac Z-Gen der M13mp-Vektoren liegt (vergl. Seite 83). Die rekombinante DNA wird durch Transformation in E. coli JM 103 überführt (3). Rekombinante Phagen produzierende Klone werden anhand von farblosen "Plaques" auf entsprechenden Indikatorplatten selektioniert und anschließend in Medium bei 37°C bebrütet (4,5). Aus den ins Medium sezernierten M13 Phagenpartikeln wird die einzelsträngige DNA mit Phenol extrahiert (6). Zur Sequenzierung wird in unmittelbarer Nähe der integrierten DNA ein synthetischer "Primer" anhybridisiert (7) und anschließend die Probe in 4 Teile geteilt. Zu jeder Probe kommen die 4 Deoxynukleosidtriphosphate, wobei meist dATP radioaktiv markiert ist. Zu jeweils einer Probe wird DideoxyGTP, DideoxyCTP, DideoxyATP oder DideoxyTTP zum gezielten Kettenabbruch zugesetzt und schließlich mit dem Klenow-Fragment der DNA-Polymerase I eine DNA-Synthese durchgeführt (8). Die basenspezifisch endenden Syntheseprodukte werden auf Polyacrylamidgelen der Länge nach aufgetrennt und autoradiographiert (9). Anhand der Bandenfolge auf dem Autoradiogramm kann die Basensequenz "gelesen" werden

46

Durchschnitt ein DNA-Molekül ca. 5 x komplett sequenziert werden muß, ist die Ge-
schwindigkeit der Sequenzierung erheblich größer als bei der herkömmlichen Strategie.
Es gibt allerdings Probleme bei der Sequenzierung größerer Strecken von Eukaryonten-
DNA, weil in dieser DNA repetitive Sequenzen vorkommen können, und so eine eindeutige
Zuordnung der Teilsequenzen häufig nicht möglich ist. Ein weiterer kleiner Nachteil
des "shot-gun"-Sequenzierens ist die Abhängigkeit von entsprechend programmierten
Computern, ohne die eine richtige Verknüpfung der vielen Teilsequenzen nahezu unmög-
lich ist. Über die Verarbeitung von Sequenzdaten wird in dem nachfolgenden Artikel
ausführlich berichtet.

Weitere Modifikationen der Sanger-Technik

Die Exonuklease-Methode: Ein Nachteil der Sequenzierung nach Sanger et al. (1977) ist
die Notwendigkeit, eine einzelsträngige DNA-Matrize zu präparieren. Die meisten DNA-
Klonierungen werden aber aus verschiedenen Gründen mit doppelsträngigen Vektoren
durchgeführt, so daß für die Sequenzierung nach Sanger eine Umklonierung in M13-
Vektoren erfolgen muß. Die lohnt aber nur dann, wenn größere DNA-Abschnitte sequenziert werden müssen.

Für die direkte Sequenzierung von kurzen, doppelsträngigen DNA Fragmenten gibt es
jedoch die Möglichkeit, mit Hilfe einer Behandlung durch Exonuklease III aus einer
doppelsträngigen DNA eine einzelsträngige DNA herzustellen, die dann mit Hilfe der
Kettenabbruch-Methode sequenziert werden kann (Abb. 4) (Smith, 1979, Guo und Wu,
1982). Nach Guo und Wu (1982) wird ein doppelsträngiges, zirkuläres DNA-Molekül durch
einen Restriktionsschnitt an einer definierten Stelle linearisiert (Abb. 4). Anschließend wird die DNA mit Exonuklease III verdaut, wodurch von beiden 3'-Enden her
jeweils ein DNA-Strang abgebaut wird. Dadurch entsteht eine Kollektion von Molekülen,
die alle mehr oder weniger große 5'-überhängende Einzelstrangabschnitte besitzen.
Diese 5'- überhängenden Einzelstrangabschnitte sind das ideale Substrat für die Reparatursynthese mit Hilfe des Klenow Fragments der DNA-Polymerase I. Analog zur
Sanger-Technik wird in 4 Parallelreaktionen jeweils eines der vier Dideoxynukleo-
sidtriphosphate zugefügt und auf diese Weise ein basenspezifischer Kettenabbruch
erreicht. Die Notwendigkeit, einen "Primer" vor der Reparatursynthese anzuhybridi-
sieren, entfällt, da bei der Exonuklease-Reaktion ein doppelsträngiger Teil übrig
bleibt, der 3'-OH-Enden für den Start der Polymerase-Aktion bereitstellt. Nach der
basenspezifisch unterbrochenen Reparatursynthese, bei der radioaktiv markierte Nukleosidtriphosphate eingesetzt werden, wird mit Hilfe eines zweiten Restriktionsenzyms,
das DNA-Fragment asymmetrisch gespalten und die beiden Fragmente auf einem Sequenzie-
rungsgel analysiert. Durch die zweite Restriktion wird dafür gesorgt, daß 1. die an
ihrem 3'-Ende basenspezifisch endenden Moleküle ein identisches 5'-Ende haben und
2. wird bei entsprechend asymmetrischer Lage der zweiten Restriktionsschnittstelle
sichergestellt, daß die beiden entstehenden Fragmente auf dem Sequenziergel nicht
interferieren. Auf diese Weise können die Sequenzen von beiden Enden des Fragments auf
demselben Sequenziergel gelesen werden.

Der Vorteil der Exonuklease-Methode (Abb. 4) liegt vor allem darin, daß keine zusätzliche Klonierungsvorarbeit geleistet werden muß, wenngleich auch dann die erfolgreiche Sequenzierung von der Lage der vorhandenen Restriktionsschnittstellen abhängig
ist.

Eine weitere Modifikation der M13 - Sanger-Sequenzierung, die hier nur kurz erwähnt
werden soll, ist das *reverse sequencing* mit dessen Hilfe von einem Molekül die beiden komplementären Stränge sequenziert werden können, bzw. bei längeren Molekülen
mehr Information durch Sequenzierung von beiden Enden her erhalten werden kann (Hong,
1981, Duckworth, et al., 1981).

Sanger-Sequenzierung mit Hilfe 5'-endmarkierter Primer: Eine weitere interessante
Variante der Kettenabbruch-Sequenzierung wurde von Hong (1982) entwickelt. Bei
allen Sequenzierungstechniken ist es notwendig, das zu sequenzierende DNA-Fragment
auf die eine oder andere Art möglichst rein zu gewinnen, bevor eine Sequenzierung

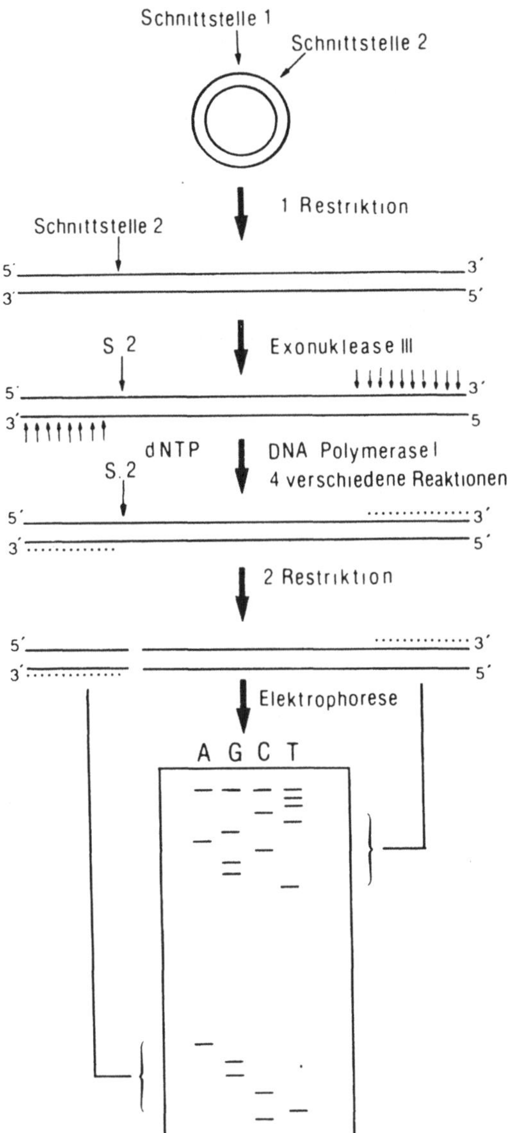

Abb. 4. Schema der Sequenzierung mit Hilfe der Exonuklease-Methode (n. Guo und Wu, 1982, verändert). Das zu sequenzierende DNA-Fragment wird in einem doppelsträngigen Vektor kloniert. Im zu sequenzierenden Bereich wird das Molekül mit einem Restriktionsenzym aufgeschnitten und anschließend mit Exonuklease III von den 3'-Enden her verdaut, so daß lange 5'-überhängende Enden übrig bleiben. Diese Einzelstrangenden können anschließend nach der üblichen "Kettenabbruch/Dideoxymethode" sequenziert werden, wobei durch einen zweiten, asymmetrischen Restriktionsschnitt die beiden markierten Enden voneinander getrennt werden. Eine Alternative zur Dideoxymethode ist die Zugabe von nur einem dNTP, wodurch bei der Reparatursynthese die Kettenverlängerung ebenfalls nur basenspezifisch erfolgt. Voraussetzung ist dabei allerdings, daß die Exonukleaseverdauung einen möglichst verschiedenen Satz an Einzelstrangenden hervorbringt, damit alle Regionen des zu sequenzierenden Molekül gleichstark repräsentiert sind

möglich ist. Das bedeutet, daß ein kurzer DNA-Abschnitt aus einem größeren Genom wie
z.B. des Bakteriophagen λ nicht direkt sequenziert werden kann. Diese Möglichkeit eröffnet die Methode von Hong (1982), die quasi eine Kombination aus Kettenabbruch- und
Maxam und Gilbert-Technik darstellt. Bei dieser Technik wird ein 5'-endmarkierter Primer, der homolog zu einer Sequenz in der Nähe der zu sequenzierenden DNA sein muß,
eingesetzt. Mit diesem Primer als Starter wird dann eine typische Dideoxysynthese
durchgeführt. Normalerweise würde die Dideoxysequenzierung bei dieser Strategie versagen, weil bei langen komplexeren DNA-Molekülen die DNA-Polymerase I an einer Vielzahl verschiedener Stellen eine Reparatursynthese beginnen würde, und zwar auf Grund
normalerweise häufig vorhandener Einzelstrangbrüche. Aber durch die Verwendung von
dem 5'-endmarkierten Primer und ansonsten nicht-radioaktiven Nukleosidtriphosphaten
wird auf dem anschließenden Autoradiogramm ausschließlich die DNA-Kettenabbruchsyn-
these sichtbar, die von dem eingesetzten, spezifischen Primer initiiert wurde. Es
handelt sich sozusagen um eine "einfach-endmarkierte Kettenabbruchsequenzierung". Mit
Hilfe dieser Methode dürfte es wahrscheinlich sogar möglich sein, gezielt Gene oder
andere DNA Sequenzen auch in komplexeren Genomen als dem des Phagen λ zu   sequenzieren.

Verbesserungen der Sequenzierungstechnik durch Verbesserung der Sequenzierungs-
elektrophorese

Einer der begrenzenden Faktoren bei der Auswertung der basenspezifisch endenden DNA-
Fragmente ist die elektrophoretische Auftrennung in Polyacrylamidgelen. In allen
Sequenzierungsmethoden von Nukleinsäuren werden die Endprodukte der Sequenzierung auf
hochauflösenden Polyacrylamidgelen nach ihrer Länge aufgetrennt. Entscheidend ist
dabei, daß alle DNA-Fragmente, die sich in der Länge um jeweils eine Base unterscheiden, deutlich voneinander getrennt werden. Dies ist vor allem bei längeren Molekülen
schwierig, weil natürlich der relative Unterschied mit zunehmender Länge abnimmt. Zur
Steigerung des Auflösungsvermögens von Sequenziergelen sind eine Reihe von Änderungen
an der ursprünglichen Polyacrylamidgelelektrophorese vorgenommen worden, von denen
einige hier erwähnt werden sollen.

Ultradünne Polyacrylamidgele: Ein entscheidender Parameter für das Auflösungsvermögen
von Sequenziergelen ist die Bandenschärfe auf dem Autoradiogramm. Da es bei der Autoradiographie darauf ankommt, daß der Film möglichst nahe an der Strahlenquelle ist,
ist die Geldicke sehr wichtig. Sanger und Coulson (1978) haben deshalb die Verwendung
von sehr dünnen Polyacrylamidgelen eingeführt, die nur 0,1 bis 0,5 mm dick sind.Neben
der Verbesserung der Bandenschärfe und damit der Erhöhung des Auflösungsvermögens
führen solche dünnen Gele auch noch zu einer Empfindlichkeitssteigerung bei der Autoradiographie. Dies verkürzt erheblich die Expositionszeiten. Zusätzlich können die
Gele vor der Autoradiographie getrocknet werden.

Beheizte Gele: Sequenzierungselektrophoresen müssen unter denaturierenden Bedingungen
durchgeführt werden, um Sekundärstruktureinflüsse der einzelsträngigen DNA-Fragmente
auf die elektrophoretische Mobilität zu verhindern. Dies wird zum einen durch den
Zusatz von denaturierenden Agenzien z.B. 8M Harnstoff und zum anderen durch Erhöhung
der Geltemperatur erreicht. Für die Temperaturerhöhung kann die Ohm'sche Wärme, die
während der Elektrophorese bei höherer Spannung entsteht, ausgenutzt werden.Dies
führt jedoch zu einer ungleichmäßigen Erwärmung des Gels, so daß von den Rändern zur
Mitte des Gels hin ein Temperaturgradient entsteht. Als Folge davon bildet sich ein
Widerstandsgradient, der zu einer Verzerrung des Bandenmusters führt (sog."smiling").
Diese Verzerrung kann beim Lesen der Sequenz stören. Das "smiling" kann völlig be-
seitigt werden, wenn das Gel von außen durch temperierbare Doppelscheiben auf einer
gleichmäßigen Temperatur gehalten wird (Garoff und Ansorge, 1981).

Puffergradienten-Gele: Ein weiteres Problem bei der Sequenzierungselektrophorese ist
die Begrenzung der Zahl der lesbaren Basen durch die zur Verfügung stehende Trennstrecke (=Länge des Gels). In normalen Polyacrylamidgelen sind die Banden im unteren,
d.h. niederen Molekulargewichtsbereich des Gels sehr weit voneinander getrennt,

während die Banden im oberen Bereich so nahe beieinander liegen, daß die Basensequenz dort nicht mehr gelesen werden kann. Versuche, die Trennstrecke einfach zu
verlängern, scheiterten an der Unhandlichkeit von Gelen mit einer Länge von über
einem Meter und den notwendig hohen Stromspannungen zum Betrieb solcher Gele. Eine
erhebliche Verbesserung bei diesem Problem hat die Einführung von Puffergradienten-
Gelen gebracht (Biggin et al., 1983). Durch eine zunehmend höhere Pufferkonzentration
im unteren Gelbereich, wird der elektrische Widerstand gesenkt. Da der Stromfluß aber
im gesamten Gelbereich gleich ist, fällt die Spannung in diesem Bereich ab. Durch
diesen Spannungsabfall kommt es zu einer Verlangsamung der Wanderungsgeschwindigkeit
im unteren Gelbereich. Im Endeffekt rücken die Banden im unteren Gelbereich erheblich
zusammen und dadurch sind wesentlich mehr Basen pro Gel zu lesen (Biggin et al.,
1983).

Verwendung von ^{35}S statt ^{32}P: Bei der Verwendung von energiereichen ß-Strahlern wie
^{32}P kommt es bei der Autoradiographie zu Verlusten an Bandenschärfe, da die Reichweite der Strahlung so groß ist, daß auch Filmbereiche weiter entfernt vom Zentrum
der Radioaktivität noch von ß-Partikeln erreicht und damit belichtet werden. Dieses
Problem läßt sich beseitigen, wenn Nukleosidtriphosphate eingesetzt werden, die
statt mit ^{32}P mit ^{35}S radioaktiv markiert sind. Bei diesen Nukleosidtriphosphaten
ist am α-P-Atom ein Sauerstoff durch radioaktiven Schwefel ersetzt. ^{35}S hat eine
ß-Strahlung von erheblich geringerer Energie und damit geringerer Reichweite. Das
führt zu schärferen Banden in der Autoradiographie. Voraussetzung ist allerdings bei
der Verwendung von ^{35}S, daß die Sequenziergele vor der Autoradiographie getrocknet
werden, da sonst auf Grund der geringen Reichweite der ^{35}S-Strahlung die meisten
ß-Partikel den Film nicht erreichen würden und damit die Empfindlichkeit zu gering
wäre.

Anwendungsbeispiel der DNA-Sequenzierungstechnik

Ein Forschungsprojekt, das in unserem Labor durchgeführt wird, ist die Analyse von
evolutionär bedeutsamen repetitiven DNA-Sequenzen. Tandem-repetitive DNA-Sequenzen
sind ein spezielles Problem bei der Sequenzierung, weil sie durch die immer wieder-
kehrende Sequenz keine normale Verteilung von Restriktionsschnittstellen aufweisen.
Verwendet man Restriktionsenzyme, für die in der repetitiven Einheit eine Schnittstelle vorhanden ist, so zerfällt das Cluster in seine Monomere. Verwendet man Restriktionsenzyme, für die keine Schnittstellen vorhanden sind, so bleibt das Cluster
vollständig erhalten, ist aber häufig viel zu lang, um sequenziert zu werden. Um
aber trotzdem die einzelnen Elemente eines tandem-repetitiven Clusters analysieren
zu können, muß man möglichst alle verschiedenen Varianten solcher repetitiven Einheiten voneinander trennen zu können.Durch Verbesserung der Strangtrennungselektro-
phorese ist es uns gelungen, selbst Moleküle voneinander zu trennen und getrennt zu
sequenzieren, die sich bei identischer Länge von 117 Basen nur durch einen Basenaustausch z.B. von A nach G unterscheiden. Die Trennung von Molekülen mit identischer Länge aber einem Basenaustausch ist nur bei tiefer Temperatur (4° C) und auf
großporigen Polyacrylamidgelen (Acrylamid: Bisacrylamid = 120-240:1) möglich.Offen-
sichtlich ist die Trennung besonders erfolgreich, wenn der Basenaustausch in einer
Region liegt, in der sich auf Grund der Basensequenz eine Sekundärstruktur bilden
kann. Dies ist am Beispiel einer repetitiven Sequenzfamilie der Chironomiden
dargestellt. Es handelt sich um die HaeIII-Familie, die durch eine HaeIII-Schnitt-
stelle und eine Länge von 110 Basenpaaren charakterisiert ist. In einem klonierten
HaeIII-Element Cluster kommen mehrere Varianten der HaeIII-Elemente vor. In einer
Variante ist ein Palindrom von 12 Basen vorhanden, das zu einer starken Kompression
bei der Elektrophorese des s-Stranges (= Langsamer Strang) auf den Sequenziergelen
führt. In einer zweiten Variante ist es in der Nähe des 12er-Palindroms zu einer
kurzen Inversion von drei Basen gekommen, die aber zu einem neuen Palindrom von 8
Basen führt. Dieses neue Palindrom umfaßt Teile des 12er-Palindroms, wodurch offensichtlich die Stabilität des 12er-Palindroms reduziert wird. Dies ist deutlich daran
sichtbar, daß bei diesen Molekülen keine Kompressionsbande an der Position des 12er-
Palindroms vorhanden ist(Abb. 5).

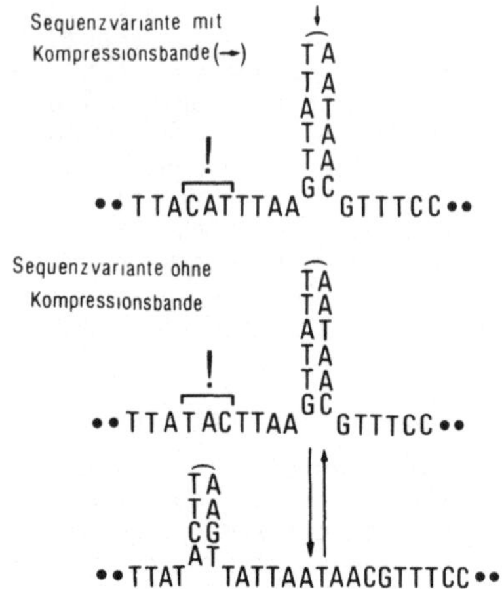

Abb. 5. Zwei Sequenzvarianten eines repetitiven DNA-Elements aus dem Genom von *Chironomus thummi*. Die Sequenzvariante 1 (oben) enthält eine Palindromsequenz (↓), die zu einer Störung des Bandenmusters (Kompression) an dieser Position führt. Bei der Sequenzvariante 2 (unten)ist ein kurzes DNA-Stück von 3 Basen (!) invertiert, wodurch ein kleineres Palindrom entsteht, das zwei Basen des großen Palindroms einschließt. Offensichtlich wird durch diese Mutation das große Palindrom destabilisiert, denndie Kompressionsbande ist bei dieser Sequenzvariante nicht vorhanden

Diese Beispiele zeigen, wie mit Hilfe der leicht zu erlernenden Sequenzierungstechniken absolut zuverlässige Informationen über die Struktur von interessierenden DNA-Sequenzen erhalten werden können. Die Sequenzierungstechniken sind inzwischen soweit optimiert, daß sie von jedem Studenten in fortgeschrittenen Semesternerfolgreich angewendet werden können. In einem Studentenpraktikum zum Erlernen der DNA-Sequenzierungstechnik in unserer Arbeitsgruppe haben Studenten schon mehrere tausend Basen der Gene für die ribosomalen RNAs von Chironomus sequenziert, und es ist erfreulich zu sehen, wie selbst Anfänger mit Hilfe der DNA-Sequenzierungstechnik absolut zuverlässige DNA-Sequenzdaten erarbeiten.

DANKSAGUNG

Mein besonderer Dank gilt Frau Sigrid Becker, insbesondere für ihre bereitwillige Hilfe bei der Reinschrift des Manuskriptes sowie der Herstellung der Abbildungen.

LITERATUR

Biggin MD, Gibson TJ, Hong GF (1983) Buffer gradient gels and ^{35}S label as an aid to rapid DNA sequence determination. Proc Natl Acad Sci USA 80:3963-3965
Church GM, Gilbert W (1984) Genomic sequencing. Proc Natl Acad Sci USA 81: 1991-1995
Duckworth ML, Gait MJ, Goelet P, Hong GF, Singh M, Titmas RC (1981) Rapid synthesis of oligonucleotides VI. Efficient synthesis of peptadecadeoxyribonucleotides by improved solid phase phosphotriester route. Nucl Acids Res 9: 1691-1706
Garoff H, Ansorge W (1981) Improvements of DNA sequencing gels. Anal Biochem 115: 450-457
Guo LH, Wu R (1982) New rapid methods for DNA sequencing based on exonuclease III digestion followed by repair synthesis. Nucl Acids Res 10: 2065-2084
Hindley J (1983) DNA sequencing. In: Work TS, Burdon RH (eds) Laboratory techniques in biochemistry and molecular biology. Elsevier Biomedical Press, Amsterdam New York Oxford 1983

Hong GF (1981) A method for sequencing single-stranded cloned DNA in both directions.
  Biosci Rep 1: 243-252
Hong GF (1982) Sequencing of large double-stranded DNA using the dideoxy sequencing
  technique. Biosci Rep 2: 907-912
Kochetkov NK, Budovskii EI (1972) Organic chemistry of nucleic acids part B.
  Plenum Press, London New York
Lawley PD, Brookes P (1963) Further studies on the alkylation of nucleic acids and
  their constituent nucleotides. Biochem J 89: 127-138
Maxam AM, Gilbert W (1977) A new method for sequencing DNA. Proc Natl Acad Sci USA
  74: 560-564
Maxam AM, Gilbert W (1980) Sequencing end-labeled DNA with base-specific chemical
  cleavages. In: Grossman L, Moldave K (eds) Methods in enzymology, vol 65.
  Academic Press Inc., New York London, p 499
Messing J, Gronenborn B, Müller-Hill B, Hofschneider PH (1977) Filamentous coliphage
  M13 as a cloning vehicle: Insertion of a HindIIfragment of the lac regulatory
  region in M13 replicative form in vitro. Proc Natl Acad Sci USA 74: 3642-3646
Messing J (1982) An integrative strategy of DNA sequencing and experiments beyond.
  In: Setlow JK, Hollaender A (eds) Genetic engineering, vol 4. Plenum Press,
  New York London, p 19
Petersen GB, Burton K (1964) Sequences of consecutive cytosin deoxynucleotides in
  deoxyribonucleic acid. Biochem J 92: 666-672
Rüther U (1982) pUR 250 allows rapid chemical sequencing of both DNA strands of its
  insert. Nucl Acids Res 10: 5765-5772
Sanger F (1981) Determination of nucleotide sequences in DNA. Science 214: 1205-
  1210
Sanger F, Coulson AR (1978) The use of thin acrylamide gels for DNA sequencing.
  FEBS-Lett 87: 107-110
Sanger F, Nicklen S, Coulson AR (1977) DNA sequencing with chain terminating inhibi-
  tors. Proc Natl Acad Sci USA 74: 5463-5467
Sanger F, Coulson AR, Hong GF, Hill DF, Petersen GB (1982) Nucleotide sequence of
  bacteriophage λ DNA. J Mol Biol 162: 729-773
Smith AJH (1979) The use of exonuclease III for preparing single stranded DNA for use
  as a template in the chain terminator sequencing method. Nucl Acids Res 6: 831-848
Szalay AA, Grohmann K, Sinsheimer RL (1977) Separation of the complementary strands
  of DNA fragments on polyacrylamide gels. Nucl Acids Res 4: 1559-1578

Mathematische und informationstheoretische Hilfsmittel zur DNA-Sequenzierung und Sequenzanalyse

S. Suhai

Deutsches Krebsforschungszentrum, Im Neuenheimer Feld 280, D-6900 Heidelberg

EINFÜHRUNG

Zu den wichtigsten Informationsquellen der modernen biologischen Forschung gehören die Daten, die die Natur in Nukleinsäuren in verbaler
oder geometrischer Form (in Basensequenzen oder Raumstrukturen) gespeichert hat. Es ist selbstverständlich, daß sich die Molekularbiologen
in den letzten Jahren - neben chemischen und physikalischen Untersuchungsmethoden - zunehmend auch der Mittel der Mathematik, der Informationstheorie und der Computer bedienen, um diese "makromolekulare
Sprache" mit ihrer eigenartigen Semantik verstehen und analysieren zu
können. Neben der Aufgeschlossenheit, die bei den Vertretern einer verhältnismäßig jungen Wissenschaft nicht überraschend ist, spielt in
diesem Vorgang auch die Größe und Komplexität der schon vorhandenen
Sequenzinformation eine nicht unwesentliche Rolle, von ihren Zuwachsraten gar nicht zu sprechen. Wir müssen uns nur vergegenwärtigen, daß
nach dem Erscheinen der ersten vollständigen Nukleotidsequenz (Holley
et al. 1965), in den 13 Jahren von 1965 bis 1978 insgesamt Sequenzen
von etwa 12000 Nukleotiden publiziert wurden. In den darauffolgenden
4 Jahren erschienen in etwa 1200 Arbeiten über eine Million Nukleotide,
und ihre Zahl hat sich seitdem jährlich ungefähr verdoppelt.

Es ist sehr wichtig, daß das vorhandene Wissen einem jeden auf diesem
Gebiet arbeitenden Forscher in gesicherter, aber leicht zugänglicher
und zur Weiterverarbeitung geeigneter Form zur Verfügung steht. Am
Deutschen Krebsforschungszentrum (DKFZ) in Heidelberg kann sich z.B.
jeder Mitarbeiter mit Hilfe einer on-line Datenbank beliebige Sequenzen
aus der Nukleinsäure-Sammlung des European Molecular Biology Laboratory
(EMBL) (z.Z. 1481 Sequenzen, 1654863 Nukleotide, Cameron et al. 1983),
aus der Sammlung des Los Alamos Scientific Laboratory (LASL) (z.Z. 1865
Sequenzen, 1827214 Nukleotide, Kanehisa et al. 1984), aus der Protein-
Datenbank der National Biomedical Research Foundation (NBRF), Washington
D.C. (z.Z. 2511 Sequenzen, Orcutt et al. 1982) oder aus mehreren kleineren spezifischen Sammlungen (Immunglobuline, Onkogene usw.) innerhalb
einiger Sekunden heraussuchen, auf seinem Bildschirm auflisten, mit
seiner eigenen Sequenz vergleichen usw. Es ist auch wichtig, daß der
Forscher die Möglichkeit hat, seine eigenen Sequenzen dynamisch und
ohne größeren Aufwand in die Datenbank zu integrieren.

Die nächste und tiefere Stufe bei der Benutzung von Rechenanlagen in
der Molekularbiologie ist die Anwendung von komplizierten und rechnerisch aufwendigen mathematischen Verfahren, die in für den Computer
verständlicher ("programmierter") Form auch solche Probleme lösen
können, die man sonst "mit Papier und Bleistift" nie angehen könnte.
Weitere interessante Möglichkeiten für Molekularbiologen bietet ein
neues Gebiet der Informationstheorie, das sich mit Problemen der künstlichen Intelligenz beschäftigt. Die sog. "wissensbasierten Systeme"

Molekular- und Zellbiologie
Hrsg. von Blin et al.
© Springer-Verlag Berlin Heidelberg 1985

(knowledge based systems) haben schon ihren Eingang in die alltägliche
Praxis als Mittel für die Simulation der genetischen Regulation (Meyers
and Friedland 1984) und als Planungshilfe für Laborexperimente (Bach
et al. 1984) gefunden.

Auf den folgenden Seiten geben wir eine kurze Übersicht über die Anwendungsmöglichkeiten der mathematischen und informationstheoretischen
Methoden in der DNA-Sequenzierung und Sequenzanalyse. Obwohl für die
diskutierten Methoden im DKFZ auch konkrete Computerprogramme existieren (Glatting et al. 1982, Buchert et al. 1984), deren Ergebnisse wir
manchmal als Beispiele zeigen werden, möchten wir uns auf eine inhalt-
liche Besprechung dieser Programme beschränken, ohne die Form zu zeigen,
wie sie aufgerufen werden können, weil es inzwischen auch andere umfangreiche Programmsysteme gibt (Nucl. Acids Res. Vol. 12, No. 1,
1984), die dieselben Probleme mit ähnlichen Methoden lösen.

SEQUENZDATENVERWALTUNG

Es gibt mehrere Verfahren, große Datenmengen in s.g. Datenbanken in
schnell abrufbarer Form ökonomisch zu speichern. Für biologische Sequenz-
informationen haben sich die s.g. relationalen Datenbanken (Codd 1970)
sehr bewährt und werden z.B. beim DKFZ und beim LASL (Kanehisa et al.
1984) seit Jahren eingesetzt. Diese Sequenzdatenbanken kann man sich
als große, in der Umgebung des Computers (auf Magnetplatten, Magnet-
bändern oder Disketten) gespeicherte Tabellen vorstellen, in denen jede
Sequenz eine (verallgemeinerte) Zeile (sog. KEY) belegt und die Spalten
verschiedene Eigenschaften der Sequenzen (Name, Nukleotide, Datum der
Eintragung, biologische Beschreibung, Literaturhinweise usw.) darstellen.
Als Beispiel für eine solche Eintragung zeigen wir in Abb. 1 die Informationen, die wir von einer bestimmten RNA-Sequenz in einer LASL-Tabelle
zur Verfügung haben. LASLO1 identifiziert dabei die Sequenztabelle
(relation) und KEY=14 die Sequenz selber mit all ihren Attributen (die
Spalten DATE, NAME, usw. werden hier aus drucktechnischen Gründen als
Zeilen wiedergegeben).

Durch Angabe der KEY-Nummer und des Spaltencodes kann sich der Biologe
einen schnellen Zugriff auf die jeweilige Information verschaffen. Um
die Verwaltung von solchen riesigen Datenmengen zu erleichtern, steht
ihm auch eine vereinfachte, sog. Kommandosprache zur Verfügung. Durch
die Eingabe dieser Kommandos, die aus einigen leicht merkbaren Buchstaben bestehen, wie z.B. L(=list), R(=replace), C(=correct) usw., kann
er ohne Mühe auch mehrere Sequenzen gleichzeitig bearbeiten. Die Sequenz-
manipulationen können in zwei Gruppen aufgeteilt werden: Eingabe oder
Modifikation des Datenbestandes und Durchsuchung der Datenbank nach
bestimmten Informationen. Typische Aufgaben der ersten Gruppe sind:

   1.) Eingabe von neuen Sequenzen: in diesem Falle fragt der Computer
der Reihe nach alle Eigenschaften der jeweiligen Sequenz ab (DATE, NAME
usw.) und sorgt dafür, daß die neuen Daten in die angegebene Tabelle
strukturiert eingebaut und dort gespeichert werden.

   2.) Modifikation bestehender Informationen: sollten z.B. einige
Nukleotide einer DNA ausgetauscht werden, listet der Biologe einfach die
alte Sequenz auf (mit dem Kommando "L 31,SEQ", d.h. "liste von KEY-Nr.
31 die Sequenzeintragung auf!") und überschreibt auf den entsprechenden
Positionen des Bildschirms die alten Buchstaben.

```
REL=LASL01  , KEY=14
 DATE       84/06/12
 NAME       RATCALCITN 545 BP MRNA UPDATED 11/01/83
 DEF        RAT CALCITONIN PRECURSOR MRNA.
 ACCNUM     J00708
 KEYWORDS
 SOURCE     RAT THYROID PARAFOLLICULAR CELLS FROM CARCINOMA.
 LIT        1  (BASES 1 TO 545)
            CALCITONIN MESSENGER RNA ENCODES MULTIPLE POLYPEPTIDES IN A SINGLE
            PRECURSOR
            JACOBS,J.W., GOODMAN,R.H., CHIN,W.W., DEE,P.C. AND HABENER,J.F.
            SCIENCE 213, 457-459 (1981)
            2  (BASES 292 TO 405)
            CHARACTERIZATION OF RAT CALCITONIN MRNA
            AMARA,S.G., DAVID,D.N., ROSENFELD,M.G., ROOS,B.A. AND EVANS,R.M.
            PROC NAT ACAD SCI USA 77, 4444-4448 (1980)
 COMMENTS   THE CALCITONIN SEQUENCE IS FLANKED AT BOTH ITS AMINO AND CARBOXYL
            TERMINI BY PEPTIDE EXTENSIONS LINKED TO THE HORMONE BY SHORT
            SEQUENCES OF BASIC AMINO ACIDS.
 FEATURE               FROM        TO          DESCRIPTION
            PEPT        46          457         CALCITONIN PRECURSOR
            SIGP        49          120         SIGNAL PEPTIDE
            MATP        298         393         CALCITONIN
 SEQH       122 A 150 C 139 G 134 T IN LDR OF MRNA
 SEQ        GTCGCTCACCAGGTGAGCCCTGAGGTTCCTGCTCAGGGAGGCATCATGGGCTTTCTGAAGTTCTCCCCTT
            TCCTGGTTGTCAGCATCTTGCTCCTGTACCAGGCATGCGGCCTCCAGGCAGTTCCTTTGAGGTCAACCTT
            AGAAAGCAGCCCAGGCATGGCCACTCTCAGTGAACAAGAAGCTCGCCTACTGGCTGCACTGGTGCAGAAC
            TATATGCAGATGAAAGTCAGGGAGCTGGAGCAGGAGGACGAACAGGAGGCTGAGGGCTCTAGCTTGGACA
            GCCCAGATCTAAGCGGTGTGGGAATCTGAGTACCTGCATGCTGGGCACGTACACACAAGACCTCAACAA
            GTTTCACACCTTCCCCCAAACTTCAATTGGGGTTGGAGCACCTGGCAAGAAAAGGGATATGGCCAAGGAC
            TTGGAGACAAACCACCACCCCTATTTTGGCAACTAGGTCCCTCCTCTCCTTTCCAGTTTCCATCTTGCTT
            TCTTCCTATAACTTGATGCATGTAGTTCCTCTCTGGCTGTTCTCTGGCTATTATC
 SITES         Y         SPAN    DESCRIPTION
            46 ->PEPT        1    CALCITONIN PRECURSOR CODING SEQUENCE START
            121 PEPT/PEPT    0    CALCITONIN PRECURSOR SIGNAL PEPTIDE END
            298 PEPT/PEPT    0    CALCITONIN MATURE CDS START
            298 REFNUMBR     1    NUMBERED 1 IN  2
            394 PEPT/PEPT    0    CALCITONIN MATURE CDS END
            457 PEPT<-       1    CALCITONIN PRECURSOR CODING SEQUENCE END
```

Abb. 1. Eine RNA-Sequenz mit all ihren Attributen aus der LASL-Sammlung

3.) Neustrukturierung der Daten: durch spezielle Kommandos können die
Sequenzen mit allen ihren Attributen nach neuen Gesichtspunkten gruppiert werden; manche können weggelassen werden, oder die bestehenden
Tabellen können durch ein neues Attribut (Spalte) ergänzt werden. Es
ist manchmal erforderlich, Eintragungen von mehreren KEY's zusammenzufassen und als neues KEY abzuspeichern (Sequenzierung in Stücken).

Die Durchsuchung der Datenbank nach bestimmten Kriterien ist meistens
eine anspruchsvollere (und zeitaufwendigere) Aufgabe. Spezielle Dienst-
programme erleichtern die Beantwortung von Fragen, wie z.B.:

1.) Welche KEY's enthalten in ihrem Namen das Wort "yeast"? So bekommt
man eine Liste aller Hefesequenzen, die in der Datenbank gespeichert
sind. Möchte man aber nur eine bestimmte Hefesequenz auffinden, die man
einmal in einem Artikel von einem gewissen Autor "X Y" gesehen hat, kann
man nach dem gleichzeitigen Vorkommen von "yeast"+"X Y" suchen. Durch
beliebige Kombination von Suchattributen kann der Kreis je nach Bedarf
eingeengt werden.

2.) Man hat eine neue DNA sequenziert und möchte gern wissen, ob die
Datenbank Sequenzen enthält, die mit der neuen Sequenz bis zu einem bestimmten Grad verwandt sind. Der Grad der "Verwandtschaft" muß natürlich
vorher definiert werden, um vom Computer eine biologisch sinnvolle Ant-

wort zu bekommen. Man könnte ihm z.B. sagen, daß er alle DNA's angeben
soll, die in irgendeinem Bereich mindestens 80 v.H. Homologie zur eigenen Sequenz aufweisen. Manchmal ist es sinnvoller, eine längere Sequenz
in mehrere Abschnitte (die auch überlappen können) aufzustückeln und
mit solchen kleineren (aber vielleicht eine spezifische Information
enthaltenden) Suchsequenzen den oben geschilderten Vorgang repetitiv
durchzuführen. Der Computer schiebt dann die Suchsequenz an jeder
Sequenz der Datenbank Schritt für Schritt vorbei, stellt bei jeder
Position die Anzahl der Identitäten (oder Ähnlichkeiten: z.B. Purine,
Pyrimidine) fest, und prüft, ob die am Anfang gestellte Homologiebe-
dingung erfüllt ist. Wenn ja, druckt er die gefundene Sequenz aus (und
führt eventuell eine Signifikanzanalyse durch, s. unten). Es ist zu be-
merken, daß bei diesem sog. SEARCH-Verfahren die beiden Sequenzstücke
miteinander rigide (ohne Einführung von Lücken) verglichen werden, damit
man auch eine umfangreiche Datenbank in einigen Minuten durchsuchen
kann. Für optimierte Sequenzvergleiche gibt es mathematisch anspruchsvollere Methoden, die auch biologisch sinnvolle Mutationen in Betracht
ziehen (s. unten das ALIGN-Verfahren).

3.) Oft steht der Biologe, der sich im Besitz einer vollkommen neuen
Sequenz befindet, vor der schwierigen Frage, welchen Grad der Ähnlichkeit er überhaupt erwarten kann. Fordert er zu wenig, bekommt er eine
riesige, unüberschaubare Liste als Antwort. Erwartet er zu viel, bleibt
vielleicht nichts auf dem Sieb zurück. Als Orientierungshilfe dient hier
ein Programm, das ihm in tabellarischer Form Auskunft gibt, wieviel
Sequenzen der Datenbank zu seiner DNA global 10, 20,... v.H. Homologie
zeigen. Ausgerüstet mit dieser Information, sucht er dann natürlich nur
nach der Spitze des Eisberges.

4.) Sollte bei der Suche etwas "Interessantes" herauskommen, bleibt
noch immer die schwierige Frage zu beantworten: "Wie signifikant ist
der Fund eigentlich?". Der Biologe wird sich wahrscheinlich nie der
Hoffnung hingeben können, daß er auf diese Frage vom Computer eine ver-
bindliche Antwort bekommt. Der biologische Kenntnisstand des Computers
ist vergleichbar mit dem Kenntnisstand der Mathematiker, die seine
Algorithmen konzipieren. Obwohl hier das Prinzip "garbage in garbage
out" nicht ganz angebracht ist, fehlen dem Computer oft sehr viele
Hintergrundinformationen, die in der konkreten Situation nur dem
Sequenzierer selbst zur Verfügung stehen. Durch Anwendung der vorher
erwähnten Methoden der künstlichen Intelligenzforschung werden die
Computer in den nächsten Jahren langsam lernen, wie sie ihre "biologische Wissensbasis" durch ständige Wechselwirkung (Frage-Antwort-Spiel)
mit dem betroffenen Biologen erweitern können. Solange ist der Forscher
auf die handfeste, aber trockene statistische Analyse des Computers angewiesen, die so entsteht, daß er zunächst aus den beiden (auf Homologie
geprüften) Sequenzen z.B. 100 "Zufallssequenzen" generiert. Die Basenzusammensetzung dieser künstlichen DNA's ist identisch mit der der
ursprünglichen Sequenzen, aber die Reihenfolge der einzelnen Basen ist
vom Zufall bestimmt. Der Computer wiederholt dann 100mal den Homologie-
vergleich mit demselben Algorithmus und führt eine statistische Analyse
durch. Als Ergebnis sagt er, um wieviel größer der mittlere Abstand
zwischen den Zufallssequenzen (in statistischen Einheiten, sog. Standard-
abweichungen ausgedrückt) ist, als zwischen den beiden Ausgangssequenzen.
So kann der Biologe die Wahrscheinlichkeit dafür abschätzen, daß die gefundene Ähnlichkeit durch Zufall entstanden ist. Die endgültige Bewertung des Fundes hängt aber natürlich auch sehr stark von evolutions-
theoretischen Überlegungen, von der biologischen Funktion der Sequenz
usw. ab. Er hilft aber dem Biologen auf jeden Fall, weitere, gezielte
Experimente zur Charakterisierung seiner Sequenz vorzunehmen.

Abgesehen vom letzten Punkt, wo der Biologe - durch selbständige Lösung
möglichst vieler Probleme - eigene Erfahrungen sammeln und auch ein

bißchen Denkarbeit leisten soll, kann man zusammenfassend feststellen, daß die Handhabung moderner Sequenzdatenbanksysteme und die Aufstellung persönlicher Sammlungen eher eine Routineaufgabe ist. Die Sammlung, die sich auf eine spezifische Sequenzgruppe beschränkt, kann heutzutage auch auf Mikrocomputern (personal computer) durchgeführt werden. Größere Sammlungen bedürfen hingegen, wegen des Umfanges und des Pflegeaufwandes, auch in absehbarer Zukunft eines Zentralrechners (main frame computer).

UNTERSTÜTZUNG ZUR DNA-SEQUENZIERUNG

Die Verwendung von Restriktionsendonukleasen und Rekombinant-DNA-Verfahren ermöglicht den Biologen die Untersuchung von Genen, von denen sie vor einigen Jahren noch nicht einmal geträumt haben. Andererseits stellt diese stürmische Entwicklung der Sequenzierungsmethoden die Biologen vor Probleme, deren Lösung ohne mathematische Hilfsmittel kaum denkbar ist. Die erste solche Aufgabengruppe ist die Konstruktion von Restriktionskarten (mapping).

Verhältnismäßig einfach ist es, Karten von bekannten DNA-Sequenzen herzustellen. Die Liste der zur Verfügung stehenden Restriktionsenzyme ist im Computer gespeichert; er vergleicht diese Liste in Bruchteilen einer Sekunde mit der DNA, markiert die Schnittstellen auf der aufgelisteten Sequenz und berechnet gleichzeitig das Molekulargewicht der entstehenden Fragmente. Auf Anfrage bekommt man auch eine graphische Karte, die auf parallelen Linien die Schnittstellen für einzelne Enzyme oder für bestimmte Enzymkombinationen zeigt. Auf diese Weise kann man Enzyme auswählen, die für die Isolierung eines bestimmten Sequenzabschnitts geeignet sind. Als weitere Option bekommt man auch eine Tabelle der Verdauprodukte, die nach Molekulargewicht sortiert sind, um Fragmente von ähnlicher Größe (die auf dem Gel leicht verwechselbar sind) voneinander zu unterscheiden. Wenn es weiterhilft, kann man beide Stränge der DNA in allen drei Leserastern in Proteine übersetzen und die Schnittstellen wieder über der DNA markieren.

Neben Enzymerkennungssequenzen kann man natürlich auch nach anderen Abschnitten der DNA suchen und die Funde markieren. Die Suchsequenzen können auch Unbestimmtheiten enthalten, z.B. an einer Stelle A oder T, C oder T usw. Mit solchen Konsensussequenzen findet man häufig interessante Signale auf dem Genom, die nicht ganz exakt definiert sind (Promotoren, Enhancer, verschiedene "splice sites" usw.), oder man führt kleine "genetische Experimente" durch, indem man aufzeigt, wo Punktmutationen neue Enzymschnittstellen hervorrufen könnten. Andererseits können diese Methoden im Falle von Proteinen auch zur Identifizierung der Peptide benutzt werden, die man nach proteolytischer Spaltung erhält.

Aufwendigere Aufgaben entstehen bei der Kartierung unbekannter DNA-Sequenzen. Als erster Schritt kann man in manchen Fällen eine vorläufige Karte mit Einfach- und Doppelverdau aufstellen, indem man die Fragmente, die durch den Verdau mit einem Enzym entstehen, so ordnet, daß das Ergebnis mit dem des Doppelverdaus konsistent ist. In den meisten Fällen braucht man aber mathematische Unterstützung bei der Lösung des Problems, zum Teil wegen der großen Zahl der Fragmente, zum Teil, weil die Daten unvollständig und mit nichtsystematischen Fehlern behaftet sind, die sorgfältig eliminiert werden müssen. Die genauen Kartenkoordinaten können z.B. durch Anwendung des Verfahrens der kleinsten Quadrate ermittelt werden. Bei dieser Methode optimiert man die unbekannten Koordinaten der einzelnen Enzymschnittstellen so, daß die Summe der Quadrate der Abweichungen zwischen gemessener und geschätzter Fragmentlänge minimal ist. Durch Verwendung fraktionaler statt absoluter Abweichungen kann man bei diesem Verfahren in Betracht ziehen, daß die Fragmentlängen bei der Elektrophorese auf einer logarithmischen Skala gemessen und daher die Meßfehler mit zunehmender Fragmentlänge immer größer werden (Schröder und Blattner 1978).

Das mathematische Problem der Kartierung kann auf die Lösung eines Systems von homogenen, linearen, algebraischen Gleichungen reduziert werden, und dieselbe Analyse kann sowohl für lineare als auch für zirkuläre DNA benutzt werden. Neben dem Vorteil, daß man mit diesen Hilfsmitteln eine viel größere Anzahl von Verdauprodukten bequem behandeln kann, muß auch ein eher subjektiver Vorteil erwähnt werden. Wird "per Hand" kartiert, neigt man zur Beibehaltung alter Koordinaten, wenn neue Daten in eine bereits existierende Karte eingeführt werden sollen. Das kann aber später zu Fehlern führen, die beim Computer nie auftauchen würden, weil er alte und neue Daten auf dieselbe Weise verwendet. Die vom Computer durchgeführte Fehleranalyse weist manchmal auch auf systematische Meßfehler hin.

Die auf diesem Wege erstellten Restriktionskarten können aufgezeichnet und im Computer auch abgespeichert werden. Der Inhalt der so aufgebauten Kartensammlung kann durch Kartierung von bekannten Sequenzen ergänzt werden, die gespeicherten Karten können miteinander verglichen und kombiniert werden. Bei einer interaktiven Arbeitsweise (an einem Bildschirm) kann eine solche "Kartenbank" bei der Auswahl von geeigneten Enzymkombinationen für Klonierung, beim selektiven, radioaktiven Markieren usw. sehr hilfreich sein.

Zirkuläre, extrachromosomale DNA-Sequenzen, sog. Plasmide, spielen bei der Sequenzierung eine sehr wichtige Rolle. Fleißige Forscher sammeln in ihrem Laboratorium Hunderte dieser kleinen Werkzeuge. Um eine Übersicht zu ermöglichen und bei der Auswahl des richtigen Plasmids für ein bestimmtes Problem Unterstützung zu finden, stellen sie sich auch eine Plasmidkartensammlung zusammen. Auf den Karten, für die wir in Abb. 2 ein Beispiel zeigen, werden die wichtigsten Enzymschnittstellen und Segmente in verschiedenen Farben (die hier nur schwarz wiedergegeben werden können) aufgezeichnet und gleichzeitig auch im Computer zur Weiterverarbeitung gespeichert.

Eine andere mathematische Methode, die auf Graphentheorie basiert (Osterburg und Krüger 1983, Peltola et al. 1984), hilft bei einer der schwierigsten Phasen der DNA-Sequenzierung: beim Zusammenbau der vollständigen Sequenz aus den zahlreichen kleinen Teilstücken, deren Basenfolge vorher genau bestimmt worden ist (matching). Das Problem wird in mehreren Schritten gelöst:

1. Als erster Schritt werden die Überlappungen aller Fragmentpaare (in beiden Orientierungen) bestimmt. Aufgrund der Signifikanz ihrer Überlappung werden die Fragmente, soweit es möglich ist, in zusammenhängende größere Teilsequenzen gruppiert, die dann ausgedruckt werden.

2. In der ersten Näherung werden meistens noch zahlreiche Fehler eingebaut, da die vorhandenen repetitiven Sequenzteile (direct repeats, inverted repeats) auch falsche Überlappungen einbringen. Mit Hilfe von speziellen Kommandos kann der Biologe wieder in einem interaktiven Verfahren auf seinem Bildschirm die unerwünschten Überlappungen eliminieren bzw. durch neue ersetzen.

3. Nachdem die Verbindungen zwischen den Fragmenten festgestellt worden sind, werden die Teilsequenzen zu einer endgültigen, vollständigen Sequenz zusammengebaut.

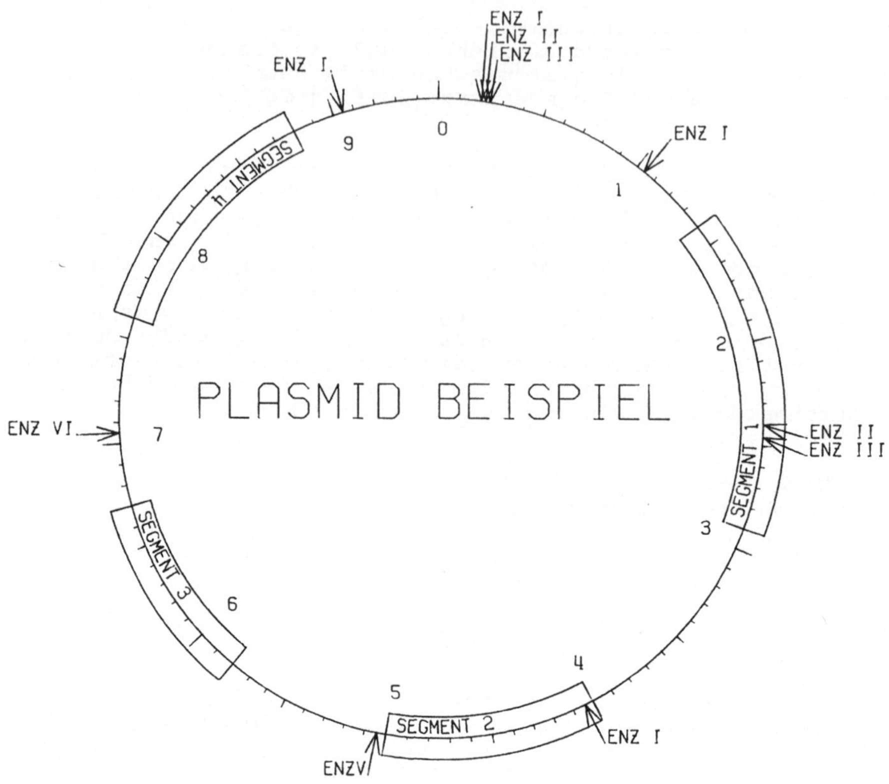

<u>Abb. 2.</u> Eine Plasmidkarte mit Enzymschnittstellen und Segmenten

DNA-SEQUENZANALYSE

Die letzte Phase der Sequenzierung, die Analyse der fertiggestellten
DNA, bereitet dem Forscher wahrscheinlich am meisten Freude, denn die
Biologie fängt eigentlich hier an. Das ist eine mögliche Erklärung
dafür, daß es in diesem Bereich eine riesige Menge von Methoden und
Computerprogrammen gibt, die der Vielfältigkeit der biologischen Frage-
stellungen Rechnung tragen. An dieser Stelle möchten wir nur eine kurze
Übersicht über diejenigen Methoden geben, die schon zum alltäglichen
Instrumentarium der Molekularbiologen gehören sollten.

Voraussage kodierender Bereiche

Bei der heutigen Effizienz der Sequenzierungsmethoden kommt es häufig
vor, daß man die ganze DNA erhält, bevor man überhaupt wüßte, wo die
Gene eigentlich liegen. Andererseits ist es nicht immer einfach, wirklich kodierende Bereiche von zufällig offenen Leserastern zu unterscheiden. Sehr oft ist die Lage eines Gens auf der DNA annähernd bekannt, aber nach Sequenzierung stellt sich heraus, daß es im vermute-
ten Bereich mehrere offene Leseraster gibt. Andererseits kann die Identifizierung von unbekannten kodierenden Sequenzbereichen zur Entdeckung
von interessanten neuen Proteinen führen. Es gibt mehrere mathematische
Verfahren, die bei der Voraussage von möglichen Genen Unterstützung
bieten.

Shepherd (1981) hat darauf hingewiesen, daß die Korrelation der relativen Purin- und Pyrimidinpositionen in bekannten Genen periodische Oszillationen zeigt. Die Eigenschaften dieser Oszillationen unterstützen die Hypothese, daß es am Anfang der Evolution "Urgene" gab, die ihre Information in kodierenden Triplets der Form RNY (R=Purin, Y=Pyrimidin, N=Purin oder Pyrimidin) speicherten. Dieses Muster ist verhältnismäßig gut konserviert in Exons und kann, im Rahmen einer statistischen Analyse, zur Unterscheidung von Exons und Introns verwendet werden.

Eine andere Methode (Fickett 1982) basiert auf der Beobachtung, daß verschiedene Codons mit unterschiedlicher Häufigkeit vorkommen. Das hat zur Folge, daß gewisse Oligonukleotide eine Tendenz zur periodischen Verteilung zeigen und identische Nukleotide in kodierenden Bereichen mit erhöhter Wahrscheinlichkeit in derselben Codonposition aufzufinden sind. Durch Analyse der Asymmetrie der Basenverteilung auf den drei Codonpositionen (gestützt auf eine statistische Untersuchung der LASL Sequence Library) erhält man eine globale Aussage, ob Proteine in einem gewissen Bereich überhaupt kodiert werden. Die Auflösung des Fickett'schen Algorithmus ist nicht besser als ungefähr 200 Nukleotide, sie muß also für eine feinere Analyse mit anderen Informationsquellen (Position von Start- und Stopcodons, von verschiedenen Initiationssignalen, Intronsplicingstellen usw.) kombiniert werden.

Das Verfahren von Staden and McLachlan (1982) basiert auf der Annahme, daß alle Gene einer Sequenz dieselben Codons bevorzugen und daß diese Präferenz ausgeprägt genug ist, als Grundlage zur Diskriminierung zwischen kodierenden und nichtkodierenden Bereichen zu dienen. Als Ausgangspunkt wird eine Tabelle der Codonfrequenzen in einem der bekannten Gene aufgestellt. Sollte kein Gen bekannt sein, nimmt man dafür den längsten offenen Leseraster. Die Verfasser dieser Methode zeigen in ihrer Arbeit sehr interessante Beispiele, wo alle Exons richtig vorausgesagt und die Exon/Intron Grenzen mit der Genauigkeit von einigen Codons bestimmt werden. Unserer Meinung nach sollte auch dieses Verfahren mit der Suche nach anderen Signalsequenzen ergänzt bzw. kombiniert werden.

Sekundärstrukturvoraussage

Die erste und einfachste Unterstützung zur theoretischen Voraussage von RNA-Sekundärstrukturen ist die Markierung der Stämme von möglichen Schleifen auf der Sequenz (inverted repeats, IR's). Bei der Benutzung der entsprechenden Computerprogramme (die in ihren Namen meistens "hairpin", "stem" oder "loop" enthalten) hat der Biologe die Möglichkeit, eine minimale Stammlänge und eine maximale Schleifengröße interaktiv anzugeben, um die Suche auf biologisch sinnvolle IR's zu beschränken. Gleichzeitig kann er eine minimale Anzahl von G-T, A-T und G-C Paaren auf jedem Stamm fordern, die der Bindungsstärke entsprechend bewertet werden (z.B. mit 1,2 und 3). Passende und nichtpassende Basenpaare können auch problemspezifisch bewertet werden. Der Computer zeigt eine Liste der Stämme, die nach Position, Stammlänge oder Qualität (Anzahl und Stärke der Bindungen) sortiert wird.

Mathematisch aufwendiger, aber entsprechend informativer sind diejenigen Methoden, die die zweidimensionale Struktur von großen, einzelsträngigen RNA-Molekülen auf Grund von Energieoptimierungsverfahren bestimmen. Obwohl eine hundertprozentig fehlerfreie Voraussage heutzutage rein theoretisch noch nicht möglich ist, bieten diese Methoden, kombiniert mit anderen Informationen, recht effiziente Werkzeuge. An erster Stelle sind hier die Verfahren von Nussinov und Jacobson (1980) und von Zuker und Stiegler (1981) zu erwähnen, die von vielen anderen modifiziert und optimiert worden sind (für eine Übersicht s. Comay et al. 1984). Beide

Methoden generieren, unter Verwendung von ziemlich komplizierten, aber computergerechten Algorithmen, eine große Zahl von alternativen Strukturen, die dann auf Grund von experimentell festgestellten thermodynamischen Daten bewertet werden.

Der Rechenaufwand ist bei diesen Verfahren noch ziemlich groß. Die Berechnung der längsten bisher untersuchten Sequenz mit 2600 Nukleotiden (SV40 late precursor RNA, Comay et al. 1984) kostete z.B. 11 Tage Rechenzeit auf einem Computer mittlerer Größe (VAX 11/780). Das Gebiet befindet sich aber in einer sehr dynamischen Phase. Die Weiterentwicklung der Algorithmen, die auch den Einbau vorhandener biochemischer Informationen ermöglichen, und das Erscheinen einer neuen Rechnergeneration (die sog. Parallelcomputer), die für Berechnungen dieser Art besonders geeignet sind, könnten die Rechenkosten bald um zwei bis drei Größenordnungen reduzieren und damit diese Verfahren der alltäglichen Praxis näherbringen. Zu dieser Zeit sind Strukturvoraussagen für RNA's von einigen Hundert Nukleotiden als Routineaufgabe zu betrachten.

DNA-Sequenzvergleiche

Dieses Problem haben wir vorher bei der Datenbankdurchsuchung schon kurz besprochen. Dort kam es aber darauf an, mit einer riesigen Datenmenge einen schnellen Vergleich durchzuführen. Der verwendete Algorithmus war dementsprechend einfach. Um einen optimierten Vergleich (alignment) zu erhalten, muß man mehr investieren, entweder durch die Anwendung einer der zahlreichen, anspruchsvollen, publizierten Methoden (für eine Übersicht s. Kruskal 1983) oder mit Hilfe einer neuen Methode, wenn man eine gute Idee oder ein neues Problem hat (das Gebiet ist bei weitem nicht abgeschlossen).

Die Grundidee der meisten herkömmlichen Alignment-Algorithmen stammt von Needleman und Wunsch (1970): es werden alle möglichen Alignments der beiden Sequenzen (durch Einführung von Lücken an beliebiger Stelle) gebildet, und ihre Güte wird bewertet. Die Güte ergibt sich als Summe der passenden Nukleotide (matches) minus Anzahl der Lücken (gaps), multipliziert mit dem "Lücken-Strafpunkt", minus Anzahl der nichtpassenden Nukleotide (mismatches), multipliziert wieder mit einem entsprechenden Strafpunkt. Die zum Erfolg führende Wahl der Metrik kann ebenso problemabhängig sein wie die Bewertung längerer, zusammenhängender Lücken (weniger erfahrene Anwender dieser Methoden können sich meistens auf die voreingestellten Werte dieser Größen in den entsprechenden Programmen verlassen).

Das optimale Alignment wird nach Needleman und Wunsch in einem ziemlich aufwendigen, rekursiven Verfahren erreicht, wobei das Alignment von immer längeren Teilsequenzen der Reihe nach optimiert wird. Das Auffinden eines globalen Optimums bedarf daher bei Sequenzen, die länger als einige Hundert Nukleotide sind, eines leistungsfähigen Computers. Andererseits ist der Algorithmus für Parallelprozessoren vorzüglich geeignet. Computer mit solcher Ausrüstung werden auf diesem Gebiet in den nächsten Jahren wahrscheinlich einen Durchbruch mit sich bringen. Als Beispiel für das Ergebnis eines Sequenzvergleichs dieser Art zeigen wir in Abb. 3 den Ausdruck aus unserem ALIGN-Programm für zwei RNA's. Die Bedeutung aller Steuerparameter (global variables) wollen wir hier nicht näher erörtern. STATISTIC=0 bedeutet, daß nur eine Kurzstatistik (ohne Zufallssequenzen) erzeugt wird.

```
BEST ALIGNMENT FOR
(SEQ 1) ALFAMO.ALFALFAMOSAIC.RNA2.3PRIME
(SEQ 2) ALFAMO.ALFALFAMOSAIC.RNA3.3PRIME

GLOBAL VARIABLES IN : ALIGN
ALIGNTYPE  :    1
DISTMAT    :    1
DIND       :    2
WEIGHT1    :    1
WEIGHT2    :    1
STATISTIC  :    0
PW         :   60


            10        20        30        40        50        60

             .         .         .         .         .         .
   1 TTAAGCCTGGTAGAGTGAAAAAATCCCAGTCGGATGCCAGGTCAAGGGCAC-GACGAGCT
     **  * Y*R *R R* *   R     * *R * **Y* Y    * *  * **Y **Y* R*Y
   1 TTT-GATTACTGTGGGGCTGCTCGACGAAGCTGACGATCT-TGATCGTCATTGATGTACC


             .         .         .         .         .         .
  60 TGATGTTTTCTTGA--CATAAGTCAAAT--TGCCAACCTCCACTGGGTGGATTAAGGTTG
     Y **   **Y  **  *  ****** *  ***Y ***************Y*****YR
  59 CCATTAATTTGGGATGCCAAAGTCATTTGATGCTCACCTCCACTGGGTGGATCAAGGTCA


             .         .         .         .         .         .
 116 AGGTATAGAATCCTATTCGCTCCTGATAGGAGAAATTCTATATTGCTTATATATGTGCTT
     ******RR*R********************   R*Y*YY********************
 119 AGGTATGAAGTCCTATTCGCTCCTGATAGGATCGACTTCATATTGCTTATATATGTGCTA


             .         .         .         .         .
 176 ATGCACATATATAAATGCTCATGCAAAACTTGCATGAATGCCCCTAAGGGAGC
     *Y*******************************  **:*****************
 179 ACGCACATATATAAATGCTCATGCAAAACT-GCATGAATGCCCCTAAGGGAGC



STATISTICS:


NUMBER OF EQUAL LETTERS    162
NUMBER OF SIMILAR LETTERS  188
```

Abb. 3. Ausdruck des Alignments von zwei RNA-Sequenzen

Sehr oft kommt es vor, daß gewisse Fragestellungen auch mit solchen
Homologiealgorithmen beantwortet werden können, die statt des globalen
nur ein lokales Optimum suchen (Queen und Korn 1980, Smith und Waterman
1981). Sie sind geeignet, diejenigen Bereiche von zwei Sequenzen zu
identifizieren, die die beste Homologie zeigen. Sie können vorzüglich
auch mit einer graphischen Darstellung kombiniert werden; so entsteht
eine sog. DOT-Matrix. Zur Konstruktion dieser Matrix legt man (in Ge-
danken oder besser im Computer) die beiden Sequenzen senkrecht aufein-
ander als zwei Achsen eines Koordinatensystems und malt einen Punkt
(oder einen Strich) auf (oder zwischen) die Positionen der Koordinaten-
ebene, wo es identische Nukleotide gibt (Abb. 4). Direkte Homologien
erscheinen auf dem so entstandenen Bild als schräge Linien parallel zum
Hauptdiagonalen der Matrix, Palindrome senkrecht darauf. Der Vorteil
dieser Methode, neben der schnellen und anschaulichen Informationsver-
mittlung, ist die Einfachheit, mit der hier voneinander entfernt liegende Homologien ermittelt werden können. Mit verschiedenen Filterver-
fahren können unwichtige, kürzere Homologien (Geräusche) auch entfernt
werden.

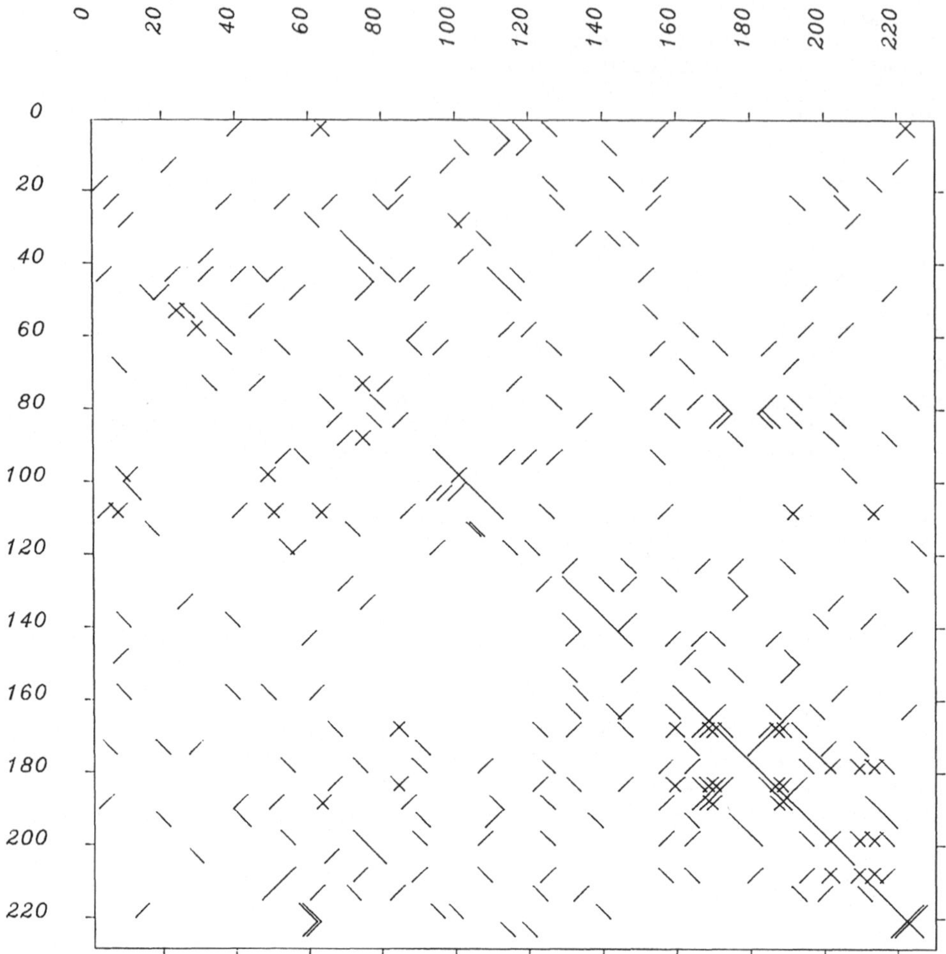

<u>Abb. 4.</u> DOT-Matrix Bild mit direkten Homologien und Palindromen, die in zwei RNA-Sequenzen enthalten sind. Die Anfangs- und Endpositionen der besten Funde werden auch in einer Tabelle angegeben

<u>Allgemeine DNA-Analyseprogramme</u>

Es gibt noch eine große Anzahl von weiteren Methoden und Computerverfahren, die wir hier wegen des beschränkten Umfangs dieser Übersicht nicht besprechen konnten. Dazu gehören zahlreiche Layout-Programme, die die Sequenzen so strukturiert ausdrucken, wie das für die Publikation in verschiedenen Zeitschriften erforderlich ist. Man hat dabei eine große Flexibilität bezüglich Form und Inhalt. Als ein kleines Beispiel zeigen wir in Abb. 5 einen DNA-Ausdruck mit gleichzeitiger Übersetzung in allen Leserastern. Durch Steuerung mit Hilfe von Parametern kann man über der Sequenz angegebene Enzymschnittstellen markieren, nur kodierende Bereiche übersetzen usw. Andere Programme führen eine Analyse der Basenzusammensetzung durch und geben in tabellarischer oder graphischer Form Auskunft über die Codon-Benutzung, G-C Inhalt, Molekulargewicht der kodierten Proteine usw. Es existieren interessante weitere Methoden zur theoretischen Konstruktion von Stammbäumen, zur Voraussage möglicher Stellen für Z ⟷ B-DNA Strukturumwandlung usw. Zahlreiche von den früher

```
PROTEINPRINTOUT OF ALFAMO.ALFALFAMOSAIC.RNA3.3PRIME KEY: 51 (84/09/03)

GLOBAL VARIABLES IN : TRANSLATE
COMPLEMENT  :    0
GTGSTART    :    0
ALL         :    1
GENES       :    0
PROTENDS    :    0
RNY         :    0
COMPRESS    :    1
PW          :   60


                  .           .           .           .           .           .
  1  TTTGATTACTGTGGGGCTGCTCGACGAAGCTGACGATCTTGATCGTCATTGATGTACCCC
     PheAspTyrCysGlyAlaAlaArgArgSer***ArgSer***SerSerLeuMetTyrPro     R1
     LeuIleThrValGlyLeuLeuAspGluAlaAspAspLeuAspArgHis***CysThrPro     R2
     ***LeuLeuTrpGlyCysSerThrLysLeuThrIleLeuIleValIleAspValProHis    R3


                  .           .           .           .           .           .
 61  ATTAATTTGGGATGCCAAAGTCATTTGATGCTCACCTCCACTGGGTGGATCAAGGTCAAG
     IleAsnLeuGlyCysGlnSerHisLeuMetLeuThrSerThrGlyTrpIleLysValLys     R1
     LeuIleTrpAspAlaLysValIle***CysSerProProLeuGlyGlySerArgSerArg    R2
     ***PheGlyMetProLysSerPheAspAlaHisLeuHisTrpValAspGlnGlyGlnGly    R3


                  .           .           .           .           .           .
121  GTATGAAGTCCTATTCGCTCCTGATAGGATCGACTTCATATTGCTTATATATGTGCTAAC
     Val***SerProIleArgSer******AspArgLeuHisIleAlaTyrIleCysAlaAsn     R1
     TyrGluValLeuPheAlaProAspArgIleAspPheIleLeuLeuIleTyrValLeuThr    R2
     MetLysSerTyrSerLeuLeuIleGlySerThrSerTyrCysLeuTyrMetCys***Arg    R3


                  .           .           .           .           .           .
181  GCACATATATAAATGCTCATGCAAAACTGCATGAATGCCCCTAAGGGAGC
     AlaHisIle***MetLeuMetGlnAsnCysMetAsnAlaProLysGly                 R1
     HisIleTyrLysCysSerCysLysThrAla***MetProLeuArgGlu                 R2
     ThrTyrIleAsnAlaHisAlaLysLeuHisGluCysPro***GlySer                R3
```

Abb. 5. RNA-Sequenzausdruck mit gleichzeitiger Übersetzung

erwähnten Methoden und Programmen können natürlich auch für Proteine
verwendet werden. Da die biologische Funktion einer neu sequenzierten
DNA oft nur durch die Analyse der kodierten Proteine aufgeklärt werden
kann, braucht man oft weitere theoretische Hilfsmittel, wie z.B. Methoden
zur Protein-Sekundärstrukturvoraussage, zur Analyse der Hydrophobizität
usw., die wir hier nicht näher beschreiben können.

Es sei an dieser Stelle allen Kollegen gedankt, die mich auf diesem
Gebiet durch wertvolle Diskussionen und Anregungen unterstützt haben:
Frau B. Reiner und Herren J. Buchert, R.F. Doolittle, U.K. Freese,
K.-H. Glatting, C.O. Köhler, M. Krüger, H.P. Meinzer, G. Osterburg,
M. Pawlita und H. Ponstingl.

LITERATUR

Bach R, Iwasaki Y, Friedland P (1984) Intelligent computational assistance for experiment design. Nucl Acids Res 12:11-30
Buchert J, Reiner B, Suhai S (1984) Computer programs for biological sequence analysis. DKFZ, Heidelberg (unpublished)
Cameron G, Hamm G, Nial J, Rudloff A, Stoesser G, Stueber K (1983) EMBL Nucleotide Sequence Library. EMBL, Heidelberg
Codd EF (1970) A relational model of data for large-shared databanks. Comm ACM 13:377-387
Comay E, Nussinnov R, Comay O (1984) An accelerated algoritm for calculating the secondary structure of single stranded RNAs. Nucl Acids Res 12:53-66
Fickett JW (1982) Recognition of protein coding regions in DNA sequences. Nucl Acids Res 10:5303-5317
Glatting K-H, Krueger M, Buchert J, Osterburg G, Wolters J, Sommer R, (1982) Program package for the management and analysis of molecular sequences. DKFZ, Heidelberg (unpublished)
Holley RW, Apgar J, Everett GA, Madison JT, Marquisee M (1965) Structure of a ribonucleic acid. Science 147:1462-1465
Kanehisa M, Fickett JW, Goad WB (1984) A relational database system for the maintenance and verification of the Los Alamos sequence library. Nucl Acids Res 12:149-158
Kruskal JB (1983) An overview of sequence comparison - time warps, string edits, and macromolecules. Siam Review 25:201-237
Meyers S, Friedland P (1984) Knowledge-based simulation of genetic regulation in bacteriophage lambda. Nucl Acids Res 12:1-10
Needleman SB, Wunsch CD (1970) A general method applicable to the search for similarities in the amino acid sequence of two proteins. J Mol Biol 48:443-453
Nucl Acids Res (1984) Vol. 12, No 1
Nussinov R, Jacobson AB (1980) Fast algorithm for predicting the secondary structure of single-stranded RNA. Proc Natl Acad Sci USA 77: 6309-6313
Orcutt BC, George DG, Fredrickson JA, Dayhoff MO (1982) Nucleic acid sequence database computer system. Nucl Acids Res 10:157-174
Osterburg G, Krüger M (1983) On the alignment of two or more molecular sequences. Comp Prog Biomed 16: 61-70
Peltola H, Soederlund H, Ukkonen E (1984) SEQAID: a DNA sequence assembling program based on a mathematical model. Nucl Acids Res 12: 307-322
Queen CL, Korn LJ (1980) Computer analysis of nucleic acids and proteins. In: Grossman L, Moldave K (eds) Methods in Enzymology, Vol. 65: Nucleic Acids, Part I. Academic Press, New York, pp 595-609
Schroeder JL, Blattner FR (1978) Least-squares method for restriction mapping. Gene 4:167-174
Shapiro BA, Maizel J, Lipkin LE, Currey K, Whitney C (1984) Generating non-overlapping displays of nucleic acids secondary structure. Nucl Acids Res 12:75-88
Shepherd JCW (1981) Method to determine the reading frame of a protein from the purine/pyrimidine genome sequence and its possible evolutionary justification. Proc Natl Acad Sci USA 78:1596-1600
Smith TF, Waterman MS (1981) Identification of common molecular subsequences. J Mol Biol 147:195-197
Staden R, McLachlan AD (1982) Codon preference and its use in identifying protein coding regions in long DNA sequences. Nucl Acids Res 10:141-150
Zuker M, Stigler P (1981) Optimal folding of large RNA sequences using thermodynamics and auxilliary information. Nucl Acids Res 9:133-148

Vektor-Wirt Systeme zur DNA-Klonierung in *E. coli*

W. Lindenmaier

Abt. Genetik, GBF – Gesellschaft für Biotechnologische Forschung mbH, Mascheroder Weg 1, D-3300 Braunschweig

EINLEITUNG

Die Entwicklung der Gentechnologie seit 1972 bedeutete eine Revolution
in der biologischen Forschung mit weitreichenden Folgen sowohl für die
molekularbiologische Grundlagenforschung als auch für die biotechnologische Anwendung. Der schnelle Fortschritt in diesem Bereich wurde möglich
durch methodische Neuerungen der Klonierungstechniken selbst. Für spezifische Problemstellungen, wie Genidentifizierung, Isolierung, Charakterisierung und Expression wurden jeweils neue Vektor-Wirt-Systeme entwickelt. Die Entwicklung auf diesem Gebiet ist so schnell und vielfältig,
daß es völlig unmöglich ist, in einem kurzen Artikel wie diesem, die
Vielfalt der Vektoren und Systeme auch nur aufzuzählen. Ich werde mich
daher im Folgenden auf einige grundsätzliche Überlegungen zur DNA-Klonierung und E. coli Vektor-Wirtssysteme beschränken müssen. Zur Klonierung in anderen Organismen und detailliertere Darstellungen sei auf
Überblicksartikel in Current Topics in Microbiology and Immunology
(Hofschneider & Goebel, eds, 1982), Methods in Enzymology (Wu, ed, 1983,
1979) und Buchreihen über Genetic Engineering (Setlow and Hollaender;
Williamson) verwiesen. Auch mit der Beschränkung auf Klonierung in
E. coli wird die Darstellung nur beispielhaft und fragmentarisch sein
können.

ALLGEMEINE ÜBERLEGUNGEN ZU KLONIERUNGSSYSTEMEN

Durch Klonierung von DNA-Sequenzen sollen generell die fraglichen
Gene oder Genabschnitte einer näheren molekularen und biochemischen
Analyse zugänglich gemacht werden. Für die Vielzahl von unterschiedlichen Problemstellungen kann es gar keinen universellen Vektor geben,
sondern die Vektor-Wirt-Systeme müssen dem jeweiligen Problem ange-
paßt werden. Für die Klonierung in E. coli, dem zumindest als Zwischen-
stufe am weitaus häufigsten verwendeten System, sind im wesentlichen
vier unterschiedliche Vektorsysteme entwickelt worden, nämlich Plasmidvektoren, vom Bakteriophagen λ abgeleitete Vektoren, Cosmidvektoren
und schließlich Vektoren, die von Einzelstrang-DNA Phagen (M13) ab-
stammen.

Den weitesten Anwendungsbereich haben sicherlich die Plasmidvektoren.
Sie werden bevorzugt eingesetzt (1) zur Klonierung von in DNA über-
setzter mRNA aus höheren Zellen, (2) zur detaillierten Untersuchung
bereits klonierter DNA-Abschnitte durch Subklonierung, Feinkartierung,
Sequenzierung und Mutagenese, (3) zur regulierten Expression von Sequenzen, die für spezifische Proteine kodieren und auch (4) zur Etablierung von Genbanken (d.h. Anlage einer Sammlung von Klonen, die das
gesamte Genom eines Organismus repräsentieren), sofern der in Frage
stehende Organismus nicht zu komplex ist.

Molekular- und Zellbiologie
Hrsg. von Blin et al.
© Springer-Verlag Berlin Heidelberg 1985

Für die Isolierung von Genen aus Genomen mit hoher Komplexität sind
vor allem λ- und Cosmidvektoren geeignet. Sie erlauben die effiziente Klonierung von größeren Genomabschnitten. Da die Verpackung
von Hybrid-DNA in λ -Phagen-Hüllen _in vitro_ möglich ist, wird durch
die Bildung von infizierenden und transduzierenden Phagenpartikeln,
eine besonders effiziente Einschleusung in die Wirtszellen möglich,
so daß wenige µg genomischer DNA ausreichen, eine Genbank eines ani-
malischen Genoms zu etablieren.

Klonierung in M13-Vektoren wird in der Regel für eine genauere Cha-
rakterisierung bereits klonierter Sequenzen eingesetzt, speziell für
Sequenzierung und Sequenz-spezifische Mutagenese. Die DNA wird in der
Zelle als doppelsträngige supercoiled DNA vermehrt, während in den
ausgeschiedenen Viruspartikeln einzelsträngige DNA vorliegt. Diese
Einzelstrang-DNA kann z.B. als Matrize für ein besonders effizientes
Sequenzierverfahren (Beitrag 3) und für das Einführen von gezielten
Mutationen dienen.

Neben der Art der DNA, die kloniert werden soll (cDNA, Subfragmente
oder Gesamt-DNA), spielt natürlich auch die Art des Nachweises eine
entscheidende Rolle bei der Beurteilung eines Vektorsystems. Eine direkte Selektion des gewünschten Gens durch Komplementation in _E. coli_
wird nur in den seltensten Fällen möglich sein, so daß man zu indirekten Methoden, nämlich Nachweis der Expression mit immunologischen
Methoden bzw. Nachweis der Anwesenheit einer bestimmten Nukleotidsequenz durch Hybridisierung, greifen muß. Da man auf Grund der unterschiedlichen Genstruktur (regulatorische Sequenzen, Introns) nicht
erwarten kann, daß Gene aus heterologen, speziell eukaryotischen Zellen in _E. coli_ direkt exprimiert werden, ist man im Falle der Isolierung von Klonen aus Genbanken im allgemeinen auf Sequenz-abhängige
Nachweismethoden angewiesen, es sei denn, man kann durch vorübergehen-
des Einbringen in Wirtszellen, die die entsprechenden Signale erkennen,
Expression erreichen (siehe unten).

Der ·Nachweis von homologen Sequenzen in Kolonien (Grunstein & Hogness,
1975; Hanahan & Meselson, 1980) und Phagenplaques (Benton & Davis
1977) ist durch Hybridisierung _in situ_ möglich. Kolonien bzw. Plaques
werden auf Nitrozellulosefilter übertragen. Nach Lysis und Denaturierung wird die DNA in einzelsträngiger Form an den Filter gebunden.
Eine radioaktiv markierte Probe (synthetische oder klonierte DNA und
RNA) wird gegen die auf dem Filter gebundene DNA hybridisiert. Klone,
die die gesuchte Sequenz enthalten, werden durch Autoradiographie
sichtbar gemacht. Die Methode ist bei Verwendung von sehr heißen Proben (≥ 10^8 cpm/µg)so sensitiv und spezifisch, daß es möglich ist,
Genbanken von mehreren hunderttausend Einzelklonen auf wenigen Petrischalen zu untersuchen. Eine neu entwickelte Methode, die die hohe
Spezifität für homologe Rekombination ausnutzt, wird weiter unten
beschrieben. Beide Methoden setzen jedoch voraus, daß spezifische
Sequenzen für das gesuchte Gen vorhanden sind. Wenn das· nicht der Fall
ist, aber Antikörper oder ein biologischer Test zur Verfügung stehen,
werden in weniger komplexen Situationen direkte oder indirekte Immun-
oder Bioassays verwendet (Ehrlich et al. 1978; Broome & Gilbert 1978).
So wurden z.B. cDNA Klone für Interferon dadurch nachgewiesen, daß
die mRNA aus Interferon produzierenden Zellen an die klonierte cDNA
hybridisiert wurde. Nachdem die spezifisch hybridisierte mRNA wieder
abgelöst worden war, wurde sie in Froschoocyten injiziert und die
synthetisierten Proteine auf antivirale Wirkung getestet (Derynck et
al. 1980; Goeddel et al. 1980).

Da in vielen Fällen die mRNA für ein spezielles Genprodukt, in Zellen,
die dieses Protein produzieren, 1000fach oder mehr angereichert ist,
wird wegen der leichteren Nachweismöglichkeiten häufig zuerst die

cDNA kloniert. Die so erhaltenen Sequenzen werden zur Charakterisierung und Isolierung der chromosomalen Gene verwendet. Die zuerst isolierten Gene waren dementsprechend auch solche, die gewebsspezifisch sehr stark exprimiert wurden, z.B. Globingene aus Erythrozyten (Tilghman et al. 1977), Immunglobulingene (Tonegawa et al. 1977) aus Myelomen und Hühnereiweißproteingene aus Hühnerovidukt (Breathnach et al. 1977; Royal et al. 1979). Die Fortschritte in der Klonierungstechnologie durch neue Nachweis- und Vektorsysteme erlauben heute auch die Isolierung von selten exprimierten Genen. Einige dieser Methoden sollen neben einer generellen Charakterisierung der Vektorsysteme im Folgenden etwas detaillierter beschrieben werden.

PLASMIDVEKTOREN

Plasmide sind autonom replizierende, geschlossen zirkuläre DNA-Moleküle. Sie kommen zusätzlich zum Chromosom in vielen Mikroorganismen vor, sind für das normale Wachstum der Zellen nicht notwendig, tragen aber genetische Information, die den Plasmid-haltigen Stämmen in besonderen Umgebungen einen Selektionsvorteil verschaffen, z.B. Gene für Antibiotikaresistenz, für Bakteriocine oder für die Degradation von speziellen Kohlenwasserstoffen etc. Viele natürlicherweise vorkommende Plasmide sind relativ groß und tragen Funktionen, die für einen Plasmidvektor nicht nötig sind (z.B. Konjugation), einige kleinere konnten jedoch direkt als Plasmidvektoren verwendet werden, wie das Colicin E 1 kodierende Plasmid Col E$_1$ (Clarke & Carbon 1976). In der Regel sind alle modernen Plasmidvektoren selbst mit _in vitro_ Rekombinationstechniken für ihren speziellen Zweck konstruiert worden. Als Prototyp für diese Vektoren kann pBR 322 gelten (Abb. 1), das seinerseits zum Stammvater von ganzen Serien von Plasmidvektoren wurde. Es wurde über eine Reihe von Klonierungsschritten aus einem Replikationsorigin von pMB 9, einem Gen für Resistenz gegen Ampicillin und einem Gen für Tetrazyklinresistenz zusammengesetzt und enthält mehrere singuläre Schnittstellen für Restriktionsenzyme (Bolivar et al. 1977b). Damit trägt es alle für einen Vektor wesentlichen Funktionen, nämlich (1) autonome Replikation in der Wirtszelle, (2) Klonierungsstellen, an denen Fremd-DNA eingebaut werden kann, (3) Gene, die eine einfache Selektion der Zellen zulassen, die ein Plasmid übertragen bekommen haben, und (4) Gene, die es erlauben, schnell zu kontrollieren, ob Fremd-DNA eingebaut wurde. Bei Klonierung in die Schnittstellen für z.B. _Pst_ I bzw. _Bam_ H I sind die Hybridklone Ampicillin-bzw. Tetrazyklin-sensitiv,da die Gene durch Fremd-DNA unterbrochen werden und sich leicht von Klonen, die das Vektorplasmid enthalten, unterscheiden lassen. Dieses 436 bp lange Plasmid wurde auch als erstes vollständig sequenziert (Sutcliffe 1979). Damit konnten alle möglichen Gene lokalisiert und die Schnittstellen aller Restriktionsenzyme, deren Erkennungssequenzen bekannt sind, angegeben werden. Das erleichtert die Analyse von klonierter DNA erheblich. pBR 322-Plasmide liegen in der Zelle in etwa 30 Kopien vor. Durch Chloramphenicolbehandlung läßt sich die DNA amplifizieren (Clewell 1974). Die relativ geringe Größe von pBR 322 erlaubt ein effizientes Einschleusen der DNA in _E. coli._ Dies geschieht für Plasmide im allgemeinen durch Transformation. Die _E. coli_ Zellen, die keine natürliche Kompetenz haben, werden durch Behandlung mit CaCl$_2$ und/oder andere Salzlösungen zur Aufnahme von exogener DNA kompetent gemacht (Dagert & Ehrlich 1979; Hanahan 1983). Die Aufnahme der DNA ist größenabhängig, so daß kleine Plasmide bevorzugt transformieren. Für pBR 322 werden je nach Methode und Stamm zwischen 10^6 und 10^8 Transformanten/µg DNA erhalten. Das bedeutet, daß etwa 1 transformierte Zelle pro 2×10^3 -2×10^5 zugegebenen Plasmidmolekülen entsteht. Diese Eigenschaften haben dazu geführt, daß pBR 322 und seine Derivate, die sich durch zusätzliche Selektionsmarker und Klonierungsstellen oder durch erhöhte biologische Sicherheit (Bolivar 1978; Twigg & Sherratt 1980) unterscheiden,

außerordentlich häufig für Klonierungsexperimente eingesetzt wurden.
Für spezielle Klonierungsprobleme wurden eine ganze Anzahl von Plasmidvektoren konstruiert, von denen einige näher besprochen werden sollen.

1. cDNA-Klonierung

Voraussetzung für die Klonierung der für ein bestimmtes Genprodukt
kodierenden Sequenz ist die Isolierung der mRNA aus Zellen, die das
gewünschte Protein machen. Diese mRNA muß nun in doppelsträngige cDNA
übersetzt werden. Die Synthese des zur mRNA komplementären DNA-Stran-
ges geschieht mit Hilfe des Enzyms Reverse Transcriptase, ausgehend
von einem kurzen DNA-Stück. Nach Entfernen der RNA ist es möglich,
mit Reverser Transcriptase oder DNA-Polymerase mit Hilfe eines zweiten primers, der ansynthetisiert wurde, oder ausgehend von einer sich
spontan bildenden Haarnadelschleife, die später durch die einzelstrangspezifische Nuklease S 1. geöffnet werden muß, den kodierenden Strang
zu synthetisieren (Efstratiadis et al. 1976; Retzel et al. 1980).
Der Einbau des Doppelstranges in den Plasmidvektor erfolgt dann durch
Anhängen von synthetischen Restriktionsschnittstellen (Ullrich et al.
1977) oder über Oligonukleotidschwänze, die mit Hilfe von Terminaler
Transferase an die 3'-Enden der Doppelstrang-DNA ansynthetisiert werden. (Villa-Komaroff et al. 1978; Land et al. 1981). Vor kurzem wurde
von Okayama und Berg (1982) eine Methode vorgestellt, die modifizierte Vektorfragmente als primer verwendet und besonders effiziente
Klonierung erlaubt.

2. Expressionsvektoren

Ein wesentliches Anliegen der Klonierung ist in vielen Fällen die Expression des klonierten Gens in E. coli und Gewinnung des Produktes
in großen Mengen. Das gelingt für Gene aus höheren Zellen normalerweise
nur durch Klonierung der kodierenden Sequenzen und Anhängen an spezifische E. coli Regulationssequenzen. Deshalb wurde eine ganze Reihe von
Plasmidvektoren konstruiert, die eine regulierbare Hochexpression des
kodierenden Bereichs erlauben. Zu diesem Zweck wurden Promotor-Opera-
tor-Sequenzen mit Ribosomenbindungsstelle in Plasmidvektoren eingebaut,
die in E. coli gut untersucht waren, z.B. lac (Backman & Ptashne 1978)
trp (Edman et al. 1981) und der Promotor P_L des Bacteriophagen λ
(Bernard et al. 1979), oder durch Kombination von verschiedenen Ele-
menten neue Promotoren, tac (Aman et al. 1983), geschaffen. Alle diese
Konstrukte erlauben eine regulierte Expression, d.h. Repression der
Transkription während der Wachstumsphase, gezieltes Einschalten durch
Zugabe von Induktor oder Inaktivierung des Repressors für die Produk-
tionsphase. Das ist oft notwendig, weil Genprodukte toxisch für E. coli
sein können. In einigen Fällen hat sich gezeigt, daß die Expression
in Form eines Fusionsproteins das Produkt in den Zellen stabilisiert
(Itakura et al. 1977). Wenn die eukaryontische Peptidsequenz nicht in
authentischer Form vorliegen muß oder chemisch abgespalten werden kann,
ist es daher vorteilhaft, Fusionsproteine in E. coli zu exprimieren.
Eine Reihe von Vektoren ist entwickelt worden, die es erlauben, bei
Verwendung von unterschiedlichen Regulationssignalen wie lac (Koenen
et al. 1982), omp (Weinstock et al. 1983) und P_L (Weis et al. 1983)
die offenen Leserahmen als Fusionsprotein mit ß-Galaktosidase so zu
exprimieren, daß die ß-Galaktosidase-Funktion erhalten bleibt und mit
Hilfe von Farbtests eine einfache qualitative und quantitative Bestimmung der Expression erlaubt. Es wurde auch die Möglichkeit ausgenutzt,
die Ausbeute an Sequenz und Protein durch die Erhöhung der Genkopien-
zahl zu vergrößern. Zu diesem Zweck können von Kopienzahl-Mutanten des
Resistenzfaktors R 1 abgeleitete Plasmide verwendet werden, deren Re-

gulation temperatursensitiv ist, so daß nach Temperaturerhöhung auf
42° eine starke Erhöhung der Kopienzahl erreicht wird (Uhlin et al.
1979).

3. Plasmidvektoren zur Sequenzierung

Ein wesentliches Ziel der Klonierung ist oft die Bestimmung der Nukleotidsequenz. Für die Anwendung der Methode von Maxam und Gilbert (1977)
ist eine Voraussetzung die Isolierung von DNA-Fragmenten, die spezifisch
an einem Ende markiert sind. Um diese häufig aufwendige und zeitrauben-
de Isolierung zu umgehen, wurden spezielle Vektoren entwickelt, die
durch Kombination von Restriktionsschnittstellen (Rüther 1982) oder
Verwendung von Enzymen, die verschiedene überlappende Enden erzeugen,
(Volckaert et al., pers. Mitteilung) eine direkte Sequenzierung ohne
Fragmentisolierung ermöglichen.

M 13-VEKTOREN

Diese Art von Vektoren leitet sich von dem Einzelstrang-DNA-Virus M13
ab (fd und f 1 sind weitgehend identisch), das speziell F-Pili tragende
E. coli Stämme infiziert (Zinder & Boeke 1982). In der Zelle liegt
die replikative Form als doppelsträngige, geschlossen-zirkuläre DNA vor,
die wie Plasmid DNA isoliert und zur Klonierung verwendet werden kann.
Die Zellen werden durch die Infektion nicht abgetötet. Die Plaques stellen nur Bereiche mit verlangsamtem Wachstum dar. In den ausgeschiedenen
Virusartikeln liegt die DNA in einzelsträngiger Form vor. Zur Erleichte-
rung der Klonierung sind in das Genom eine Reihe von zusätzlichen Genen
(z.B. Antibiotika-Resistenzen oder lac α-Komplementation) und Klonierungsstellen eingebaut worden. Theoretisch können auch lange DNA-Stücke
kloniert werden, da die Virushülle proportional zur Genomlänge wächst.
In der Praxis werden meist nur relativ kurze Sequenzen kloniert,
da die Stabilität von Insertionen über 1 Kbp deutlich nachläßt. Klonierung in M13 wird daher meist zur Charakterisierung und Modifikation
kleinerer Fragmente benutzt. Die einzelsträngige DNA stellt das geeignete Substrat für die in vitro Mutagenese und die Sequenzierung nach
der Kettenabbruchmethode (Sanger et al. 1977) dar. Außerdem können
radioaktiv-markierte, strangspezifische Hybridisierungsproben mit hoher
spezifischer Aktivität hergestellt werden (Hu & Messing 1982). Die Vielfalt dieser Möglichkeiten ist in einem Übersichtsartikel von Messing,
dessen Serie von M13 mp-Vektoren auch die weiteste Anwendung gefunden
hat, detailliert beschrieben (Messing 1983).

λ -VEKTOREN

Der Bacteriophage λ ist ein lysogenes E. coli-Virus. Er besteht aus
einem icosaedrischen Kopf mit einem Radius von etwa 30 nm und einem
flexiblen Schwanz, der etwa 150 nm lang ist. Der Kopf enthält das
Genom in Form einer linearen doppelsträngigen DNA von einer Größe von
etwa 50 000 bp. Die Enden sind einzelsträngig und bestehen aus je 12
Nukleotiden, die zueinander komplementär sind. Der Bacteriophage
wurde als Modellsystem der molekularen Genetik außerordentlich intensiv
bearbeitet, so daß detaillierte Kenntnisse über die Regulation und
Funktion der Gene und ihrer Wechselwirkungen mit Wirtszellfunktionen
vorliegen (Hershey 1971; Hendrix et al. 1983). Vor kurzem ist auch
die vollständige Nukleotidsequenz des Prototyps λ cIts$_{857}$ Sam 7 be-

stimmt worden (Sanger et al. 1982)).

Nach der Infektion der Zelle wird die injizierte DNA über die kohäsiven Enden zirkularisiert. Dann wird über komplizierte regulatorische Funktionen entschieden, ob die weitere Vermehrung lysogen, d.h. durch passive Replikation nach Integration in das Wirtsgenom oder lytisch durch Produktion und Freisetzung von Phagenpartikeln erfolgt. Für die Klonierung ist hauptsächlich der lytische Zyklus von Interesse. Die meisten λ-Vektoren haben Mutationen, die den lysogenen Weg unmöglich machen (z.B. Deletion der Anhaftungsstelle und der für die Integration notwendigen Funktionen int/xis). Bei der lytischen Replikation wird zunächst die DNA in zirkulärer Form vermehrt, dann erfolgt die Umschaltung auf "rolling circle" Replikation, wodurch lange, oligomere DNA gebildet wird, die das Substrat für die Verpackungsreaktion darstellt (Skalka 1977).

Während dieser späten Phase des Infektionszyklus werden dann auch in großen Mengen die Strukturproteine für Phagen-Kopf und -Schwanz gebildet sowie die für die Lysis der Zelle notwendigen Proteine der Gene S und R. Die Kopfproteine werden zu leeren Hüllen zusammengebaut (preheads). Die Phagen-DNA wird durch Interaktion des pA-Nu1-Proteinkomplexes mit dem linken Ende der cos(cohesive end site)-Sequenz erkannt und unter Vergrößerung des Preheads in Gegenwart von ATP und Mg^{++}-Ionen in den Phagenkopf eingebaut. Dabei wird die DNA geschnitten, so daß die 12 bp langen kohäsiven Enden entstehen. D-Protein wird angelagert und der unabhängig gebildete Phagenschwanz an den vollen Kopf angeheftet, so daß reife Phagenpartikel entstehen (Hohn & Katsura 1977).

1. Verpackung in vitro

Diese komplexe, morphogenetische Reaktion kann auch in vitro durchgeführt werden und wurde so modifiziert, daß auch exogene, z.B. in vitro rekombinierte DNA effizient in infektiöse Partikel verpackt werden kann. Die notwendigen Funktionen für die Bildung von Phagenpartikeln werden durch eine Mischung von zwei komplementierenden Lysaten zur Verfügung gestellt, die in verschiedenen Schritten der Phagenmorphogenese defekt sind. Die Lysate werden durch Induktion entsprechender lysogener Stämme erzeugt. Das System von Hohn (Hohn B & Hohn T 1974) benutzt dafür Lysogene mit amber-Mutationen in den Capsid-Proteinen E und D, während Sternberg et al. (1977) Mutationen in Gen E und A benutzen. Die Effizienz der Verpackung für exogene DNA wird bei diesen Stämmen durch spezielle Mutationen erhöht: (1) ein temperatursensitiver Repressor erlaubt die Induktion der Synthese von Phagen-Proteinen durch Temperaturerhöhung von 30°C auf 42°C, (2) die Sam 7-Mutation verhindert die Lysis der Zellen, so daß die Phagenprodukte in der Zelle akkumuliert werden, (3) die b2-Deletion beschädigt die λ-Anheftungsstelle, wodurch das Ausschneiden und die Bildung von verpackbarer, endogener DNA reduziert wird und (4) die recA-Mutation im Wirtsgenom und die red3-Mutation des Prophagen verhindern Rekombination während der Verpackung. Im Vergleich zur Transformation ist in vitro Verpackung recht effizient. Etwa jedes hundertste Vektor-DNA-Molekül führt zur Bildung eines infektiösen Phagen. Essentiell für die Verpackung der DNA in vitro ist nur die Anwesenheit von zwei cos-sites in gleicher Orientierung im Abstand von etwa der Länge des λ Genoms (38 - 52 kbp). Für die Verpackungsreaktion kann das ganze Genom bis auf etwa 220 bp um die kohäsiven Enden durch Fremd-DNA ersetzt werden (Miwa & Matsubara 1982). Das ist auch die Grundlage für die Entwicklung der Cosmid-Vektoren (s.u.).

2. Klonierung in λ-Vektoren

Für den Ablauf des lytischen Zyklus' ist nur ein Teil des λ-Genes erforderlich, der ausgehend vom Promotor P_R über die Gene für Replikation, Zell-Lysis, DNA Erkennung und Reifung bis zum Ende des Operons der Gene für Kopf- und Schwanzbildung bei etwa 39,5 % der λ-Genkarte reicht und etwa 30 kbp des Genoms ausmacht. Die mittlere Region zwischen J und P_R kann durch Fremd-DNA ersetzt werden. Für die Verpackung von vermehrungsfähigen Phagen ist eine Genomlänge von 39 - 52 kbp notwendig. Diese Größenselektion erlaubt die Entwicklung von Insertions- und Austausch- (Replacement)-Vektoren und begrenzt gleichzeitig die Größe der in λ klonierbaren Fragmenten auf ca. 22 kbp. Durch Selektion in vivo und in vitro, bzw. durch Austausch von Segmenten mit homologen Funktionen lambdoider Phagen, war es möglich, Vektoren zu entwickeln, die Klonierungsschnittstellen nur im nicht essentiellen Bereich des Genoms haben. Bei Insertionsvektoren liegt eine einzelne Schnittstelle im nicht essentiellen Teil. Da sie für ihre eigene Vermehrung mindestens 39 kbp lang sein müssen, können sie maximal 13 kbp zusätzlich aufnehmen. Bei Austauschvektoren wird durch zwei oder mehr Restriktionsschnitte ein nicht essentieller Teil entfernt, so daß zwei Vektorarme entstehen, die alle nötigen Funktionen enthalten, aber zu kurz sind, um sich effizient zu vermehren. Ein vermehrungsfähiger Phage kann nach Entfernung der internen Fragmente nur entstehen, wenn Fremd-DNA integriert wird. Vektoren dieser Art sind z.B. λgt WES (Tiemeier et al. 1976) Charon 4A (Blattner et al. 1977) und λEMBL3 (Frischauf et al. 1983). Im Falle von λ EMBL3 läßt sich der Hintergrund an zurückgebildeten Vektorphagen auf sehr einfache Weise sowohl biochemisch als auch genetisch reduzieren. Die Möglichkeit einer positiven, direkten Selektion auf Hybridphagen wurde häufig bei der Herstellung von Genbanken von komplexen Genomen benutzt (Maniatis et al. 1978; Lawn et al. 1978). Daneben wurden für die direkte Selektion von Hybridphagen noch Vektoren entwickelt, die auf speziellen Wirtsstämmen nicht vermehrungsfähig sind, wenn Funktionen des Vektors nicht durch Insertion von Fremd-DNA zerstört werden (Davison et al. 1979). Nachweis der Integration von Fremd-DNA ist bei einigen Vektoren durch Änderung der Plaque-Morphologie (Murray et al. 1977), Inaktivierung eines ß-Galactosidase-Gens (Blattner et al. 1977) oder anderer komplementierender Gene möglich. λ-Vektoren werden bevorzugt zur Etablierung von Genbanken verwendet, aber auch Hochexpression spezieller Genprodukte in E. coli und Bildung von Fusionsproteinen mit ß-Galaktosidase ist möglich. Für nähere Information über die Vielfalt der Vektoren und der verwendbaren genetischen Tricks sei auf den Überblicksartikel von Williams und Blattner (1980) sowie auf das von Hendrix et al. (1983) herausgegebene Buch verwiesen.

COSMID-VEKTOREN

Plasmide, die die cos-Stelle des Bakteriophagen λ enthalten, wurden Cosmide genannt (Collins & Hohn 1979). Sie verbinden die Eigenschaften von Plasmidvektoren mit einigen Besonderheiten des λ-Systems. Wie Plasmidvektoren können sie klein sein, da sie neben der cos-Stelle nur die Funktionen für autonome Replikation und ein Gen für die Selektion benötigen. Dadurch ist das System vielseitig und leicht an spezielle Bedürfnisse anpaßbar. Durch Einführung der cos-Stelle können Plasmidvektoren mit einer Vielzahl von Klonierungsstellen und Replikationsfunktionen, Selektionsmöglichkeiten für Pro- und Eukaryonten in Cosmide verwandelt werden. Die cos-Stelle andererseits eröffnet die Möglichkeit, das λ -in vitro-Verpackungssystem zu benutzen, wenn durch Ligation von Fremd-DNA mit dem Cosmidvektor in vitro DNA-Moleküle erzeugt werden, die die strukturellen Voraussetzungen, nämlich die Anwesenheit von zwei cos-Stellen in tandem mit einem Abstand von etwa 50 kbp, erfüllen. Diese Größenselektion (38-52 kbp) des Verpackungssystems stellt unter geeigneten Bedingungen eine starke Selektion für Hybridmoleküle dar, und die in Phagenhüllen verpackten Cosmide lassen sich wie λ Phagen sehr effizient in die Zelle transduzieren. Da die Cosmidvektoren sehr klein sein können, läßt sich der größte Teil der Verpackungskapazität für

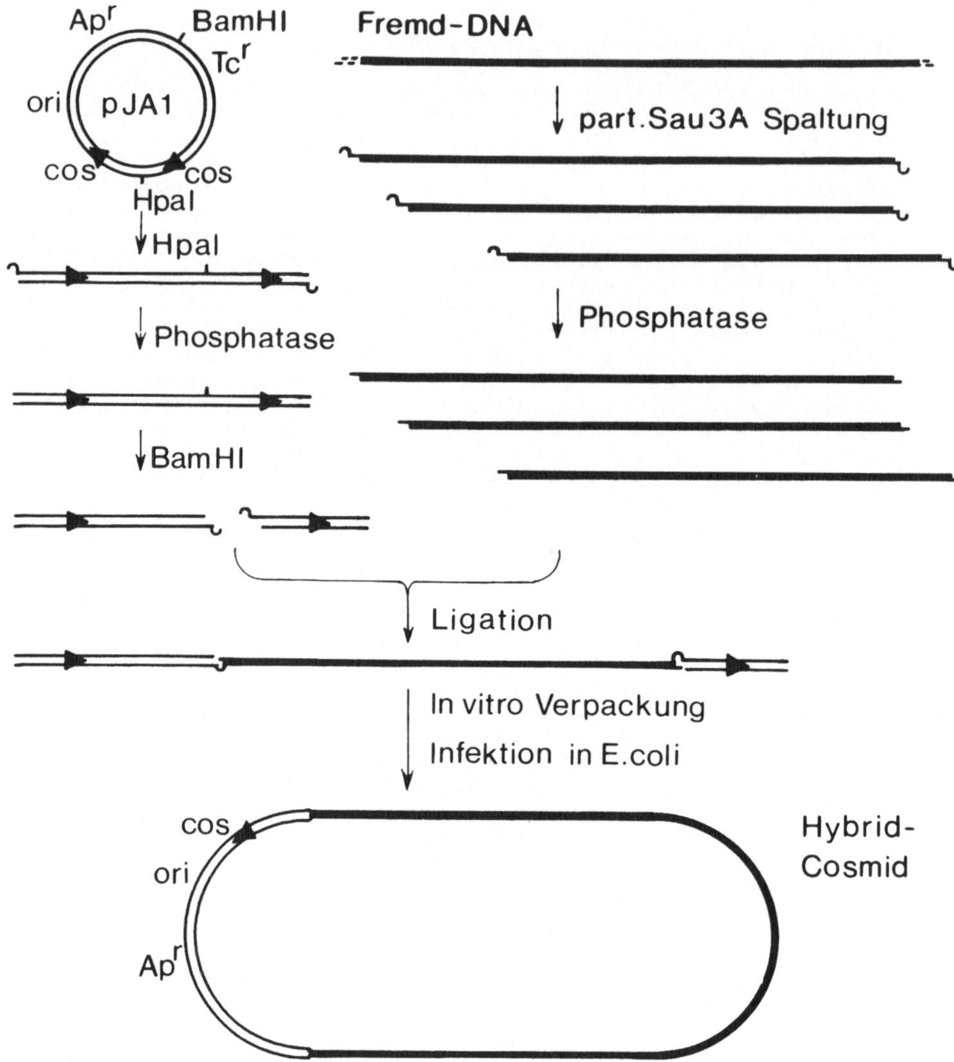

Abb. 1: Herstellung von Cosmid-Genbanken mit Doppel-cos-Vektoren: Die Cosmidvektor-DNA pJA-1 wird an der singulären Hpa I-Stelle zwischen den beiden cos-Stellen geschnitten. Durch Dephosphorylierung wird die Wiederverknüpfung unmöglich gemacht. Bam HI-Spaltung führt zur Bildung von zwei Vektorarmen mit je einer cos-Stelle. In diese Bam HI-Stelle wird partiell mit Sau 3A geschnittene, dephosphorylierte Fremd-DNA ligiert. Durch in vitro Verpackung werden Moleküle, die zwei cos-Stellen in gleicher Orientierung im Abstand von etwa 50 kb haben, selektioniert. Nach Infektion in E. coli erhält man große zirkuläre Hybridcosmide. Polycosmid-Bildung und Verknüpfung von nicht zusammengehörenden Fremd-DNA Fragmenten sind ausgeschlossen

die Verpackung von Fremd-DNA nutzen. Deshalb ist die Benutzung von Cosmidvektoren immer dann zu überlegen, wenn es von Vorteil ist, möglichst große genomische DNA-Abschnitte zu erhalten. Das trifft allgemein zu für die Herstellung von Genbanken komplexer Genome, "Chromosome Walking" Experimente zur Untersuchung der Kopplung komplexer Genorte, z.B. des MHC-Locus (Steinmetz et al. 1982) und für die Isolierung von Gen-Clustern (Grosveld et al. 1981; Lund et al. 1984). Von besonderer Bedeutung ist die Isolierung von großen Genomfragmenten, wenn eukaryontische Gene auf der Basis funktioneller Genexpression in höheren Zellen nach DNA vermitteltem Gen-Transfer untersucht werden sollen, da die Signale für die Genexpression und der kodierende Bereich gemeinsam kloniert werden müssen. Wegen der Anwesenheit von Introns sind die meisten bisher analysierten eukaryontischen Gene viel größer als die für das Protein kodierende Sequenz. Einige Gene, wie z.B. das 25 kbp lange CAD-Gen (De Saint Vincent 1981) dürften in einem der anderen Klonierungssysteme kaum klonierbar sein, andere z.B. HGPRT (Melton et al. 1984) erreichen sogar die Grenzen der Kapazität des Cosmidsystems.

Das grundlegende Verfahren zur Herstellung von Cosmidgenbanken wurde von Hohn und Collins (1980) und Collins und Brüning (1978) entwickelt. Der Cosmid-Vektor wird an der Klonierungsstelle geschnitten und mit großen Fremd-DNA-Fragmenten ligiert, so daß gemischte Polymere entstehen. Durch die Verpackung der ligierten DNA werden die Moleküle selektioniert und in transduzierende Partikel verpackt, bei denen zwei cos-Stellen des Vektors in gleicher Orientierung im Abstand von 38 - 52 kbp vorhanden sind. Da bevorzugt große Fragmente kloniert werden, ist es notwendig, daß die Ausgangs-DNA hochmolekular ist ($\leq$ 150 kbp). Um eine zufällige Population von überlappenden Klonen zu erzeugen, sollte die genomische DNA möglichst statistisch geschnitten werden. Das wird am einfachsten annähernd erreicht durch Verdau mit Restriktionsenzymen, die eine 4bp-Erkennungssequenz haben, z.B. <u>Sau</u>3A für <u>Bam</u>HI-Vektoren und <u>Msp</u>I und <u>Taq</u>I für <u>Cla</u>I-Vektoren. Die Ligation mit der Vektor DNA muß Vektor-Insert-Konkatemere erzeugen und daher unter Bedingungen durchgeführt werden, bei denen intermolekulare Verknüpfung gegenüber der intramolekularen Ligation bevorzugt ist. Die <u>in vitro</u> verpackten Cosmide können wie beim λ -System durch Infektion effizient in <u>E. coli</u> Wirtsstämme eingebracht werden. Um die Cosmide stabil zu halten, sollten nach Möglichkeit Rekombinations- defiziente Stämme verwendet werden. Wegen der hohen Anforderungen an die Ausgangs-DNA und einiger Nebenprodukte der Ligationsreaktion (Polyvektorverpackung, Verknüpfung von nicht zusammengehörenden Insertfragmenten) wurde die Herstellung guter Cosmidgenbanken als problematischer angesehen als die Herstellung von λ -Genbanken. Auch Amplifikation und Konservierung waren zunächst weniger einfach, da die Klone als Einzelkolonien auf Agarplatten isoliert und am Leben gehalten werden mußten. Durch methodische Weiterentwicklungen sind diese Probleme aber weitgehend gelöst.

Eine wesentliche Verbesserung stellt die Methode von Ish-Horowicz und Burke (1981) dar. Es werden zwei Vektorarme mit cos-Stelle isoliert, die nach Dephosphorylierung auf einer Seite nur noch einseitig ligierbar sind und so die Bildung von Polyvektoren nicht mehr zulassen. Damit ist es möglich, die Insert-DNA zu dephosphorylieren, so daß auch falsche Ligation von Insert-Fragmenten unmöglich wird. Eine weitere Vereinfachung dieser Methode wurde durch Entwicklung von Doppel-cos-Vektoren erreicht (Poustka et al. 1984; Albrecht et al., unveröffentlicht), die ohne Fragmentisolierung das Herstellen der Vektorarme ermöglichen (Abb. 1).

Eine weitere Entwicklung, die das Arbeiten mit Cosmidgenbanken erleichtert, ist die Verpackung <u>in vivo</u>. Wie wir gezeigt haben (Lindenmaier et al. 1982), ist es möglich, <u>E. coli</u>-Cosmidgenbanken, die in einem λ -lysogenen Stamm hergestellt werden, in Phagenpartikel zu verpacken, wenn

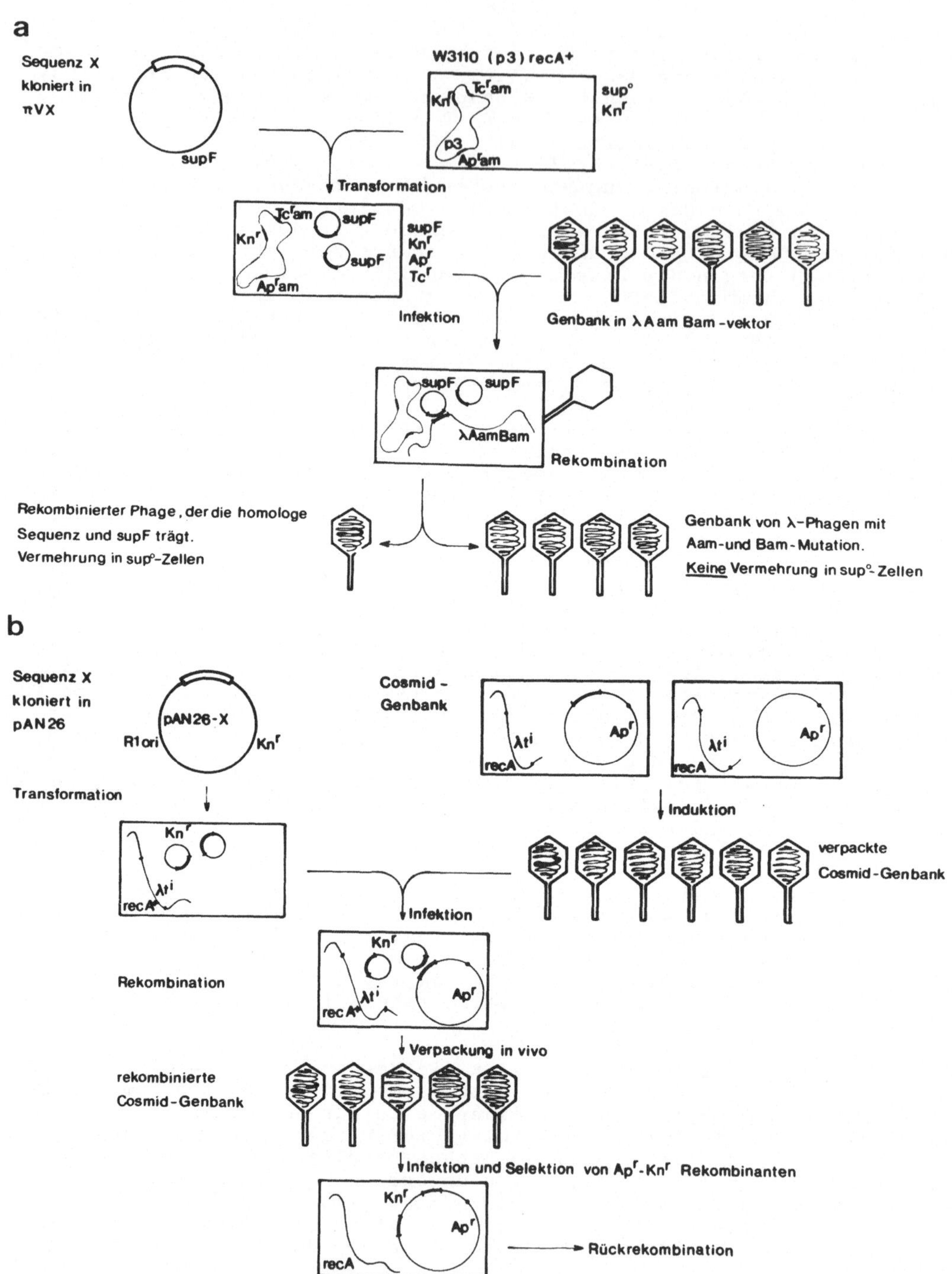

Abb.2: Isolierung von Genen durch Rekombination in vivo. a) Isolierung aus λ-Genbanken: Rekombinierte Klone sind unabhängig von einem exogenen Suppressorgen. b) Isolierung aus Cosmidgenbanken: Rekombinierte Klone tragen die Antibiotikaresistenzgene des Cosmidvektors und des Rekombinationsplasmids

die Verpackungsproteine durch Induktion eines Prophagen zur Verfügung gestellt werden, ohne daß die Repräsentanz einzelner Gene wesentlich verändert wird. Auf diese Weise können auch komplexe Genbanken (z.B. Human- und Maus-Genbanken) in Form von Cosmid-Lysaten amplifiziert und konserviert werden. Für die Koloniehybridisierung können die Zellen mit einer vorbestimmten Zahl von Cosmidpartikeln infiziert werden. Außerdem ist es leicht möglich, die Genbank oder einzelne Cosmid-Klone in Wirtszellen mit speziellen genetischen Eigenschaften zu transferieren (z.B. für die Veränderung der Modifikation oder für die Rekombination (s.u.).

IDENTIFIZIERUNG UND ISOLIERUNG VON GENEN AUS λ-UND COSMID-GENBANKEN DURCH HOMOLOGE REKOMBINATION IN VIVO

Für die Isolierung von Genen, die in nur einer Kopie pro Genom vorliegen, aus λ - und Cosmidgenbanken werden sehr sensitive _in situ_ Plaque- bzw. Kolonie-Hybridisierungsverfahren entwickelt (Benton & Davis 1977; Hanahan & Meselson 1980; Cami & Kourilsky 1978). Diese Methoden erfordern jedoch das Hantieren mit einer beträchtlichen Zahl von Nitrocellulosefiltern und heiß markierten radioaktiven Hybridisierungsproben. Dieser Aufwand kann vermieden werden, wenn die Fähigkeit der Zelle, homologe Sequenzen spezifisch zu erkennen und zu rekombinieren, ausgenutzt wird. Ein Verfahren dieser Art, das die direkte Selektion spezifischer Gene erlaubt, wurde zuerst von B. Seed (1983) für λ-Genbanken entwickelt (Abb. 2a).

Voraussetzung dafür ist, daß ein Teil des gesuchten Gens, z.B. in Form der cDNA, vorhanden ist, und daß eine Genbank des Organismus' in einem λ-Vektor mit amber-Mutationen etabliert wurde. Die cDNA-Sequenz wird dann in ein sehr kleines Plasmid (π VX), das aus Replikationsorigin, Poly-Klonierungsstelle und einem SupF-Gen besteht, kloniert. Die Selektion des Rekombinationsplasmids erfolgt durch Suppression von amber-Mutationen in Antibiotikaresistenzgenen eines Plasmids (P3) im Rekombinationsstamm. Der Stamm mit dem Rekombinationsplasmid wird mit der λ-Genbank infiziert. Wenn homologe Sequenzen vorhanden sind, kann durch homologe Rekombination das Plasmid mit dem Suppressorgen in das Phagengenom integriert werden. Die so entstandenen Rekombinanten sind dann unabhängig von einer Suppressor-Mutation im Wirtsstamm und können auf Sup°-Zellen direkt selektioniert werden.

Ein ganz analoges System wurde von uns (Lindenmaier et al., unveröffentlicht) und der Gruppe von H. Lehrach (Poustka et al. 1984) für die Isolierung von Genen aus Cosmidgenbanken entwickelt (Abb. 2b). Voraussetzung ist, daß (1) hochtitrige Cosmidgenbank-Lysate hergestellt werden und (2) Cosmid- und Rekombinationsplasmid-Vektoren keine Homologien haben. Wir haben Plasmidvektoren, die vom Resistenzfaktor R 1 abgeleitet sind und ein Kanamycinresistenzgen tragen, hergestellt, die keine Homologie zu pBR 322 Derivaten (z.B. pHC79) haben. Lehrach's System benutzt ein R6K-Cosmid in Verbindung mit pUC-Vektoren (Messing & Vieira 1982) als Rekombinationsplasmide. Die homologe Sequenz wird in das Rekombinationsplasmid integriert und in einem λ-lysogenen recA$^+$ Stamm kloniert. Dieser Stamm wird mit dem Cosmidbanklysat infiziert. Wenn Rekombination stattgefunden hat, entstehen nach _in vivo_ Verpackung doppelresistente, transduzierende Partikel, die durch Infektion in einen geeigneten Wirtsstamm leicht selektioniert werden können. Auf diese Weise wurden Gene aus dem t-Komplex der Maus (Poustka et al. 1984) und das humane IL-2 Gen (Lindenmaier et al., unveröffentlicht) isoliert.

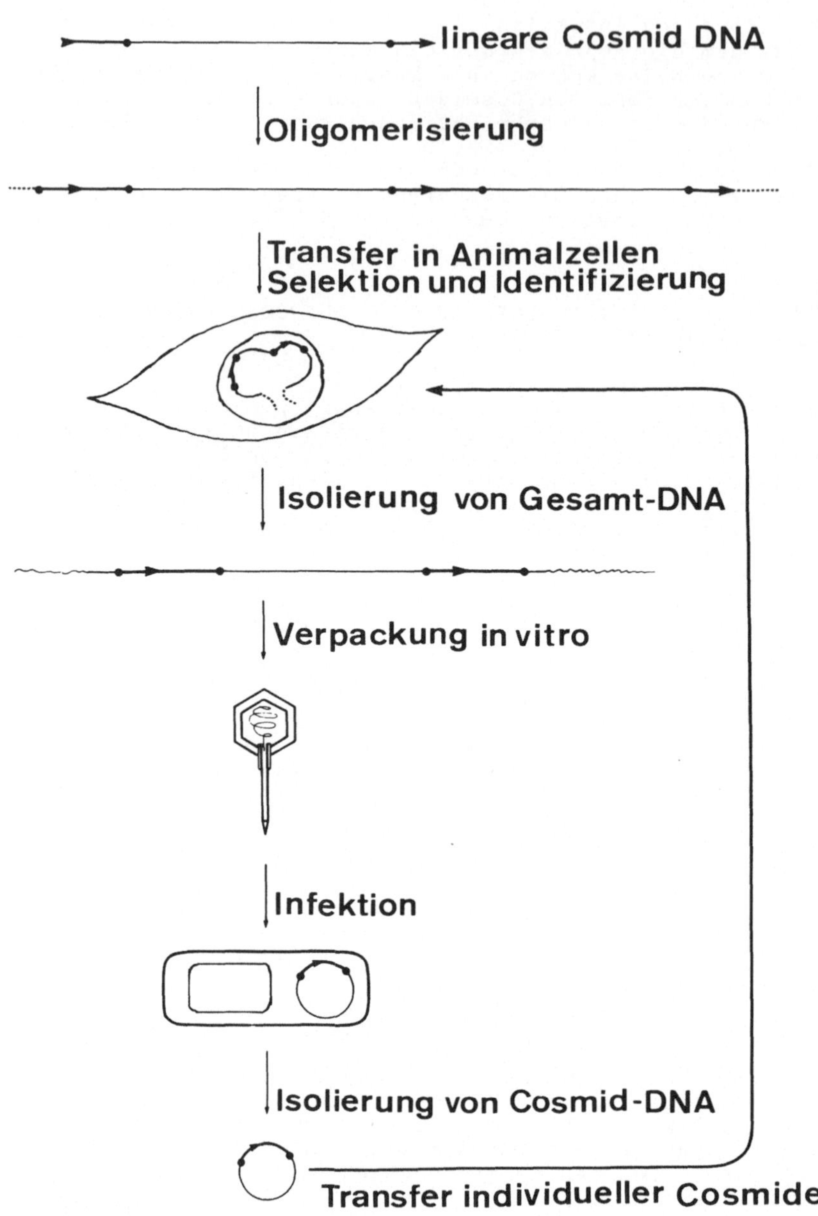

<u>Abb. 3:</u> Genisolierung durch "Cosmid-Shuttle": Durch in vivo Verpackung einer Cosmidgenbank, die mit einem in Animalzellen selektionierbaren Vektor hergestellt wurde, wird lineare DNA gewonnen. Ligation führt zu tandemartigen Oligomeren mit geschützten, funktionellen cos-Stellen. Nach Transfer in Animalzellen werden transformierte Klone selektioniert und auf Expression des gesuchten Gens untersucht. Aus der Gesamt-DNA des entsprechenden Klons werden Cosmide durch in vitro-Verpackung isoliert. Identifizierung des Gens erfolgt durch Gentransfer mit individuellen Cosmiden

"COSMID-SHUTTLE": ISOLIERUNG VON COSMIDKLONEN NACH EXPRESSION IN EUKARYONTISCHEN ZELLEN

Normalerweise ist eine direkte Selektion von eukaryontischen Genen in E. coli nicht möglich, da die regulatorischen Sequenzen nicht erkannt werden. Deshalb sind die meisten Gene aus höheren Zellen isoliert worden, indem mit einer spezifischen DNA oder RNA die Anwesenheit der entsprechenden Sequenz in Genbanken nachgewiesen wurde. Die meisten bisher isolierten Gene sind daher solche, die relativ stark exprimiert werden. Isolierung von sehr schwach exprimierten Genen oder Gene für die spezifisches Gewebe nicht in ausreichender Menge zur Verfügung steht, sind mit dieser Methode nur sehr schwer zugänglich. Andererseits sind häufig sensitive immunologische oder biologische Tests vorhanden für Gene, die auf der molekularen Ebene nicht gut charakterisiert sind. Die Isolierung solcher Gene ist möglich, wenn ein funktioneller Nachweis des Genproduktes in geeigneten Wirtszellen gelingt und die Reisolierung in E. coli möglich ist.

Durch DNA-vermittelten Gentransfer lassen sich heterologe Gene in Animalzellen transferieren (Graham & Van Der Eb 1973; Beitrag von H. Hauser). In vielen Fällen wurde nachgewiesen, daß eukaryontische Gene funktionell exprimiert werden. Die Methode ist effizient genug, um Gene, die einmal pro Genom vorkommen, bei der Verwendung von Gesamt-DNA nachzuweisen. Einige direkt selektionierbare Gene, z.B. Hühnerthymidinkinase (Perucho et al. 1980), APRT (Lowy et al. 1980), ein Onkogen aus Blasenkrebszellen (Goldfarb et al. 1982) konnten isoliert werden durch Selektion transformierter Zellen, Reklonierung und Nachweis von kotransferierten pro- bzw. eukaryontischer Sequenzen. Für nicht direkt selektionierbare Gene ist diese Methode jedoch kaum anwendbar, unser Cosmid-Shuttle-Verfahren (Abb. 3) sollte die Isolierung solcher Gene jedoch ermöglichen. Dabei wird zunächst eine Cosmidgenbank in E. coli hergestellt unter Verwendung eines Vektors, der ein in Animalzellen selektionierbares Gen trägt (Lindenmaier et al. 1982; Grosveld et al. 1982; Brady et al. 1984). Durch in vivo Verpackung läßt sich lineare DNA mit kohäsiven Enden von λ erzeugen. Ligation führt zu Oligomeren mit funktionellen cos-Stellen, die in die Animalzellen transfiziert wird. Dabei werden relativ große Mengen (bis zu 2000kb (Perucho et al. 1980)) an exogener DNA aufgenommen und ins Genom integriert.

Nach Selektion von transformierten Zellen und Nachweis der gesuchten Funktion lassen sich die integrierten Cosmide durch einfaches in vitro Verpacken der Gesamt-DNA und Infektion in E. coli reklonieren. Da jede Zelle mehrere Cosmide aufgenommen haben kann, ist ein individueller Test der reisolierten Cosmide notwendig. In Modellversuchen konnten wir zeigen, daß in in vitro Verpackung effizient und spezifisch genug ist, transfizierte Cosmide direkt aus chromosomaler DNA zu verpacken. Am Beispiel der Isolierung des direkt selektionierbaren humanen Thymidinkinase-Gens (Lindenmaier et al. 1984, unveröffentlicht; Lau & Kan 1984) wurde gezeigt, daß sich diese Methode zur Isolierung von Einzelkopie-Genen eignet. Mit Hilfe eines selektionierbaren Vektors haben wir eine Mauszell-Cosmidbank von etwa 8000 individuellen Klonen aufgebaut, die den Nachweis und die Isolierung weiterer Gene erlauben sollte.

ZUSAMMENFASSUNG

Wie bereits betont, gibt es kein generelles Klonierungssystem. Jedes der vier hier kurz besprochenen Systeme hat seine speziellen Vor- und Nachteile. λ -und Cosmidvektoren eignen sich besonders zur Herstellung

von Genbanken komplexer Genome. λ-Vektoren sind sicherlich schwieriger
zu modifizieren was Klonierungsstellen, Selektionsmöglichkeiten etc.
angeht. Auf der anderen Seite erleichtert die genaue genetische und
molekularbiologische Kenntnis des Systems das Arbeiten mit λ-Vektoren.
Cosmide haben von den etablierten Sytemen die höchste Effizienz für
sehr große Genomabschnitte und sind deshalb möglicherweise gelegentlich
weniger stabil. Aber sie sind sehr einfach zu modifizieren, so daß die
Einführung von zusätzlichen Klonierungsstellen oder von Replikationsfunktionen und Selektionsgenen für andere Wirte leicht möglich ist.
Für die detaillierte Analyse von klonierten DNA- Stücken bieten sich
M13- und Plasmid-Vektoren an. M13- Vektoren sind speziell zur Sequenzierung und <u>in vitro</u> Mutagenese geeignet. PlasmidVektoren gibt es für eine
Vielzahl von Aufgaben, insbesondere cDNA-Klonierung, genaue Kartierung,
Anpassung der Sequenzen für spezielle Regulationsuntersuchungen und
schließlich Hochproduktion von Proteinen für Anwendungszwecke. Die Tabelle 1 faßt die Eigenschaften einiger wichtiger Vektoren noch einmal
zusammen.

LITERATUR

Aman E, Brosius J, Ptashne M (1983) Vectors bearing a hybrid trp-lac
    promotor useful for regulated expression of cloned genes in Escheri-
    chia coli. Gene 25:167-178
Backman K, Ptashne M (1978) Maximizing gene expression on a plasmid
    using recombination <u>in vitro</u>. Cell 13:65-71
Benton W, Davis R (1977) Screening λ gt recombinant clones by hybridiza-
    tion to single plaques in situ. Science 196:180-182
Bernard H-M, Remaut E, Hershfield MV, Das HK, Helinski DR, Yanofsky, C,
    Franklin N (1979) Construction of plasmid cloning vesicles that pro-
    mote gene expression from the bacteriophage lambda P_L promoter. Gene
    5:59-76
Blattner FR, Williams BG, Blechl AE, Deniston-Thompson K, Faber HE, Fur-
    long L-A, Grunwald DJ, Kiefer DO, Moore DD, Sheldon EL, Smithies O
    (1977) Charon phages: Safer derivatives of bacteriophage lambda for
    DNA cloning. Science 196:161-169
Bolivar F, Rodrigues RL, Greene PJ, Betlach MC, Heynecker HL, Boyer HW,
    Crosa JM, Falkow S (1977b) Construction and characterisation of new
    cloning vehicles. II. A multipurpose cloning system. Gene 2:93-113
Bolivar F (1978) Construction and characterization of new cloning vehic-
    les III. Derivatives of plasmid pBR322 carrying unique EcoRI sites
    for selection of EcoRI generated recombinant DNA molecules. Gene 4:
    121-136
Brady G, Jantzen HM, Bernard HU, Brown R, Schütz G, Hashimoto- Gotoh
    T(1984) New cosmid vectors developed for eukaryotic DNA cloning. Gene
    27:223-232
Breathnach R, Mandel JL, Chambon P (1977) Ovalbumin gene is split in
    chicken DNA. Nature (London) 270:314-319
Broome S, Gilbert W (1978) Immunological screening method to detect spe-
    cific translation products. Proc. Natl. Acad. Sci. (U.S.A.) 75:2746-
    2749
Cami B, Kourilsky P (1978) Screening of cloned recombinant DNA in bac-
    teria by <u>in situ</u> colony hybridization. Nucleic Acids Res. 5:2381-2390
Clarke L, Carbon J (1976) A colony bank containing synthetic ColE1 hy-
    brid plasmids representative of the entire <u>E. coli</u> genome. Cell 9:
    91-99
Clewell DB (1974) Nature of ColE1 plasmid replication in E. coli in the
    presence of chloramphenicol. J. Bacteriol. 110:667-676
Collins J, Hohn B (1979) Cosmids: a type of plasmid gene-cloning vector
    that is packagable in vitro in bacteriophage λ heads. Proc. Natl. Acad.
    Sci. (U.S.A.) 75:4242-4246

Collins J, Brüning HJ (1978) Plasmids usable as gene-cloning vectors
in an in vitro packaging by coliphage 'cosmids'. Gene 4:85-107
Dagert M, Ehrlich SD (1979) Prolonged incubation in calcium chloride
improves the competence of Escherichia coli cells. Gene 6:23-28
Davison J, Brunel F, Merchez M (1979) A new host-vector system allowing
selection for foreign DNA inserts in bacteriophage λgt WES. Gene 8:69-
80
Derynck R, Content J, DeClerq E, Volckaert G, Tavermier J, Devos R,
Fiers W (1980) Isolation and structure of a human fibroblast interferon gene. Nature 285:542-546
De Saint Vincent BR, Delbrück S, Eckhart W, Meinkoth J, Vitto L, Wahl G
(1981) The cloning and reintroduction into animal cells of a functional CAD gene, a dominant amplifiable genetic marker. Cell 27:267-277
Edman JC, Hallewell RA, Valenzuela P, Goodman HM, Rutter WJ (1981)
Synthesis of hepatitis B surface and core antigens in E. coli. Nature
291:503-506
Efstratiadis A, Kafatos FC, Maxam AM, Maniatis T (1976) Enzymatic in
vitro synthesis of globin genes. Cell 7:279-288
Ehrlich M, Cohen S, McDevitt H (1978) A sensitive radioimmunoassay for
detecting products translated from cloned DNA fragments. Cell 13:681-
689
Frischauf A-M, Lehrach H, Poustka A, Murray N (1983) Lambda replacement
vectors carrying polylinker sequences. J. Mol. Biol. 170:827-842
Goeddel VD, Shephart HM, Yelverton E, Leung D, Crea R (1980) Synthesis
of human fibroblast interferon by E. coli. Nucleic Acid Res. 8:4057-
4074
Goldfarb M, Shimizu K, Perucho M, Wigler M (1982) Isolation and preliminary characterization of a human transforming gene from T24 bladder
carcinoma cells. Nature 296:404-409
Graham F, Van Der Eb L (1973) A new technique for the assay of infectivity of human adenovirus 5 DNA. Virology 52:1156-1167
Grosveld FG, Dahl HHM, de Boer E, Flavell RA (1981) Isolation of ß-globin related genes from a human cosmid libray. Gene 13:227-237
Grosveld FG, Lund T, Murray EJ, Mellor AL, Dahl HHM, Flavell RA (1982)
The construction of cosmid libraries which can be used to transform
eukaryotic cells. Nucleic Acid Res. 10:6715-6732
Grunstein M, Hogness D (1975) Colony hybridization: A method for the
isolation of cloned DNAs that contain a specific gene. Proc. Natl.
Acad. Sci. (U.S.A.) 72:3961-3965
Hanahan D, Meselson M (1980) Plasmid screening at high density. Gene
10:63-67
Hanahan D (1983) Studies on Transformation of Escherichia coli with
Plasmids. J. Mol. Biol. 166:557-580
Hendrix RW, Roberts JW, Stahl FW, Weisberg RA (1983) (eds) Lambda II,
Cold Spring Harbor. New York
Hershey A (1971))ed) The Bacteriophage Lambda. Cold Spring Harbor.
New York
Hofschneider PH, Goebel W (1982) (eds) Gene cloning in Organisms other
than E. coli. In: Current Topics in Microbiology and Immunology,
vol 96. Springer Verlag, Berlin Heidelberg New York
Hohn B, Hohn T (1974) Activity of empty headlike particles for packag-
ing of bacteriophage λ in vitro. Proc Natl. Acad. Sci. (U.S.A.) 71:
2372-2376
Hohn B, Collins J (1980) A small cosmid for efficient cloning of large
DNA fragments. Gene 11:291-298
Hohn T, Katsura I (1977) Structure and assembly of bacteriophage Lamb-
da. Curr. Top. Microbiol Immunol. 78:69-110
Hu N-T, Messing J (1982) The making of strand-specific M13 probes.
Gene 17:271-277
Ish-Horowicz D, Burke JF (1981) Rapid and efficient cosmid vector clo-
ning. Nucleic Acids Res. 9:2989-2998
Itakura K, Hirose T, Crea R, Riggs AD, Heynecker HL, Bolivar F, Boyer

HW (1977) Expression in E. coli of a chemically synthesized gene
for the hormone somatostatin. Science 198:1056-1063
Koenen M Rüther U, Müller-Hill B (1982) Immunoenzymatic detection of
expressed gene fragments cloned in the lac Z gene of E. coli. EMBO
J. 1:509-512
Land HM, Grez M, Hauser H, Lindenmaier W, Schütz G (1981) 5'-terminal
sequences of eukaryotic mRNA can be cloned with high efficiency.
Nucleic Acids Res. 9:2251-2266
Lau Y-F, Kan WY (1984) Direct isolation of the functional human thymi-
dine kinase gene with a cosmid shuttle vector. Proc. Natl. Acad. Sci.
(U.S.A.) 81:414-418
Lawn RM, Fritsch EF, Parker RC, Blake G, Maniatis T (1978) The isolation
and characterization of a linked α -and ß-globin gene from a cloned
library of human DNA. Cell 15:1157-1174
Lindenmaier W, Hauser H, Greiser de Wilke I, Schütz G (1982) Gene shutt-
ling: mooving of cloned DNA into and out of eukaryotic cells. Nucleic
Acid Res. 10:1243-1256
Lowy I, Pellicer A, Jackson JF, Sim GK, Silverstein S, Acel R (1980)
Isolation of transforming DNA: Cloning of the hamster aprt gene. Cell
22:817-823
Lund B, Edlund G, Lindenmaier W, Ny T, Collins J, Lundgren E, von Gabain
A (1984) Novel cluster of α -interferon gene sequences in a placental
cosmid DNA library. Proc. Natl. Acad. Sci. (U.S.A.) 81:2435-2439
Maniatis T, Hardison RC, Lacy E, Lauer J, O'Connell C, Quon D, Sim DK,
Efstratiadis A (1978) The isolation of structural genes from libra-
ries of eukaryotic DNA. Cell 15:687-701
Maxam AM, Gilbert W (1977) A new method for sequencing DNA. Proc. Natl.
Acad. Sci. (U.S.A.) 74:560-564
Melton DW, Konecki DS, Brennand J, Caskey CT (1984) Structure, express-
ion, and mutation of the hypoxanthine phosphoribosyl transferase
gene. Proc. Natl. Acad. Sci. (U.S.A.) 81:2147-2151
Messing J, Vieira J (1982) A new pair of M 13-vectors for selecting
either DNA strand for double digest restriction fragments. Gene 19:
269-276
Messing J (1983) New M 13 vectors for cloning. In: Wu, R (ed) Methods
in Enzymology, vol 101. Academic Press, New York, pp 20-78
Miwa T, Matsubara K (1982) Identification of sequences necessary for
packaging DNA into lambda phage heads. Gene 20:267-279
Murray NE, Brammer WJ, Murray K (1977) Lamboid phages that simplify the
recovery of in vitro recombinants. Mol. Gen. Genet. 150:53-61
Okayama H, Berg P (1982) High-efficiency cloning of full-length cDNA.
Mol. Cell. Biol. 2:161
Perucho M, Hanahan D, Lipsich L, Wigler M (1980) Isolation of the
chicken thymidine kinase gene by plasmid rescue. Nature (London)
285:207-211
Perucho M, Hanahan D, Wigler M (1980) Genetic and physical linkage
of exogenous sequences in transformed cells. Cell 22:309-317
Poustka A, Rackwitz H-R, Frischauf A-M, Hohn B, Lehrach H (to be pub-
lished) Selective isolation of cosmid clones by homologous recombi-
nation in E. coli. Proc. Natl. Acad. Sci. (U.S.A.)
Remaut E, Stanssens P, Fiers W (1981) Plasmid vectors for high-efficiency expression controlled by the P_L promoter of coliphage lambda.
Gene 15:81-93
Retzel EF, Collet MS, Faras AJ (1980) Enzymatic synthesis of deoxyribonucleic acid by the avian retrovirus reverse transcriptase in vitro:
Optimum conditions required for transcription of large ribonucleic
acid templates. Biochemistry 19:513-518
Royal A, Garapin A, Cami B, Perrin F, Mandel JL, Le Meur M, Brégégègre
F, Gannon F, Chambon P, Kourilsky P (1979) The ovalbumine gene region: common features in the organisation of three genes expressed
in chicken oviduct under hormonal control. Nature 279:125-132
Rüther U (1982) pUR 250 allows rapid chemical sequencing of both strands
of its inserts. Nucleic Acid Res. 10:5765-5772

Sanger F, Nicklen S, Coulson AR (1977) DNA sequencing with chain- termi-
    nating inhibitors. Proc. Natl. Acad. Sci. (U.S.A.) 74:5463-5467
Sanger F, Coulson AR, Hong GF, Hill DF, Petersen GB (1982) Nucleotide
    sequence of bacteriophage λ DNA. J. Mol. Biol. 162:729-773
Seed B (1983) Purification of genomic sequences from bacteriophage li-
    braries by recombination and selection in vivo. Nucleic Acid Res.
    11:2427-2445
Setlow JK, Hollaender A (eds) Genetic Engineering, Principles and Me-
    thods, vol 1 ff. Plenum Press, New York London
Skalka AM (1977) DNA-replication-bacteriophage Lambda. Curr. Top. Micro-
    biol. Immunol. 78:201-238
Steinmetz M Winoto A, Minard K, Hood L (1982) Clusters of genes encoding
    mouse transplantation antigens. Cell 28:489-498
Sternberg N, Tiemeier D, Enquist L (1977) In vitro packaging of a λ Dam
    vector containing EcoRI DNA fragments of Escherichia coli and phage
    P 1. Gene 1:255-280
Sutcliffe JG (1979) Complete nucleotide sequence of the Escherichia
    coli plasmid pBR322. Cold Spring Harbor Symp. Quant. Biol. 43:77-90
Tiemeier D, Enquist L, Leder P (1976) Improved derivative of a phage λ
    EK2 vector for cloning recombinant DNA. Nature 263:526-527
Tilghman SM, Tiemeier DC, Polsky F, Edgell MH, Seidman JG, Leider A,
    Enquist LW, Norman B, Leder P (1977) Cloning specific segments of
    the mammalian genome: Bacteriophage λ containing mouse globin and
    surrounding gene sequences. Proc. Natl. Acad. Sci. (U.S.A.) 74:4406-
    4410
Tonegawa S, Brack C, Hozumi N, Schuller R (1977) Cloning of the immuno-
    globulin variable region gene from mouse embryo. Proc. Natl. Acad.
    Sci. (U.S.A.) 74:3518-3522
Twigg AJ, Sherratt D (1980) Trans-complementable copy-number mutants of
    plasmid ColE$_1$. Nature 283:216-218
Uhlin BE, Molin S, Gustafsson P, Nordstrom K (1979) Plasmids with tem-
    perature-dependent copy number for amplification of cloned genes
    and their products. Gene 6:91-106
Ullrich A, Shine J, Chirgwin J, Picet R, Tischer E, Rutter WJ, Goodman
    HM (1977) Rat insulin genes: Construction of plasmids containing the
    coding sequences. Science 196:1313-1316
Villa-Komaroff L, Efstradiatis A, Broome S, Lomedico P, Tizard R, Naber
    SP, Chick WL, Gilbert W (1978) A bacterial clone synthesizing proinsu-
    lin. Proc. Natl. Acad. Sci. (U.S.A.) 75:3727-3731
Weinstock GM, ap Rhys C, Besman ML, Hampar B, Jackson D, Silhavy TJ,
    Weisemann J, Zweig M (1983) Open reading frame expression vectors:
    A general method for antigen production in Escherichia coli using
    protein fusions to ß-galactosidase. Proc. Natl. Acads. Sci. (U.S.A.)
    80:4432-4436
Weis JH, Enquist LW, Salstrom JS, Watson RJ (1983) An immunologically
    active chimaeric protein containing herpes simplex type 1 glycoprotein
    P. Nature 302:72-74
Williams BG, Blattner FR (1980) Bacteriophage Lambda vectors for DNA
    cloning. In:Genetic Engineering 2. Setlow JK, Hollaender A (eds) Ple-
    num Press, New York, pp 201-281
Williamson R (ed) Genetic Engineering. Academic Press, London
Wu R (ed) (1979, 1983) Methods in Enzymology, vol 68. 100, 101. Acade-
    mic Press, New York
Zinder ND, Boeke JD (1982) The filamentous phage (Ff) as vectors for
    recombinant DNA - a review. Gene 19:1-10

Tabelle 1 : Eigenschaften von Klonierungsvektoren für E.coli

a) Plasmidvektoren

Name	Replikationen	Größe Kb	Selektion	Klonierungsstellen	besondere Eigenschaften	Referenz
pBR322	$ColE_1$, relaxed	4.3	Ap^r, Tc^r	AvaI, BamHI, ClaI, EcoRI, HindIII, PstI, PvuII, SalI,	universeller Plasmid-vektor, Nukleotidsequenz bekannter Insertionsmarkierung: PstI: Amp; BamHI, SalI:Tc	Bolivar (1977) Sutcliff (1979)
pAT 153	$ColE_1$ relaxed	3.6	Ap^r, Tc^r	AvaI, BamHI, ClaI, EcoRI, HindIII, PstI, SalI.	Variante von pBR322 mit höherer Kopienzahl, mob^-	Twigg & Sheratt (1980)
pBR 325	$ColE_1$ relaxed	5.4	Ap^r, Tc^r Cm^r,	BamHI, EcoRI, HindIII, PstI, SalI,	Insertionsaktivierung PstI: Ap; BamHI, SalI:Tc EcoRI:Cm	Bolivar (1978)
pUC 8 pUC 9	$ColE_1$, relaxed	2.7 2.7	Ap^r,lac Ap^r,lac	EcoRI, Xma, SmaI, BamHI, SalI, PstI, HindIII	Polylinker in lac α-Fragment in beiden Orientierungen, für Subklonierung, Sequenzierung, Rekombination mit p cos EMBL	Messing (1982)
pAN26	R1, hohe Kopienzahl	3.4	Kn^r	HindIII	Rekombination mit pHC 79	Necker, unveröffentlicht
pKB252	$ColE_1$ relaxed	7.0	Tc^r	BglII	Doppel lac Promoter Expression von cI	Backman et al. (1978)
p trp L1	$ColE_1$ relaxed	(4.4)?	Ap^r	ClaI	trp PO, Expression	Edman et al. (1981)
p HUB 4	$ColE_1$ relaxed	6.5	Kn^r	BamHI, SalI	p_L Promoter, Expression	Bernard et al. (1979)
p tac 12	$ColE_1$ relaxed	2.6	Ap^r	PvuII	trp-lac Fusionspromotor, Expression	Amann et al. (1983)

Fortsetzung a) Plasmidvektoren

Name	Replikationen	Größe Kb	Selektion	Klonierungsstellen	besondere Eigenschaften	Referenz
pUK230	$ColE_1$,relaxed	7.3	Ap^r	PstI, BamHI, EcoRI	Klonierung von offenen Leserahmen, frame shift Mutation, Bildung eines Fusionsproteins mit ß gal Aktivität	Koenen et al. (1982)
$pORF_1$	$ColE_1$,relaxed	6.7	Ap^r	PstI, SalI, SmaI	Klonierung von offenen Leserahmen; Bildung eines Fusionsproteins aus OmpF, Fremd-Sequenz und ß-Galaktosidase	Weinstock et al. (1983)
pKN410	R1.td	15	Ap^r	EcoRI, HindIII	Temperaturerhöhung führt zu 500-1000 facher Erhöhung der Kopienzahl	Uhlin et al. (1979)
pUK250	$ColE^1$,relaxed	2.7	Ap^r	Polylinker:HindIII XbaI, SalI, HinII BamHI, EcoRI	Subklonierung für Sequenzierung beider Stränge	Rüther (1982)

b) M13 Vektoren

Name	Replikationen	Größe Kb	Selektion	Klonierungsstellen	besondere Eigenschaften	Referenz
M13 mp8/9		7.2	Plaquebildung lac α	Polylinker in beiden Orientierungen EcoRI, BamHI, SalI, PstI, HindIII, SmaI	Subklonierung: Sequenzierung Mutagenese,	Messing (1982)
M13 mp10/11		7.2	Plaquebildung lac α	Polylinker in beiden Orientierungen M13 mp 8/9 und SstI, XbaI	Subklonierung:Sequenzierung Mutagenese	Messing (1983)

c) Cosmidvektoren

Name	Replikationen	Größe Kb	Selektion	Klonierungsstellen	besondere Eigenschaften	Referenz
PHC 79	pBR 322	6.4	Ap^r, Tc^r	BamHI, ClaI, EcoRI, HindIII, PstI,SalI,	Insertionsinaktivierung BamHI, SalI:Tc, PstI:Ap	Hohn & Collins (1980)
pJB 8	pAT 153	5.4	Ap^r	BamHI, HindIII,SalI	Insertionen in BamHI mit EcoRI ausschneidbar	IshHorowitz & Burke (1981)
pHC 79 2cos/tk	PBR 322	11.8	Ap^r, TK*	ClaI, HindIII	*Selektion in Thymidin-kinase-Animalzellen	Lindenmaier et al. (1982)
pOPF	pBR322	8	Ap^r, TK*	BamHI, KpnI, ClaI	*Selektion in Thymidin-Kinase-Animalzellen	Grosveld et al. (1982)
pTM	pBR 322	7.5	Ap^r,$G418^{r*}$	BamHI,ClaI,HindIII	*Selektion in Animal-zellen mit G418	Grosveld et al. (1982)
pHSG272	$ColE_1$	3.4	Kn^r,G418*	BamHI	*Selektion in Animal-zellen mit G418	Brady et al. (1984)
Cos1 EMBL	R6K	6.3	Tc^r Kn^r	BamHI, SalI	für Rekombinationsiso-lierung mit pUC-Plasmi-den	Poustka et al. (1984)
Cos 2 EMBL	R6K	6.1	Tc^r,Kn^r	BamHI, SalI	für Rekombinationsiso-lierung, 2xcos-Stelle leichte Herstellung von Vektorarmen	Poustka et al. (1984)
pAN 513	R1		Kn^r	XbaI, ClaI,BamHI	für Rekombinations-isolierung mit pBr322	Necker et al. (unveröffent-licht)

d) λ -Vektoren

Name	Größe	Insertion (I) und Substitutions (S)-Klonierung	Länge der klonierbaren Fragmente	besondere Eigenschaften	Referenz
λgtWES B	40.4	S : Eco RI S : Sal I S : Sst I I : Xba I I : Xho I	2.1 - 15 0 - 10.8 0 - 11.4 0 - 10.3 0 - 10.3	Wam, Eam, Sam, CI$_{857}$, Sicherheitsvektor	Leder et al. (1977)
Charon 4A	45.4	S : Eco RI I : Xba I	7.1 - 20.1 0 - 5.6	Sicherheitsvektor Aam, Bam, lac5, bio 256 ∇KH54, ∇min5, 80 QSR	Blattner et al. (1977)
λL47.1	40.6	S : Eco RI S : HindIII S : BamHI I : Xho I I : Sal I	8.6 - 24.1 7.1 - 21.6 4.7 - 19.6 0 - 10.3 0 - 13.8	Vielseitiger Vektor zur Klonierung von großen EcoRI, HindIII, und BamH1 Fragmenten	Loeven & Brammar (1980)
EMBL3	44.5	S : Sal I S : BamHI S : Eco RI	7.5 - 22 7.5 - 22 7.5 - 22	enthält Polylinker, Hybride lassen sich biochemisch und genetisch (Spi⁻) selektionieren.	Frischauf et al. (1983)
λgt 11	43.7	I : Eco RI	0 - 7	cI$_{857}$, nin 5, S100. Geeignet zur Klonierung von offenen Leserahmen, Bildung eines Fusionsproteins mit ß-Galaktosidase	Young & Davis (1983)

Zelloberflächenproteine – Klonierung ihrer Gene durch DNA vermittelten Gentransfer und fluoreszenzaktivierte Zellsortierung

R. K. Ball und B. Groner

Ludwig Institut für Krebsforschung, Inselspital, CH-3010 Bern

Die Methoden der Genklonierung und des DNA vermittelten Gentransfers haben der Genetik des menschlichen Krebses neue experimentelle Perspektiven eröffnet. Die Einführung von Genen in Säugerzellen kann genutzt werden, um Sequenzen zu entdecken, die einen bestimmten Phänotyp vermitteln. Zelluläre Onkogene z.B., wurden aus menschlicher Tumorzell-DNA kloniert, die in der Lage ist, normale Maus 3T3 Fibroblasten in einen malignen Phänotyp zu verwandeln (Cooper, 1982, Land et al., 1983). Es ist ebenfalls möglich menschliche Gene zu klonieren, die an der Zelloberfläche exprimiert werden und die mit einem malignen Phänotyp korreliert sind. Veränderungen auf der Zelloberfläche von Tumorzellen wurden über viele Jahre studiert, weil sie als Merkmal der Untersuchung zwischen normalen und transformierten Zellen potentiellen Wert in der Tumortherapie haben (Kufe et al., 1983). Veränderungen an der Zelloberfläche könnten mit zellulären Genen zusammenhängen, die an der Wachstumskontrolle beteiligt sind und deren Transkription in malignen Zellen erhöht ist. Umgekehrt ist es möglich, dass Zelloberflächenantigene nur als sekundäre Veränderung in Tumorzellen auftreten und kausal mit dem Prozess der Transformation nichts zu tun haben. Die molekulare Klonierung von Genen, erlaubt die Frage nach der biologischen Funktion zu stellen. Wenn Gene für Oberflächenproteine kloniert werden können, ist es möglich sie durch Transfektion wieder in Zellen einzuführen und ihre Rolle bei der Transformation zu studieren.

Klassische Genklonierungsmethoden gingen von gereinigter oder angereicherter mRNA aus, die zur cDNA Präparation eingesetzt wurde (Maniatis et al., 1982). Bei mRNA von geringer Häufigkeit waren dazu komplizierte Protokolle, wie z.B. Anreicherung von spezifischen Polysomen durch Immunadsorption notwendig (Groner et al., 1977). Wenn die Aminosäuresequenz des Proteins des gesuchten Gens bekannt war, konnten zur Klonierung auch synthetische Oligonukleotide eingesetzt werden (Zeller et al., 1984). Für Gene, die für menschliche Zelloberflächenproteine kodieren, besteht jetzt zur Klonierung eine neue Strategie, die von der Häufigkeit der mRNA unabhängig ist. Diese Methode beinhaltet die Kotransfektion von gesamter menschlicher genomischer DNA mit dem klonierten Herpes Simplex Virus Thymidinkinase Gen in Mäusefibroblasten (Ltk⁻ Zellen, Fibroblasten, die ihr Thymidinkinasegen verloren haben) (cf. H. Hauser). Transfizierte Zellen, die menschliche DNA und das tk Gen aufgenommen haben, werden zunächst in selektivem HAT Medium (Hypoxanthine, Aminopterin, Thymidin) von den nicht transfizierten unterschieden (Scangos und Ruddle, 1981). Anschliessend werden aus den transfizierten Zellen diejenigen durch die Reaktion mit Antikörpern und dem Fluoreszenz-aktivierten Zellsortierer (cf. N. Blin) herausselektiert, die das Oberflächenprotein von Interesse exprimieren . Aus diesen Zellen wiederum ist die Klonierung der transfizierten Gene möglich.

Molekular- und Zellbiologie
Hrsg. von Blin et al.

Die rasche Expression eines Zelloberflächenantigens nach DNA vermitteltem Gentransfer wurde ursprünglich von Chang et al. (1982) gezeigt. Gesamte genomische DNA von menschlichen Leukämie Blastenzellen wurde in Maus Ltk⁻ Zellen transfiziert. Die Expression des menschlischen myelopoietischen Differentiationsmarkers My-1 und des menschlichen Lymphozytendifferentiationsmarkers OKT3 wurden 48 Stunden nach der Transfektion durch Reaktion der transfizierten Zellen mit monoklonaler Antikörpern und Immunofluoreszenzmikroskopie nachgewiesen. Das erste Beispiel für die Isolation von stabil transfizierten Ltk⁻ Zellen, die ein Gen integriert haben, das für ein Oberflächenantigen kodiert, stammt von Stanners et al. (1981). L-Zellen, die mit klonierter menschlicher DNA transfiziert wurden, erwarben die Fähigkeit, ein Oberflächenantigen zu exprimieren, das für menschliche, chronische lymphozytische Leukämiezellen typisch ist. L Zelltransfektanten sind inzwischen isoliert, die mit menschlicher genomischer DNA und tk DNA kotransfiziert wurden und anschliessend der Zellsortierung unterworfen wurden. Sie sind in der Lage folgende menschliche Gene auszudrücken: die menschlichen T Lymphocyten Differentiationsantigene Leu-1 und Leu-2, das beta$_2$-Mikroglobulin, eine HLA-A, -B, -C schwere Kettendeterminante (Kávathas und Herzenberg, 1983), der menschliche Transferrinrezeptor (Newman et al. 1983), das menschliche 4F2 Antigen und noch die HLA-A, -B, -C Determinante (Kühn et al., 1983). Die Verbindung von Transfektion mit einem funktionellen Test hat weitreichende Anwendung gefunden. Sie wurde genutzt, um DNA Klone auf ihre potentielle Fähigkeit Oberflächenantigene zu kodieren, hin zu untersuchen. Klone von menschlicher genomischer DNA, die mit HLA cDNA Klonen hybridisieren, wurden in L Zellen transfiziert und nach Zellsortierung auf HLA-A, -B oder -C Expression getestet (Barbosa et al. 1982). Der Transfer von Zelloberflächenantigenen durch Klonierung und Wiedereinführung in fremde Wirtszellen kann auch zum Studieren der Funktion und der Kontrolle über ihre Expression ausgenutzt werden. Als Beispiel dient die Regulation der Expression von Histokompatibilitätsantigenen durch Interferon (Satz und Singer, 1984).

Die Strategie zur Klonierung von Genen für Zelloberflächenproteine ist hier und in Figur 1 beschrieben. Der DNA vermittelte Gentransfer findet durch Präzipitation von Kalziumphosphat und DNA auf Kulturzellen statt (Graham und van der Eb, 1973). 10^6 Ltk⁻ Zellen, die sich in der logarithmischen Wachstumsphase in Petrischalen von 10 cm Durchmesser befinden, werden durch die Zugabe von 20 ug gesamter menschlicher DNA und 100 bis 1000 ng von Plasmid DNA, die das Herpes Simplex Virus Thymidinkinasegen kodiert, transfiziert. Das DNA Präzipitat wird nach einer Inkubation von etwa 18 Stunden entfernt und die Zellen werden auf 3 Petrischalen aufgeteilt. 48 Stunden später wird den Zellen selektives Medium zugesetzt, das nur das Wachstum von Zellen zulässt, die das tk Gen aufgenommen haben und es stabil exprimieren. Die Kotransfektion beschränkt die Suche nach den Zellen, die ein gewünschtes Gen aufgenommen haben, zunächst auf die Zellen, die überhaupt transfiziert sind. Das ist wichtig, weil im Fall der L Zellen etwa nur jede tausendste Zelle DNA stabil annimmt. Die DNA Sequenzinformation in einer menschlichen Zelle beträgt etwa 3×10^6 kbp und es wurde geschätzt, dass eine individuell transfizierte Zelle etwa 2000 kbp aufnimmt (Perucho et al., 1980). Da die Aufnahme etwa 0.1 % des Gesamtgenoms entspricht, müssen 1000 - 2000 individuelle Transfektanten geschaffen werden, um das transfizierte Genom in den Empfängerzellen insgesamt zu repräsentieren. Umgekehrt ausgedrückt wird ein individuelles Gen der transfizierenden DNA nur in einer Zelle von 1000 - 2000 Transfektanten zugegen sein. Die gefundenen Frequenzen, 0.5×10^{-3} für die Expression eines spezifischen Gens in der Population von transfizierten Zellen, stimmen gut mit den Abschätzungen überein

<u>Figur 1:</u>

Molekulare Klonierungsstrategie für Gene von Zelloberflächenproteinen.

1) Präparation von menschlicher genomischer DNA aus Zellen, die ein gewünschtes Zelloberflächenprotein ausdrücken.

2) Kotransfektion der genomischen DNA mit einem Plasmid kodierten, selektierbaren Markergen in Maus Empfängerzellen.

3) Isolation der transfizierten Zellpopulation durch selektives Kulturmedium.

4) Bindung von fluoreszierenden Antikörpern an die Zelloberflächenproteine und elektronische Auswahl der am stärksten fluoreszierenden Zellen durch den Zellsortierer.

5) Aufwachsen der sortierten Zellen in selektivem Kulturmedium. Wiederholte Sortierungszyklen bis die Mehrheit der Zellpopulation positiv reagiert.

6) Einzelzellklonierung und Auswahl eines Zellklons mit stabiler, starker Expression.

7) Einsatz der DNA des selektierten Zellklons in der sekundären Transfektion in Maus Empfängerzellen.

8) Wiederholung der Schritte 4 bis 6 zur Einzelzellklonierung eines sekundären Transfektanten.

9) Analyse der sekundären Transfektanten DNA auf die Anwesenheit repetitiver menschlicher DNA Sequenzen.

10) Molekulare Klonierung der genomischen DNA der sekundären Transfektanten in einem lambda Vektor.

11) Isolierung individueller Phagen, die repetitive menschliche DNA enthalten.

12) Test der klonierten DNA auf das gewünschte Gen durch Transfektion der isolierten Phagen DNA in Maus Empfängerzellen und Sortierung Antigen exprimierende Transfektanten.

(Kavathas und Herzenberg, 1983). Die transfizierten Zellen weisen die stabile Integration von genomischer menschlicher DNA und tk Gen auf. Die kotransfizierte DNA wird vor der Aufnahme ins Genom intrazellulär zu langen DNA Segmenten ligiert und kann während dieses Prozesses rearrangiert werden.

Der zweite Selektionsschritt, die Auswahl der Transfektanten, die das Oberflächenantigen von Interesse exprimieren, wird dann an der Population der Zellen vorgenommen, die sich nach 2 - 3 Wochen in HAT Medium auf mehrere Millionen vermehrt haben. Diese Zellen werden zunächst mit spezifischem fluoreszierenden Antikörpern versetzt, die mit einem kleinen Bruchteil (etwa 0.1 %) der Zellen reagieren können.

Sollte das Zelloberflächenantigen Trypsin empfindlich sein, ist es
angebracht die L Zellen mit EDTA von den Kulturplatten zu dissoziieren.
Alternativ können die L Zellen auch in bakteriellen Petrischalen
kultiviert werden, die die Anhaftung an die Plastikoberfläche
verhindern. Die Antikörper wiederum sollten möglichst Protein- und
nicht Kohlenhydratdeterminanten der Oberflächenantigene erkennen. Das
ist wichtig, da korrekte Glykosilierung der transfizierten Antigene in
den L Zellen nicht vorausgesetzt werden kann. Die mit Antikörpern spezifisch beladenen Zellen werden dann sortiert. Der Zellsortierer ist
in der Lage, unter idealen Bedingungen eine aus 10^7 Zellen zu isolieren
(Dangl und Herzenberg, 1982). Es sollte daher möglich sein, transfizierte Zellen von denen eine Häufigkeit von 0.5×10^{-3} erwartet wird,
auszusortieren. Nicht spezifisch bindende Zellen stellen jedoch ein
Problem dar, besonders da tote Zellen fluoreszierende Antikörper
aufnehmen und binden. Dieses Problem kann durch die Zugabe von
Propidiumjodid umgangen werden. Dieser Farbstoff diffundiert durch die
Membran toter Zellen, interkaliert mit DNA und zeigt rote Fluoreszenz
(Yeh et al., 1981, Loken and Stall, 1982). Auf dieser Art können tote
Zellen von der Analyse ausgeschlossen werden, indem man stark rot
fluoreszierende Zellen auf elektronischem Wege aussortiert. Weitere
Parameter, die nicht spezifische Bindung der Antikörper an Zellen
verringern sind die Benutzung hoher Verdünnungen von Antikörpern, der
Vorzug von Hybridoma Zellkulturüberstand gegenüber Aszitisflüssigkeit
und der Gebrauch von FITC gekoppelten $(Fab')_2$ Fragmenten des zweiten
Antikörpers bei der indirekten Immunofluoreszenz. Bessere Signale
können auch durch die Verwendung von Biotin konjugiertem ersten
Antikörper, gefolgt von FITC konjugiertem Avidin erreicht werden oder
durch Kopplung des FITC direkt an den ersten Antikörper.

Es ist unwahrscheinlich, dass positiv fluoreszierende Zellen während
der ersten Sortierung sichtbar werden, wenn man transfizierte und
nichttransfizierte Kontrollen miteinander vergleicht. Die am stärksten
fluoreszierenden Zellen (etwa 5 % der Gesamtpopulation) werden daher
ausgewählt und wieder in Massenkultur gezogen. Um das Ueberwachsen der
wenigen wirklich exprimierenden Zellen durch selektierte negative
Zellen und nur unstabil exprimierenden Zellen zu verhindern, sollte die
zweite Sortierung so bald wie möglich nach der ersten stattfinden.
Positive Zellen werden so allmählich durch die Wiederholung des
Sortiervorgangs angereichert. Nach drei oder vier Sortierungen sollte
eine deutlich unterscheidbare Subpopulation sichtbar sein. Der selektive Druck des HAT Medium wird während der ganzen Zeit aufrecht-
erhalten, um die L Zellen zur Beibehaltung der erworbenen transfizierten DNA zu zwingen. Sobald die Zellpopulation zu 50 % positiv
wird, können individuelle Zellklone isoliert werden, die stabile und
starke Expression des gewünschten Antigens aufweisen. Da individuelle
Transfektanten jedoch etwa 2000 kbp transfizierter DNA enthalten,
repräsentiert das gewünschte Gen immer noch erst einen kleinen Anteil
an der gesamten aufgenommenen menschlichen DNA. Durch eine sekundäre
Transfektion (Einführung der DNA der in der ersten Transfektionsrunde
selektronierten L Zellen wiederum in L Zellen) wird der Anteil der
menschlichen DNA in den sekundären Transfektanten stark verringert.
Zellen, die das Oberflächenantigen von Interesse exprimieren, werden
aus den sekundären Transfektanten, genau wie zuvor beschrieben,
ausgewählt.

Da menschliche DNA zur Transfektion von Maus L Zellen benutzt wird, ist
es möglich durch Hybridisierung der Transfektanten DNA mit stark
reiterierten menschlichen Sequenzen, die Aufnahme von menschlicher DNA
sichtbar zu machen (Kühn et al., 1983). Muster von Restriktionsfragmenten, die menschliche reiterierte DNA enthalten, können in

<u>Figur 2</u>: Vorteile und mögliche Beschränkungen der Klonierungsmethode.

<u>Vorteile</u>:

1) Messenger RNA Isolierung ist nicht notwendig.

2) Die Methode kann für schwach exprimierte Gene zur Anwendung
kommen.

3) Ein funktionell intaktes Gen, das die Sequenzen, die für die
Transkription, Zelloberflächeninsertion und Antigenität verantwortlich sind, wird gefunden.

4) Mehrere Zelloberflächenproteingene können parallel voneinander aus
der gleichen Zellbank (menschliche Genbank in Mauszellen) kloniert
werden.

5) Grosse Transkriptionseinheiten können transfiziert werden.

<u>Mögliche Hindernisse</u>:

1) Antikörper könnten notwendig werden, die eine artspezifische
antigene Determinante erkennen.

2) Oberflächenantigene könnten gewebsspezifisch exprimiert werden und
nicht unbedingt in den transfizierten Zellen.

3) Die Expression des Oberflächenantigens könnte von mehreren, an
verschiedenen Genorten kodierten Sequenzen abhängig sein. Diese
Genorte werden nicht notwendigerweise simultan in einzelne
Empfängerzellen transfiziert.

4) Die Methodik ist bisher auf Gene, die für Oberflächenantigene
kodieren, beschränkt.

5) Die Immunfluoreszenz könnte durch folgende Faktoren limitiert sein:
a) reduzierte Expression des Oberflächenantigens nach Transfektion
b) ein niedriges Signal zu Geräusch Verhältnis mit der benutzten
   Kombination der fluoreszierenden Antikörper.

6) Die benutzten Antikörper sollten gegen Protein- und nicht gegen
Kohlenhydratdeterminanten gerichtet sein.

7) Die Klonierung des transfizierten Gens ist abhängig von der
Anwesenheit repetitiven Sequenzen in seiner nächsten Umgebung.

8) Die Genexpression des transfizierten Gens könnte unstabil sein, da
auf seine Expression kein Selektionsdruck ausgeübt wird.

selektierten Transfektanten beobachtet werden. Restriktionsfragmente, die unabhängig isolierten Transfektanten gemeinsam sind, enthalten mit hoher Wahrscheinlichkeit das Gen, für das selektiert wurde. Diese Beobachtung wiederum, macht die molekulare Klonierung möglich. Nach der Erstellung einer Genbank aus der DNA der selektierten sekundären Transfektanten in z.B. einem prokaryotischen lambda Vektor (Maniatis et al., 1982), können die Phagenplaques mit einer Probe der reiterierten menschlichen DNA getestet werden. Isolierte Phagen DNA, die menschliche reiterierte Sequenzen aufweist, kann dann wieder durch Transfektion in L Zellen auf die Präsenz des gesuchten Gens für das Oberflächenprotein getestet werden. Es ist möglich, dass das intakte Gen nicht in einem einzelnen Phagen aufgenommen wurde, und dass nur überlappende Fragmente des gewünschten Gens kloniert werden. Auch hier kann die biologische Funktion des Gens noch getestet werden. Wenn mehrere klonierte DNA Fragmente gleichzeitig zur Transfektion eingesetzt werden, können die Fragmente des Gens während des Transfektionsvorgangs rekombinieren und Genexpression kann beobachtet werden, selbst wenn keiner der molekularen Klone das gesamte Gen enthält.

Die Erstellung einer menschlichen Genbank in Mäusezellen (eine "Zellbank") in Kombination mit Zellsortierung hat sich als eine allgemein anwendbare Methode erwiesen, mit der Gene, die für Zelloberflächenproteine kodieren, kloniert werden können. Die Gene werden auf Grund der Antigenität der Proteine auf der Oberfläche der transfizierten Zellen entdeckt. Hieraus ergeben sich mögliche Limitationen und Permutationen des experimentellen Protokolls. Figur 2 ist eine Aufstellung der Vor- und Nachteile, die diese Methodik bei ihrem heutigen Entwicklungsstand beinhaltet. Die Verwendung von alternativen Empfängerzellen (z.B. Epithelialzellen, Groner et al. 1984), die mögliche Zelltypspezifität bei der Expression transfizierter Gene umgeht (Stafford und Queen, 1983), die Kotransfektion von dominanten Markern (Mulligan und Berg, 1981; Southern und Berg, 1982) oder die immunologische oder funktionelle Selektion von Replika platierten Zellen, die die Klonierung intrazellulärer und exkretierter Proteine erlauben, können in Betracht gezogen werden.

LITERATUR

Barbosa, J.A., Kamarck, M.E., Biro, P.A., Weissman, S.M. and Ruddle, F.H. (1982) Identification of human genomic clones coding the major histocompatibility antigens HLA-A2 and HLA-B7 by DNA-mediated gene transfer. Proc. Natl. Acad. Sci. USA, 79, 6327-6331.
Chang, L.J.A., Gamble, C.L., Izaguirre, C.A., Minden, M.D., Mak, T.W. and McCulloch, E.A. (1982) Detection of genes coding for human differentiation markers by their transient expression after DNA transfer. Proc. Natl. Acad. Sci. USA, 79, 146-150.
Cooper, G.M. (1982) Cellular transforming genes. Science, 218, 801-806.
Dangl. J.L. and Herzenberg, L.A. (1982) Selection of hybridomas and hybridoma variants using the fluorescence activated cell sorter. J. Immunol. Meth., 52, 1-14.
Graham, F.L. and Van der Eb, A.J. (1973) A new technique for the assay of infectivity of human adenovirus 5 DNA. Virology, 52, 456-467.
Groner, B., Hynes, N.E., Sippel, A.E., Jeep, S., Nguyen Hun, M.C. and Schütz, G. (1977) Immunadsorption of specific chicken oviduct polysomes: Isolation of ovalbumin, ovomucoid and lysozyme mRNA. J. Biol. Chem. 252, 6666-6674.

Groner, B., Kozma, S., Jaggi, R., Wetherall, N., Davis, B., Ball, R., Carrozza, M.L. and Hynes, N.E. (1984) Transfer of human mammary tumor cell DNA into mouse fibroblasts and epithelial cells and detection of oncogenes by tumor induction in nude mice. In "Genes and Cancer", UCLA Symposia on Molecular and Cellular Biology, New Series, Vol. 17, eds. J.M. Bishop, M. Greaves and J.D. Rowley. Alan R. Liss, New York.

Kavathas, P. and Herzenberg, L.A. (1983) Stable transformation of mouse L cells for human membrane T-cell differentiation antigens, HLA and Beta$_2$-microglobulin: selection by fluorescence-activated cell sorting. Proc. Natl. Acad. Sci. USA, 80, 524-528.

Kühn, L.C., Barbosa, J.A., Kamarck, M.E. and Ruddle, F.H. (1983) An Approach to the cloning of cell surface protein genes. Selection by cell sorting of mouse L-cells that express HLA or 4F2 antigens after transformation with total human DNA. Mol. Biol. Med., 1, 335-352.

Kufe, D.W., Nadler, L., Sargent, L., Shapiro, H., Hand, P., Austin, F., Colcher, D. and Schlom, J. (1983) Biological behaviour of human breast carcinoma associated antigens expressed during cellular proliferation. Cancer Res. 43, 851-857.

Land, H., Parada, L.F. and Weinberg, R.A. (1983) Cellular Oncogenes and multistep carcinogenesis. Science, 222, 771-778.

Loken, M.R. and Stall, A.M. (1982) Flow cytometry as an analytical and preparative tool in immunology. J. Immunol. Meth., 50, R85-R112.

Maniatis, T., Fritsch, E.F. and Sambrook, J. (1982) Molecular cloning. A laboratory manual. Cold Spring Harbor Laboratory, New York.

Mulligan, R.C. and Berg. P. (1981) Selection for animal cells that express the Escherichia coli gene coding for xanthine-guanine phosphoribosyltransferase. Proc. Natl. Acad. Sci. USA, 78, 2072-2076.

Newman, R., Domingo, D., Trotter, J. and Trowbridge, I. (1983) Selection and properties of a mouse L-cell transformant expressing human transferrin receptor. Nature. 304, 643-645.

Perucho, M., Hanahan, D. and Wigler, M. (1980) Genetic and physical linkage of exogenous sequences in transformed cells. Cell, 22, 309-317.

Satz, M.L. and Singer, D.S. (1984) Effect of mouse interferon on the expression of a porcine major histocompatibility gene introduced into mouse L cells. J. Immunol., 132, 496-501.

Scangos, G. and Ruddle, F.H. (1981) Mechanisms and applications of DNA mediated gene transfer in mammalian cells - a review. Gene, 14, 1-10.

Southern, P.J. and Berg, P. (1982) Transformation of mammalian cells to antibiotic resistance with a bacterial gene under control of the SV40 early region promoter. J. Mol. Appl. Gen., 1, 327-341.

Stafford, J. and Queen, C. (1983) Cell-type specific expression of a transfected immunoglobulin gene. Nature, 306, 77-79.

Stanners, C.P., Lam, T., Chamberlain, J.W., Stewart, S.S. and Price, G.B. (1981) Cloning of a functional gene responsible for the expression of a cell surface antigen correlated with human chronic lymphocytic leukemia. Cell, 27, 211-221.

Yeh, C.J.G., Hsi, B.L. and Faulk W.P. (1981) Propidium iodide as a nuclear marker in immunofluorescence. II. Use with cellular identification and viability studies. J. Immunol. Meth., 43, 269-275.

Zeller, N.K., Hunkeler, M.J., Campagnoni, A.T. Sprague, J. and Lazzarini, R.A. (1984) Characterisation of mouse myelin basic protein messenger RNAs with a myelin basic protein cDNA clone. Proc. Natl. Acad. Sci. USA, 81, 18-22.

Linkshelikale Z-DNA: "DNA-Supercoiling" und Bindung von Anti-Z-DNA Antikörpern

A. Nordheim

Zentrum für Molekulare Biologie, Universität Heidelberg, Im Neuenheimer Feld 364, D-6900 Heidelberg

1. EINLEITUNG

DNA, der universelle Träger genetischer Information, konnte durch Erkenntnisse der letzten Jahre als ein Molekül charakterisiert werden,
das strukturell in verschiedenen polymorphen Formen existiert. Die Aufgabe dieses Artikels soll deshalb sein, eine Beschreibung des DNA Mole-
küles unter Berücksichtigung dessen struktureller Flexibilität zu geben.

Linkshelikale Z-DNA (Wang et al. 1979) repräsentiert die Extremform im
Spektrum der strukturellen Abweichungen von der klassischen Form der B-
DNA Doppelhelix (Watson und Crick 1953) (Kapitel 2). Methodische Vorgehensweisen, die eine Erkennung und somit Charakterisierung der Z-DNA
erlauben, werden im Kapitel 3 kurz vorgestellt.

Da in einem kovalent geschlossenen DNA-Ring die topologische, superhelikale Verdrillung der Doppelhelix zu einer energetischen Stabilisierung
der labilen Z-DNA führt, ist im Kapitel 4 das Konzept des DNA-"Supercoilings" beschrieben. Hier wird auch die experimentelle Vorgehensweise
erläutert, die die in vitro Erstellung von Plasmiden mit definierten
superhelikalen Verwindungszuständen erlaubt.

Die Existenz von spezifischen Antikörpern zur Erkennung von Z-DNA ist
im Kapitel 5 diskutiert. Diese Antikörper können zur Identifizierung
von supercoil-induzierter Z-DNA in Plasmiden eingesetzt werden, was an
einem Experimentbeispiel vorgeführt ist.

Im zusammenfassenden Kapitel 6 werden die hier besprochenen Methoden
im Zusammenhang mit der Suche nach biologischer Relevanz von Z-DNA diskutiert.

Obwohl dieser Artikel eine ausführliche Auflistung wichtiger Literatur-
stellen enthält, ist dennoch ein umfassender Überblick der gesamten Arbeiten über Z-DNA nicht beabsichtigt. Dafür sei der Leser auf aktuelle
Übersichtsartikel (Rich et al. 1984; Jovin et al. 1983) verwiesen.

2. DNA-STRUKTUR

Die Analyse der DNA-Struktur erlebte eine wichtige Bereicherung, als
mithilfe chemisch synthetisierter Oligonukleotide erstmalig Kristalle
von DNA gezüchtet werden konnten und nachfolgend diese Kristalle einer
Diffraktionsanalyse durch Roentgenstrahlen unterzogen wurden (Wang et
al. 1979; Wing et al. 1980). Diese Untersuchungen führten einerseits
zur Bestätigung der von Watson und Crick (1953) postulierten - auf Dif-

Molekular- und Zellbiologie
Hrsg. von Blin et al.
© Springer-Verlag Berlin Heidelberg 1985

fraktionsdaten von DNA-Fibern basierenden - doppelhelikalen DNA-Struktur. Andererseits wurde aber durch diese frühe DNA-Kristallographie die neuartige, linkshelikale Z-DNA entdeckt (Wang et al. 1979). Die Existenz einer linksgedrehten DNA Doppelhelix war vorher schon durch spektrophotometrische Untersuchungen angezeigt worden (Pohl und Jovin 1972). In Abbildung 1 sind strukturelle Eigenschaften der Z- und B-DNA

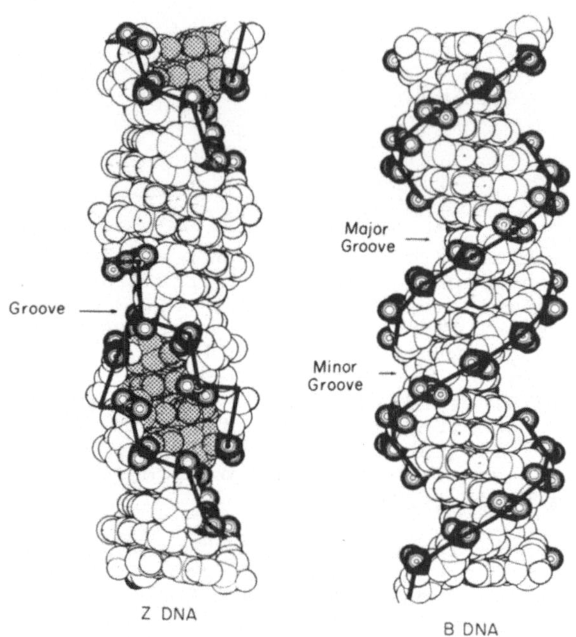

Abb. 1. Van der Waals Zeichnungen von linkshelikaler Z-DNA und rechtshelikaler B-DNA. Die eingezeichnete schwarze Linie verbindet die Positionen der Phosphatome am Zucker-Phosphat Rückgrat der beiden Doppelhelices

Doppelhelices durch Van der Waals Zeichnungen graphisch dargestellt. Wie B-DNA ist auch Z-DNA durch Basenpaarungen vom Watson-Crick Typus zwischen komplementären, anti-parallelen DNA Einzelsträngen ausgebildet. Wichtige Unterschiede in den helikalen Geometrien von B- und Z-DNA sind festzustellen in helikalem Drehsinn, helikaler Windungszahl (Ganghöhe), Durchmesser, Neigungswinkel der Basenpaarung, Lage der helikalen Symmetrieachse, Entfernungen von Phosphatgruppen zur helikalen Achse, Typus der glycosidischen Drehwinkel zwischen Basen und Zuckern (syn oder anti), wie auch Konformationen der Zuckermoleküle (Wang et al. 1979; zur Übersicht siehe Rich et al. 1984). Die Abfolge der Basenzusammensetzung eines DNA Segmentes nimmt großen Einfluß auf dessen Fähigkeit zur Ausbildung von Z-DNA. So können Sequenzen von alternierender Purin/Pyrimidin-Folge am leichtesten Z-DNA ausbilden. Inwieweit auch nicht-alternierende Sequenzen als Z-DNA existieren können, ist noch unklar.

Z-DNA stellt eine energetisch ungünstigere DNA Konformation dar und kann deshalb nur unter stabilisierenden Bedingungen auftreten; es existiert ein dynamisches Gleichgewicht zwischen den doppelhelikalen DNA-Strukturen der Z- und B-Form. Faktoren, die zur Stabilisierung von

Z-DNA beitragen können, sind (A) Zusammensetzung des Lösungsmittels,
(B) chemische DNA Modifikationen, (C) Bindung von Proteinen und (D) DNA
Supercoiling.

Auch rechtshelikale B-DNA selbst ist kein strukturell statisches Molekül, sondern kann eigene, subtile Konformationsveränderungen durchführen. Letzteres kann z.B. durch biochemische (z.B. Drew and Travers
1984) wie auch kristallographische (Frederick et al. 1984) Studien nachgewiesen werden. In diesen Beispielen ist ebenfalls die Nukleotidsequenz eines Segmentes bestimmend für dessen strukturelle Flexibilität.
Das DNA Molekül stellt sich also als eine Struktur mit hoher konform-
ationeller Flexibilität dar: es existiert struktureller DNA Polymorphismus (Übersichtsartikel zu diesem Konzept sind zu finden in Cantor 1981;
Zimmermann 1982; Rich et al. 1984). Da dieser Polymorphismus von der
Nukleotidsequenz des DNA Moleküls bestimmt wird, ist das Konzept des
konformationellen Informationsgehaltes der DNA postuliert worden (Rich
1983). Diesem Konzept entsprechend kann die Nukleotidsequenz eines bestimmten DNA Segmentes die Information zur Ausbildung der doppelhelikalen Feinstruktur dieses Segmentes codieren.

3. METHODEN ZUR ERKENNUNG VON Z-DNA

Als Folge der strukturellen Überführung von rechtshelikaler B-DNA in
linkshelikale Z-DNA verändern sich physikalische wie auch chemisch/bio-
chemische Eigenschaften der DNA, sodaß die Ausbildung und Stabilisierung
von Z-DNA durch eine Vielzahl von methodischen Vorgehensweise in vitro
analysiert werden kann. Roentgenstrukturanalysen einzelner DNA Kristalle
erlauben beispielsweise eine so hohe Auflösung, daß individuelle Atome
des DNA Moleküls lokalisiert werden können, wie auch Atome des umgebenden Lösungsmittels (z.B. H_2O Moleküle oder Mg^{2+} Gegenionen; Wang et al.
1979; Drew et al. 1980; Wang et al. 1981). Roentgendiffraktionsstudien
an DNA Fibern hingegen können diesen Auflösungsgrad nicht erreichen und
so nur reduzierten - wenn auch interessanten - Informationsgehalt liefern (Arnott et al. 1980).

Von hohem Wert für die Z-DNA Analysen sind spektroskopische Methoden wie
UV Absorption (Pohl und Jovin 1972), optische Rotationsdispersion (Pohl
und Jovin 1972), Zirkulardichroismus (Pohl und Jovin 1972), Laser Raman
Streuung (Pohl et al. 1973; Thamann et al. 1981), magnetische Kernre-
sonanz (Patel et al. 1979, 1982) und auch Wasserstoff-Deuterium Austausch (Ramstein und Leng 1980). (Für eine Beschreibung der genannten
physiko-chemischen Methoden sei auf die Lehrbücher von Cantor und Schimmel, 1980, hingewiesen.) Die Formveränderungen, die in einem superhelikalen Plasmid als Folge einer B-Z Transition auftreten (siehe Kapitel 4)
führen zu neuen hydrodynamischen Eigenschaften eines Plasmides, und
können durch verändertes Sedimentationsverhalten (Peck et al. 1982)
oder unterschiedliche Wanderungsgeschwindigkeit in elektrophoretischer
Auftrennung (Klysik et al. 1981; Peck et al. 1982) erkannt werden.

Bezüglich chemisch/biochemischer Methoden zur Identifikation von Z-DNA
konnten kürzlich von Barton et al. (1984) Abkömmlinge von chiralen
Phenanthrolinkomplexen synthetisiert werden, die spezifische Bindung an
Z-DNA erlauben ohne dabei mit B-DNA in Wechselwirkung zu treten. Darüberhinaus wurde von Wells und Mitarbeitern gezeigt, daß die Nuklease
S1 gezielt die Übergangsregionen zwischen B-DNA und Z-DNA erkennt und
schneidet (Singleton et al. 1982). Immunologische Vorgehensweisen werden
zur Erkennung von Z-DNA eingesetzt, seitdem gezeigt wurde (Lafer et al.
1981; Malfoy und Leng 1981), daß Z-DNA in sehr potenter immunogener

Weise zur Ausbildung spezifischer Antikörper anregt (siehe Kapitel 5).

Von dieser Auflistung methodischer Ansätze wird deutlich, daß derzeitig eine ausführliche in vitro Analyse von Z-DNA durchführbar ist, während gleichzeitig noch keine befriedigenden Methoden existieren, die die Frage nach der Existenz von Z-DNA in vivo beantworten könnten. Die relative Instabilität von Z-DNA unter physiologischen Bedingungen stellt die Hauptursache für die schwierige in vivo Suche nach Existenz und biologischer Funktion von Z-DNA dar.

4. SUPERHELIKALE PLASMIDE ("DNA SUPERCOILING")

Die Oberflächenform, oder <u>Topologie</u>, eines ringförmigen, kovalent geschlossenen DNA Moleküls (Plasmid) ist ein sensitiver Indikator für den energetischen und helikalen Zustand des DNA Doppelstranges innerhalb des Plasmides. Wie im Folgenden ausgeführt, können z.B. B-Z Überführungen zwischen doppelhelikalen B- und Z-DNA Konformationen in solch einem System induziert und leicht nachgewiesen werden. Da das Konzept der superhelikalen Verdrillung ("DNA Supercoiling") eines DNA Ringes nicht unbedingt intuitiv einsichtig ist, soll in diesem Kapitel eine Beschreibung der Definitionen von helikaler und superhelikaler DNA Konformation versucht werden (begleitende Literatur: Bauer et al. 1980; Wang 1980; Nordheim et al. 1983).

In einem linearen, doppelhelikalen DNA Molekül sind die beiden Einzelstränge umeinander gewunden. Die Gesamtzahl der Umwindungen ist dabei bestimmt durch die <u>helikale Ganghöhe h^O</u> der Doppelhelix (h^O = +10.5 Basenpaare für rechtsgedrehte B-DNA) und die <u>Länge N</u> des DNA Moleküls. Beispielsweise gibt es also in einer 2000 Basenpaar langen DNA Doppelhelix etwa 190 Umwindungen der DNA Einzelstränge (N/h^O = 190). Schließt man solch ein <u>lineares</u> DNA Molekül zu einem <u>Ringmolekül</u> (z.B. durch Ligierung mit dem Enzym DNA Ligase), so sind jetzt die beiden komplementären DNA Einzelstränge <u>topologisch verknüpft</u> und könnten sich auch bei Denaturierung der Basenpaarungen nicht mehr voneinander trennen. Da sich die DNA Stränge ursprünglich 190 mal umeinander gewunden hatten, ist dieses Plasmid definiert durch seine <u>Verknüpfungszahl α^O</u>, wobei α^O = 190:

$$\alpha^O = N/h^O$$

Dieses Plasmid, das unter Bedingungen der helikalen Ganghöhe h^O ligiert wurde, wird als relaxiert bezeichnet solange in der Größe der helikalen Ganghöhe h^O keine Veränderung eintritt. Es sei aber darauf hingewiesen, daß die helikale Ganghöhe h von DNA generell abhängig ist von äußeren Bedingungen wie Temperatur, Ionenstärke der Lösung oder Bindung von Interkalatoren und und daß daher die <u>Verknüpfungszahl α</u> bestimmt ist von den helikalen Bedingungen zum Zeitpunkt des Ringschlusses (Ligation). Wird also ein Plasmid unter Bedingungen ligiert, unter denen die helikale Ganghöhe h^O existiert, so ist die Verknüpfungszahl $\alpha^O = N/h^O$. Wird das gleiche Plasmid unter leicht veränderten Bedingungen ligiert, unter denen die helikale Ganghöhe h vorherrscht, so ist jetzt die Verknüpfungszahl $\alpha = N/h$. Da $h^O \neq h$, so ist auch $\alpha \neq \alpha^O$.

Verändert sich innerhalb eines kovalent geschlossenen Ringes, der unter Bedingungen der Ganghöhe h ligiert wurde, die helikale Ganghöhe vom Wert h in den Wert h^O, so entsteht ein topologisches Problem, da die Verknüpfungszahl α nicht veränderbar ist solange keine kovalente Phosphodiesterbindung des DNA Zucker-Phosphat Rückgrates aufbricht. Da $\alpha \neq \alpha^O$ ist, windet sich die DNA in einer übergeordneten <u>superhelikalen</u> Struktur auf.

Es gilt jetzt:
$$\alpha = \alpha^O + \tau.$$
In dieser Formel beschreibt τ die Anzahl der <u>superhelikalen Windungen</u> und wird auch als Differenz der Verknüpfung bezeichnet (da $\tau = \alpha-\alpha^O$). Ist der Wert von τ kleiner als Null ($\tau<0$), so spricht man von negativen superhelikalen Windungen; ist $\tau>0$, so existieren positive superhelikale Windungen in dem Plasmid.

Folgendes Gedankenexperiment (Experiment 1) soll diesen Zusammenhang verdeutlichen:
    Ein lineares, doppelsträngiges DNA Segment von 2000 Basenpaaren in Länge (N = 2000) wird mit einer bestimmten Konzentration des <u>Interkalators</u> Ethidiumbromid (EtBr) inkubiert. Dabei lagert sich EtBr zwischen benachbarten Basenpaarungen ein (interkaliert) und entwindet dadurch die Doppelhelix, sodaß eine volle helikale Drehung nur mit jeder 12ten Basenpaarung vollzogen ist. Für die helikale Ganghöhe h gilt also in diesem Zustand: h = 12. Die beiden linearen DNA Einzelstränge sind also etwa 167fach (d.h. 2000/12) umwunden. Kovalenter Ringschluß (Ligierung) unter diesen Bedingungen führt zu:
$$\alpha = N/h = 2000/12 = 167.$$
Hätte man die interkalierten EtBr Moleküle <u>vor</u> der Ligierung durch Phenolbehandlung aus der Doppelhelix extrahiert, so hätte die Doppelhelix ihre "normale" Ganghöhe h^O (h^O = 10.5 Basenpaare) wieder eingenommen. Jetzt hätte nachfolgender Ringschluß durch Ligierung die Verknüpfungszahl α^O mit
$$\alpha^O = N/h^O = 2000/10.5 = 190$$
zur Folge gehabt.

Führt man stattdessen die Phenolextrahierung der EtBr Moleküle <u>nach</u> Ringschluß durch (d.h. Ligierung erfolgte am interkalierten DNA-Ring bei unverändertem α = 167), so verändert sich jetzt ebenfalls die helikale Ganghöhe von h nach h^O. Die Zahl der Verknüpfungen, α, kann sich jedoch im kovalenten DNA Ring nicht mit der Veränderung der helikalen Ganghöhe auf den neuen Wert α^O erhöhen. Superhelikale Tertiärstruktur bildet sich als Folge der auftretenden topologischen Zwänge aus, und es gilt:
$$\alpha = \alpha^O + \tau \quad (\text{weil } \alpha \neq \alpha^O).$$
In Zahlen unseres Beispiels, wo α = 167 und α^O = 190 sind, gilt:
$$167 = 190 + \tau$$
$$\tau = 167-190$$
$$\tau = -23.$$
Das zirkuläre phenolextrahierte Plasmid liegt also mit der relativ hohen Zahl von 23 negativen superhelikalen Windungen vor.

Von diesem Beispiel wird klar, daß in einem zirkulären DNA Element eine sehr direkte Beziehung zwischen helikaler Konformation und superhelikaler Struktur besteht.

Es ist sinnvoll, die Zahl der superhelikalen Windungen (τ) auf die Größe (d.h. die Länge N in Basenpaaren oder α^O, die Zahl von helikalen Windungen bei der Ganghöhe h^O) zu beziehen, sodaß sich die <u>superhelikale Dichte</u>, σ, ergibt:
$$\sigma = \tau/\alpha^O$$
In unserem Beispiel des Experimentes 1 mit dem Plasmid von 2000 Basenpaaren Länge (d.h. einem α^O = 190, bei h^O = 10.5) würde τ = -23 ein superhelikale Dichte von σ = -0.12 ergeben.

Das Prinzip der superhelikalen Struktur von zirkulären DNA Molekülen wurde erstmalig von Vinograd und Mitarbeitern formuliert (Weil und Vinograd 1963). Interessanterweise existieren alle DNA Plasmide, die

aus Mikroorganismen isoliert werden können, in negativ superhelikaler
Superstruktur.

Mit Kriterien der Thermodynamik betrachtet, existieren alle superhelikalen Plasmide in Zustand höherer freier Energie, wenn verglichen mit
dem energetischen Zustand eines relaxierten Plasmids (wo $\tau = 0$). Es besteht eine quadratische Beziehung zwischen freier Energie und Zahl der
superhelikalen Windungen:

$$E \sim (\tau)^2$$

Aus dieser einfachen energetischen Betrachtung ergibt sich, daß in einem
superhelikalen Plasmid alle Veränderungen der helikalen DNA Struktur,
die eine Reduzierung der superhelikalen Windungszahl π bewirken, energetisch bevorzugt sind.

Da Prozesse wie lokale Denaturierung der Doppelhelix, Ausbildung von
Cruziform-Strukturen oder Überführungen von rechtshelikaler B-DNA in
Segmente linkshelikaler Z-DNA eine Reduzierung negativer superhelikaler
Windungen bewirken, sind sie in einem superhelikalen DNA-Ring energe-
tisch bevorzugt.

Um den Einfluß der superhelikalen Verwindung auf die Struktur der DNA
Doppelhelix analysieren zu können, ist es notwendig, DNA Ringe mit un-
terschiedlichen, negativen superhelikalen Dichten ($-\sigma$) zu erstellen.
Dies ist einfach und erfolgt analog der Vorgehensweise des (Gedanken-)
Experimentes 1, indem man kovalenten DNA Ringschluß unter unterschied-
lichen helikalen Ganghöhen h durchführt.

Experiment 2: Erzeugung von DNA Ringen mit unterschiedlichen super-helikalen Dichten

Das Grundprinzip dieses Experimentes liegt in der Erzeugung kovalent geschlossener DNA Ringe unter unterschiedlichen Bedingungen,
bei denen verschiedene helikale Ganghöhen h existieren. Nach erfolgten Ringschluß bilden sich bei anschließender Rückführung auf
die helikale Ganghöhe h^o unterschiedliche superhelikale Dichten
($-\sigma$) aus. Das Schema dieses Experimentes ist in Abb. 2 dargestellt.
Kovalenter DNA Ringschluß wird an schon existierenden DNA Ringen
durch die "nicking-closing" Aktivität des Enzymes Topoisomerase I
durchgeführt (diese Vorgehensweise ist prinzipiell analog zur Ligierung eines linearen DNA Doppelstranges zum DNA Ring (des Experimentes 1, ist jedoch experimentell leichter durchzuführen). Das
Endprodukt jeder Topoisomerase I Reaktion ist ein relaxiertes, kovalent geschlossenes Plasmid (wobei die helikale Ganghöhe vom Enzym
nicht erkannt, bzw. verändert wird). Erfolgt die Topoisomerase I-
Reaktion (Schritt 2) an den Plasmiden A, B, C und D, die durch Zugabe unterschiedlicher Mengen von EtBr (Schritt 1) unter verschiedenen helikalen Ganghöhen h vorliegen, so erscheinen die Produkte
der Topoisomerase I-Reaktion zu diesem Zeitpunkt alle als rela-
xierte Plasmide (A_2, B_2, C_2, D_2). Diese Plasmide unterscheiden
sich nur in den internen helikalen Ganghöhen h, da von A_2 bis D_2
zunehmende Mengen an EtBr interkaliert sind. Führt man jetzt im
Schritt 3 eine Phenolextraktion ($\emptyset$) durch, so erzielt man simultan
die Inaktivierung des Topoisomerase Enzyms und Extraktion der interkalierten EtBr Moleküle. Entnahme von EtBr führt zur Rückführung
in die helikale Ganghöhe des nichtinterkalierten Zustandes, h^o.
Proportional der Anzahl der ursprünglich interkalierten EtBr Moleküle (d.h. entsprechend dem Ausmaße der doppelhelikalen Entwindun-
gen während der Relaxationsreaktion durch Topoisomerase) stellen
sich jetzt negative superhelikale Windungen in den Plasmiden der
Endprodukte A_3, B_3, C_3 und D_3 ein (siehe auch Legende zur Abb. 2).

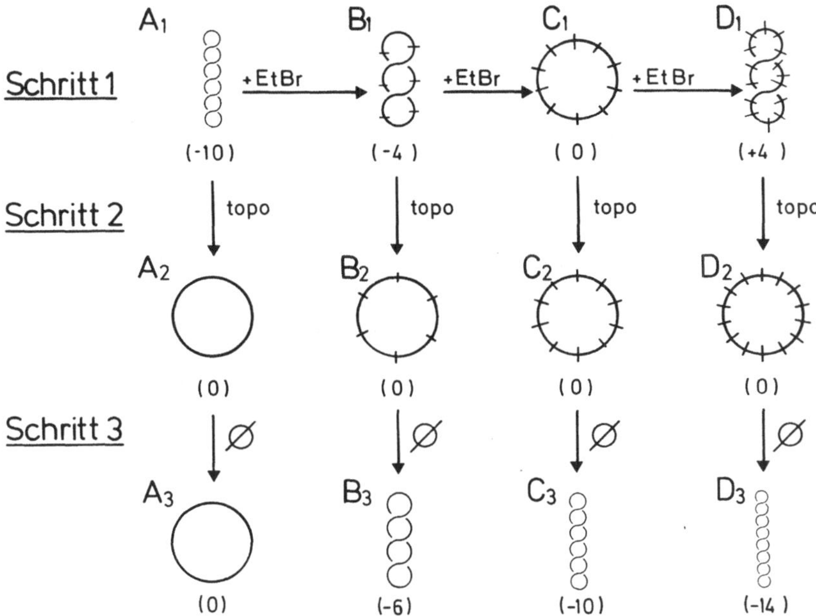

Abb. 2. **Schematische Darstellung der Erzeugung superhelikaler Plasmide mit unterschiedlicher Anzahl von superhelikalen Windungen.** Das Ausgangsmaterial (A_1) bildet eine Preparation kovalent geschlossener, negativ superhelikaler Plasmide, die aus Bakterienzellen isoliert wurde. Im Schritt 1 wird durch Zugabe unterschiedlicher Mengen des Interkalators Ethidiumbromid (EtBr) eine zunehmende Entwindung der DNA Doppelhelices innerhalb der kovalent geschlossenen Plasmide (B_1, C_1, D_1) erreicht. Das Ausmaß der Interkalation ist durch die Anzahl von Querstrichen in den Plasmiden graphisch symbolisiert. Die Anzahl der in jeder Stufe vorhandenen superhelikalen Windungen (τ) ist in Klammern unterhalb jeder Klasse von Plasmidmolekülen (A_1– D_3) angegeben. Im Schritt 2 werden durch Behandlung mit dem Enzym Topoisomerase I alle superhelikale Windungen, die in den jeweiligen interkalierten Zustände der DNAs noch vorhanden sind, entnommen. Nach erfolgter Topoisomerase Behandlungen sind alle Plasmide (A_2–D_2) kovalent geschlossen und erscheinen als relaxiert (d.h. τ = 0); sie unterscheiden sich nur in der Anzahl interkalierter Moleküle. Die nachfolgende Phenolextraktion ($\emptyset$) des Schrittes 3 inaktiviert die Topoisomerase und extrahiert gleichzeitig die Interkalatormoleküle. Die Entnahme des EtBr Interkalators setzt jetzt negative superhelikale Windungen in den Plasmiden frei (A_3– D_3). Je größer das Ausmaß der Interkalation im Schritt 1 war, um so höher ist die Zahl der im Schritt 3 freigesetzten negativen superhelikalen Windungen

Führt man die im Experiment 2 beschriebene Topoisomerase Reaktion an unterschiedlich interkalierten DNA Ringen durch, so ist es nach abschließender Phenolextraktion notwendig, die erzielten superhelikalen Dichten in den verschiedenen Plasmidpräparationen exakt zu ermitteln. Die Bestimmung der Zahl superhelikaler Windungen eines Plasmides ist durch elektrophoretische Auftrennung in Agarosegelen möglich. Dabei zieht man Nutzen aus dem Phänomen, daß bei der Ligierungsreaktion durch Topoisomerase (oder Ligase) immer eine Plasmidpopulation gebildet wird, in der die einzelnen DNA Ringe in ihrer Verknüpfungszahl α leicht variieren. Aufgrund thermischer Energien, die während der Reaktion einwirken, entsteht eine Population sogenannter Topoisomeren, in der sich die einzelnen Plasmidringe um die Zahl 1 in ihrer Verknüpfungszahl α unterscheiden (Keller 1975; Pulleyblank et al. 1975). Die Population der Topoisomeren entspricht einer Boltzmann Verteilung. Die einzelnen Topoisomeren lassen sich im Agarosegel voneinander auftrennen, vorausgesetzt daß die superhelikale Dichte nicht zu hoch ist. Da eine zu hohe Anzahl superhelikaler Windungen eines Plasmides keine Auflösung der Topoisomeren mehr erlaubt, können solche Plasmidpräparationen nur nach Interkalation (d.h. nach Entnahme superhelikaler Windungen durch Veränderung der doppelhelikalen Ganghöhe h) im Gel aufgetrennt werden. Die Zahl superhelikaler Windungen kann durch vergleichende, parallele Elektrophorese von Plasmidpopulationen mit überlappenden Gauß'schen Verteilungen von Topoisomeren bestimmt werden. Diese Methode der "Bandenzählung" wurde von Keller (1975) erstmals zur Bestimmung der superhelikalen Dichte des DNA Tumorvirus' SV40 eingesetzt. Ein Beispiel dieser Methode ist im folgenden Experiment 3 beschrieben.

<u>Experiment 3:</u> <u>Bestimmung der Anzahl superhelikaler Windungen von Plasmiden</u>

Zur Erzeugung von Plasmiden mit unterschiedlichen superhelikalen Dichten wird eine Plasmidpräparation entsprechend dem Schema des Experimentes 2 in Teilreaktionen bei verschiedenen Konzentrationen des Interkalators Ethidiumbromid (EtBr) mithilfe des Enzyms Topoisomerase I relaxiert. In den hier durchgeführten 7 Teilreaktionen (Puffer: 10 mM Tris-HCl, pH = 8,0/0,1 mM EDTA/0,2 M NaCl) wurden folgende Konzentrationen (µM) von EtBr gewählt: 0,2, 3,5, 5, 8, 12 und 15. Die in jeder Reaktion vorhandenen 10 µg DNA werden in einer Topoisomerase Reaktion von 12 Stunden Dauer bei 25°C relaxiert. Dreifache Phenolextraktion schließt sich an. 0,2 µg der so in den Teilreaktionen 1-7 behandelten Plasmide werden dann auf horizontale Gele (1,4% Agarose) aufgetragen, um die einzelnen Topoisomere elektrophoretisch voneinander zu trennen. Diese Auftrennung ist in den Gelen der Abb. 3 (oben, mitte unten) gezeigt. Diese Gele enthalten entweder keinen Interkalator (oben), oder 0,5 µg/ml (mitte) bzw. 1,25 µg/ml (unten) des Interkalators Chloroquin. Zusätzlich zu den DNAs der Teilreaktionen (Spuren 1-7) ist in Spur 8 unbehandelte Plasmid DNA, die aus Bakterien isoliert wurde und als Ausgangsmaterial für dieses Experiment bildete, aufgetragen.

Man kann sehen, daß in Abb. 3 (oben) die Proben 1-5 in mehrere Banden von Plasmid Topoisomeren unterschiedlicher Wanderungsgeschwindigkeit aufgetrennt sind, während die Proben mit höheren superhelikalen Dichten (Spuren 6-8) keine Auftrennung in Topoisomere mehr zeigen. Diese Proben der Spuren 6-8 sind in den Gelen Abb. 3 (mitte, unten) in Topoisomere aufgetrennt, weil hier durch Zugabe des Interkalators Chloroquin superhelikale Windungen entnommen sind. In den aufgetrennten Proben ist jeweils eine Gauß'sche Verteilung von etwa 4-6 Topoisomerbanden erkennbar. Es ist auch deutlich, daß sich die Wanderungsgeschwindigkeit der Topoisomeren mit zunehmender superhelikaler Dichte erhöht. Es sei darauf hingewiesen, daß sich <u>positive</u> superhelikale Windungen unter verschiedenen elektrophoretischen Bedingungen ausgebildet haben. Dies ist der Fall für Spur 1 (Abb. 3, oben), Spuren 1-4 (mitte) und Spuren 1-5 (unten).

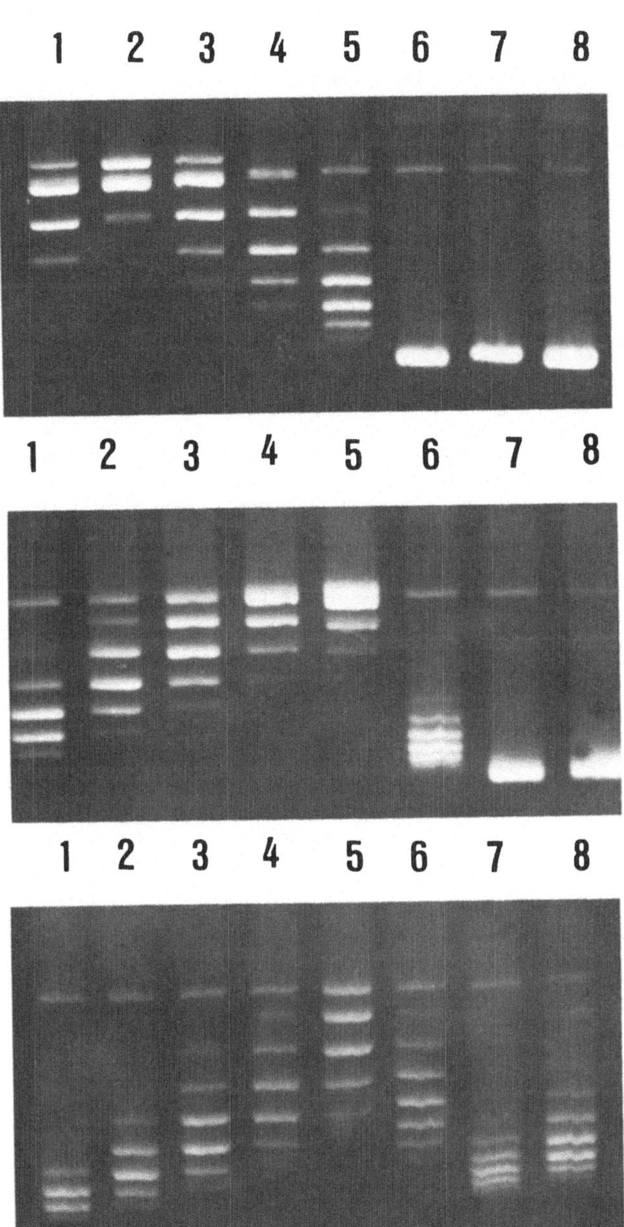

Abb. 3. Gelelektrophoretische Auftrennung von Plasmid Topoisomeren mit verschiedener Anzahl superhelikaler Windungen (-τ). Plasmidpräparationen mit unterschiedlichen superhelikalen Dichten (Spuren 1-8) wurden auf drei Horizontalgele (1,4% Agarose) aufgetragen. Diese Gele liefern im Tris-Borat Puffer (90 mM Tris-HCl, pH = 8,3/90 mM Borsäure/2,5 mM EDTA), wobei entweder kein Interkalator (oben) oder 0,5 µg/ml (mitte) bzw. 1,25 µg/ml (unten) des Interkalators Chloroquin zugefügt war. Laufbedingungen waren bei 25 mA für 12-14 Stunden. Nach beendeter Elektrophorese wurden die Gele in einer Lösung von Ethidiumbromid (0,5 µg/ml) angefärbt und unter kurzwelliger UV-Bestrahlung photografiert. Es ist deutlich zu sehen, daß entsprechend der im Gel vorhandenen Konzentration an Interkalator (Chloroquin), die aufgetragenen DNA Proben sich in ihre topoisomeren Komponenten auftrennen. Die in einer Probe existierenden Topoisomeren entsprechen in ihrer Häufigkeit einer Gauß'schen Verteilung

Für die Bestimmung der superhelikalen Dichten in den einzelnen Plasmidpräparationen nimmt man die Probe 1 (Spur 1) als Bezugspunkt, da mit dieser Probe die Relaxation durch Topoisomerase in Abwesenheit von EtBr erfolgte. Ausgehend vom Gauß'schen Zentrum der Spur 1 können durch Abzählen die Positionen der Gauß'schen Zentren in den anderen Proben ermittelt werden (Keller 1975). Dabei ergeben sich für die Proben 1 bis 8 die Mittelwerte für superhelikale Windungen (τ) der einzelnen Populationen von Topoisomeren wie folgt: 0 (1), -2,2 (2), -3,4 (3), -4,8 (4), -6,5 (5), -9,0 (6),

-13,1 (7) und -12,0 (8). So zeigt sich beispielsweise, daß in der Probe 7 eine höhere Anzahl superhelikaler Windungen erzeugt wurde, als sie ursprünglich im Ausgangsplasmid (Spur 8) vorhanden waren. Mit den ermittelten Werten für τ lassen sich nach der Formel $\sigma = \tau/\alpha^0$ die jeweiligen superhelikalen Dichten (σ) errechnen (die Plasmidgröße ist N = 2200 Basenpaare). Es ergeben sich die Werte für σ: 0 (1), -0,010 (2), -0,016 (3), -0,022 (4), -0,030 (5), -0,042 (6), -0,060 (7) und -0,056 (8).

Die in den Experimenten 2 und 3 hergestellten Plasmidpräparationen mit definierten superhelikalen Dichten dienen als Untersuchungsmaterial zum Studium von doppelhelikalen DNA Konformationsveränderungen, die durch "Supercoiling" induziert werden können. In Abb. 4 ist schematisch dargestellt, wie in einem superhelikal verdrillten DNA Ring die Überführung eines etwa 10 Basenpaar langen Segmentes von einer rechtsgedrehten B-DNA Helix in eine linksgedrehte Z-DNA Helix ungefähr zwei negative superhelikale Windungen ($-\tau$) entnimmt. Dieser Vorgang ist energetisch begünstigt (Singleton et al. 1982; Peck et al. 1982; Nordheim et al. 1982).

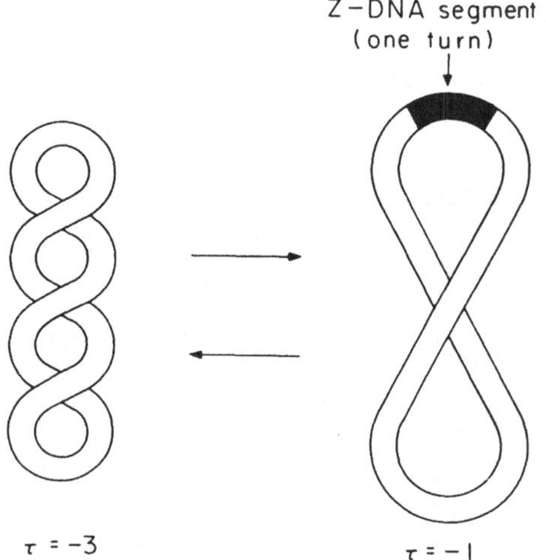

Abb. 4. Schematische Darstellung der B-Z Überführung in einem superhelikalen Plasmid. Die Transition einer rechtsgedrehten helikalen B-DNA Windung in eine linksgedrehte helikale Z-DNA Windung entnimmt dem Plasmid zwei negative superhelikale Windungen. Diese beiden Zustandsformen stehen in einem Gleichgewicht zueinander. Dieses Gleichgewicht wird entscheidend durch die negative superhelikale Dichte ($-\sigma$) des Plasmids bestimmt

Es zeigte sich, daß die Induzierung und Stabilisierung von Z-DNA Segmenten durch Supercoiling überaus effizient ist. So konnten zum Beispiel DNA Sequenzen durch topologischen Stress als Z-DNA stabilisiert werden, obwohl diese Sequenzen normalerweise in chemisch unmodifizierter Form nicht durch hohe Salzkonzentrationen in die linkshelikale Struktur überführt werden können. Dies beinhaltet d(CA)·d(GT) Sequenzen wie auch Segmente natürlich existierender Alternierungen von Purinen/Pyrimidinen in mehr statistischer Basenzusammensetzung (Nordheim et al. 1982; Nordheim und Rich 1983a, b; Haniford und Pulleyblank 1983).

Peck und Wang (1983) führten eine genaue Untersuchung der energetischen Parameter durch, die im superhelikalen DNA Ring für die B-Z Überführung verantwortlich sind.

5. ANTI-Z-DNA ANTIKÖRPER

Linkshelikale Z-DNA ist mit ausgesprochen hohem immunogenen Potential
versehen (Lafer et al. 1981; Malfoy und Leng 1981), sodaß spezifische
Antikörper zur Erkennung von Z-DNA gewonnen werden konnten. Diese Anti-
körper liegen in polyklonaler (Lafer et al. 1981; Malfoy und Leng 1981;
Zarling et al. 1983) und auch monoklonaler Form (Möller et al. 1982;
Thomae et al. 1983) vor.

Z-DNA spezifische Antikörper sind in der Lage, kurze Z-DNA Segmente innerhalb eines negativ superhelikalen DNA Ringes zu erkennen. Dies· wurde
erstmalig mit dem Plasmid pLP32 gezeigt (Nordheim et al. 1982), das 32
Basenpaare von alternierender ·d(CG) Sequenz trägt. Die Bindung von Antikörpern an Z-DNA Segmente superhelikaler Plasmide kann entweder im Bindungstest an Nitrozellulosefilter oder durch kovalente Quervernetzung
des Protein-DNA Komplexes und anschließende Lokalisierung dieses Komplexes nachgewiesen werden (Nordheim et al. 1982).

In den folgenden zwei Experimenten sollen beide Vorgehensweisen exempla-
risch durchgeführt werden.

Experiment 4: Bindung von anti-Z-DNA Antikörpern an superhelikale Formen des Plasmides pLP32

Das Plasmid pLP32 (Peck et al. 1982), ein pBR322 Abkömmling, der
eine Insertion von 32 Basenpaaren alternierender d(CG) Sequenz enthält, wurde in vivo durch Einbau von ^{3}H-Thymidin radioaktiv markiert. Aufwindung in Präparationen mit zunehmenden superhelikalen
Dichten erfolgt dann entsprechend dem Experiment 2, wobei die Werte
von $-\tau$ und $-\sigma$ analog zu der Vorgehensweise des Experimentes 3 bestimmt werden. Jede so erhaltene Plasmidpräparation wird mit zunehmenden Mengen des spezifischen anti-Z-DNA Antikörpers Ra 609
inkubiert (Reaktionsbedingungen: 0,2 µg DNA, Konzentrationen an
Antikörpern wie in Abb. 5 angegeben, 60 mM Na-Phosphat, 30 mM EDTA
(pH = 8,0), 200 mM NaCl; Inkubation erfolgte für 1 Stunde bei
Zimmertemperatur in einem Gesamtvolumen von 150 µl) (siehe Nordheim
et al. 1982).

Das Reaktionsgemisch wird nach erfolgter Inkubation durch einen Nitrozellulosefilter filtriert, wobei DNA-Protein Komplexe auf dem
Filter zurückbehalten werden, während proteinfreie DNA durch den
Filter passiert. Radioaktivitätsmessung der auf dem Filter zurück-
behaltenen DNA Mengen gibt ein Maß für die Ausbildung von Antikör-
per-Plasmid Komplexen. Die Auftragung der so ermittelten Daten in
Abb. 5 läßt erkennen, daß unter den gegebenen Reaktionsbedingungen
eine Antikörperbindung nur dann erfolgt, wenn das Plasmid die minimale kritische Anzahl von etwa 14 superhelikalen Windungen enthält.
Maximale Bindung ist bei etwa 27 superhelikalen Windungen erreicht.

Die in Abb. 5 dargestellten Bindungskurven des Experimentes 4 zeigen
deutlich, daß die anti-Z-DNA Antikörper eine supercoil-induzierte Veränderung in der helikalen Struktur innerhalb des Plasmides erkennen.

In weiterführenden (Nordheim et al. 1982) wie auch unabhängigen (Peck et
al. 1982) Zusatzexperimenten konnten gute Beweise für die Arbeitshypo-
these gefunden werden, daß wirklich die alternierende d(CG)$_{16}$ Sequenz
eine linkshelikale Z-DNA Struktur angenommen hatte und daß Antikörper
diese supercoil-abhängige B-Z Überführung erkannten. Es sei in diesem
Zusammenhang darauf hingewiesen, daß die Ionenstärke der DNA-Lösung

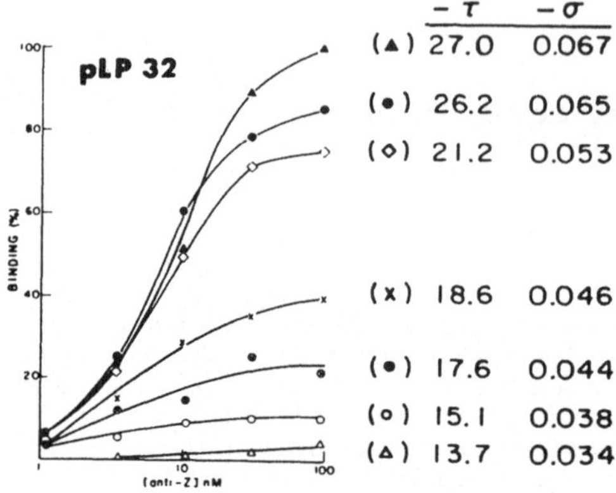

	$-\tau$	$-\sigma$
(▲)	27.0	0.067
(●)	26.2	0.065
(◊)	21.2	0.053
(×)	18.6	0.046
(●)	17.6	0.044
(○)	15.1	0.038
(▲)	13.7	0.034

Abb. 5. Bindung von anti-Z-DNA Antikörpern an Präparationen des Plasmides pLP32, denen zunehmend negativ superhelikale Windungen (-τ) eingebracht wurden. Bei ansteigenden Konzentrationen von Antikörpern wurde die Bildung von DNA-Protein Komplexen mittels Filtration durch Nitrozellulosefilter bestimmt. Die superhelikalen Verwindungszustände der in den jeweiligen Bindungsreaktionen eingesetzten Plasmid DNAs sind als Anzahl superhelikaler Windungen (-τ) bzw. korrespondierende superhelikale Dichten (-σ) angegeben

einen wichtigen Einfluß auf die Energiebedürfnisse der durch Supercoiling hervorgerufenen B-Z Transition ausübt. So findet diese Transition interessanterweise leichter bei geringeren Salzkonzentrationen statt (Singleton et al. 1982; Azorin et al. 1983; Peck und Wang 1983).

Um den Nachweis zu erbringen, daß der anti-Z-DNA Antikörper tatsächlich an das Z-bildende d(CG)$_{16}$-Segment gebunden war, wurde eine Methode entwickelt (Nordheim et al. 1982), die die Lokalisierung der Antikörperbindungsstellen auf der Plasmid DNA erlaubt.

Nach Quervernetzung und anschließender restriktionsendonukleolytischer Fragmentierung der DNA-Protein Komplexe erlaubt diese Methode die Kartierung der Erkennungsstellen von Z-DNA in dem Plasmidgenom. Diese Vorgehensweise ist im nächsten Experiment 5 besprochen.

<u>Experiment 5:</u> <u>Lokalisierung der Bindungsstellen von anti-Z-DNA Antikörpern in negativ superhelikalen Plasmiden</u>

Ziel dieses Experimentes ist die genaue Bestimmung der Lokalisation des gebundenen anti-Z-DNA Antikörpers im Plasmidgenom. Die experimentelle Vorgehensweise gliedert sich in 6 Teilschritte:

1.) Bindung der Antikörper an superhelikale Plasmide
2.) Quervernetzung der DNA-Protein Komplexe durch 0,1% Glutaraldehyd
3.) Fragmentierung mithilfe von Restriktionsendonukleasen
4.) Nitrozellulose Filtration
5.) Elution der filtergebundenen Fragmente
6.) Gelelektrophoretische Auftrennung von filtergebundenen Fragmenten sowie der Filtrafraktion

1 µg negativ superhelikales Plasmid wird mit anti-Z-DNA Antikörpern in einem Triäthanolamin (TÄA)-Puffer (40 mM TÄA - pH = 7,4, 75 mM NaCl) für 15 Minuten bei 37°C inkubiert. Anschließend erfolgt Zugabe von Glutaraldehyd auf eine Endkonzentration von 0,1% und weitere Inkubation für 15 Minuten bei 37°C schließt sich an. Die kovalente Quervernetzung der Antikörper an die DNA ist notwendig, da die nachfolgende Restriktionsverdauung den topologischen Stress aus dem Plasmid entnimmt, und so die Z-DNA wie auch den Z-DNA/Antikörper Komplex destabilisiert. Die Probe (Gesamtvolumen 100 µl) wird

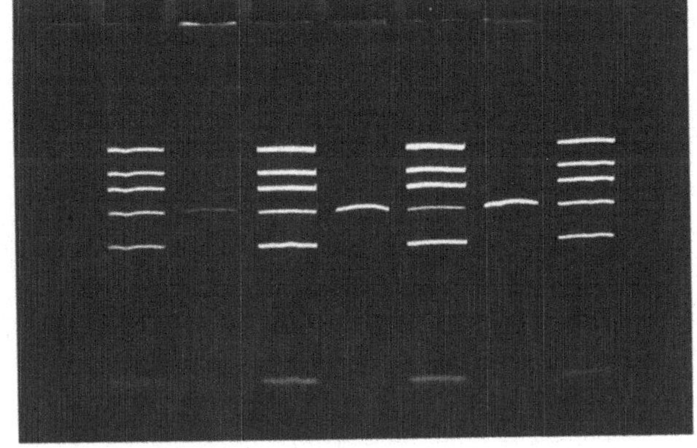

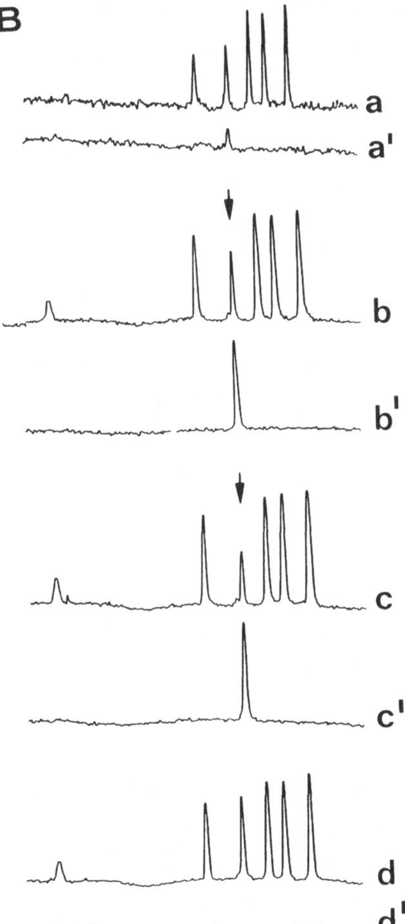

Abb. 6. Lokalisierung von Bindungsstellen der anti-Z-DNA Antikörper im
negativ superhelikalen Plasmid pDHf16.
Komplexe von negativ superhelikalen
pDHf16 Plasmiden und anti-Z-DNA Antikörpern wurden - wie in Experiment 5
beschrieben - quervernetzt, mit der
Restriktionsendonuklease Hae III geschnitten und durch einen Nitrozellulosefilter filtriert. Das filterge-
bundene Material (a', b', c', d')wurde
mit SDS/Proteinase K bei 60°C eluiert
(20 Minuten), konzentriert und parallel zu dem korrespondierenden Filtrat-
material (a, b, c, d) in einem Acrylamidgel (8%) elektrophoretisch aufgetrennt (A). Die in den vier Reaktionen
verwendeten DNAs unterscheiden sich
durch ihre negativ superhelikalen
Dichten (a: $-\sigma$ = 0,027; b: $-\sigma$ = 0,041;
c: $-\sigma$ = 0,050; d: $-\sigma$ = 0,050). In der
Kontrollreaktion d wurde das Experi-
ment in Abwesenheit des Antikörpers
durchgeführt. Im Abschnitt B ist die
densitometrische Vermessung des ge-
färbten Geles (A) gezeigt. Pfeile
deuten auf das Fragment Hae III-4,
welches bei ansteigender negativ superhelikaler Dichte des Plasmids in
zunehmendem Maße vom Antikörper gebunden und auf dem Filter zurückge-
halten wird. Dieses Hae III-4 Fragment
enthält die Insertion von $d(CG)_{11}$

nach erfolgter Quervernetzung auf eine Sephacryl-S400 Säule gegeben
(Säulenvolumen 2,5 ml; äquilibriert in 10 mM Tris-HCl, pH = 8,0, 1
mM EDTA), um freies Glutaraldehyd zu entfernen. Das eluierte Material von DNA-Protein Komplexen wird anschließend mit dem Restriktionsenzym Hae III (10 Einheiten, Inkubation für 3 Stunden im Re-
striktionspuffer) geschnitten. Bei der nachfolgenden Filtration
dieses Gemisches wird einerseits das Filtrat der proteinfreien
Fragmente aufgefangen und andererseits werden die filtergebundenen
Fragmente vom Filter präparativ abeluiert. Diese Elution erfolgt
bei 60°C mit 50 µg/ml Proteinase K in einer Lösung von 1% SDS Detergenz.

Nach Konzentration dieser Proben durch Äthanol-Fällung werden sie
parallel nebeneinander in einem Acrylamidgel (8%) elektrophoretisch
aufgetrennt. In Abb. 6 sind 4 DNA Proben (a, b, c und d) in der beschriebenen Weise behandelt worden. Das verwendete Plasmid, pDHf16
(Haniford und Pulleyblank 1983), enthält im vierten Hae III Fragment (Hae III-4) eine Insertion von $d(CG)_{11}$. Unterschiedliche superhelikale Dichten des Plasmids wurden verwendet; a: $-\sigma = 0,027$;
b: $-\sigma = 0,041$; c: $-\sigma = 0,050$; d: $-\sigma = 0,050$. Die Probe d stellt
eine Kontrolle dar, da hier der gesamte Reaktionsablauf in Abwesenheit des anti-Z-DNA Antikörpers durchgeführt wurde. Im Probenauf-
trag des Geles sind die Filtratproben mit a, b, c, d bezeichnet,
während die korrespondierenden Filterelutionsproben mit a', b', c'
und d' markiert sind.

Sowohl in der Photografie des Geles (Abb. 6, A) wie auch in dessen
densitometrischer Vermessung (Abb. 6, B) ist zu erkennen, daß mit
zunehmender negativ superhelikaler Dichte des Plasmides ($-\sigma_a<-\sigma_b$
$<-\sigma_c$) ansteigende Mengen des Fragmentes Hae III-4 dem Filtrat ent-
zogen werden und stattdessen auf dem Filter verbleiben. Im Kon-
trollexperiment der Probe d hingegen wird in Abwesenheit des Antikörpers kein Fragment spezifisch auf dem Filter gehalten.

Am Beispiel des Experimentes 5 ist gezeigt worden, daß die Bindung der
anti-Z-DNA Antikörper in der Plasmidregion erfolgt, in der das $d(CG)_{11}$-
Segment inseriert ist. Durch die Wahl verschiedener Restriktionsenzyme
kann mit dieser Vorgehensweise eine noch genauere Lokalisierung der
Bindungsstellen in der $d(CG)_{11}$ Region erzielt werden. Diese Vorgehensweise erlaubt generell die Identifizierung von DNA Segmenten, die das
Potential zur Ausbildung von Z-DNA haben.

6. ZUSAMMENFASSUNG

Nach einer allgemeinen Beschreibung der strukturellen Flexibilität der
DNA Doppelhelix ist die helikale Überführung rechtsgedrehter B-DNA in
linkshelikale Z-DNA näher diskutiert. Spezielles Schwergewicht wurde
auf die Rolle des DNA Supercoilings in der Induktion und Stabilisierung
von B-Z Transitionen gelegt.

Die freie Energie eines negativ superhelikal verdrillten DNA Ringes repräsentiert das bisher effizienteste Hilfsmittel zur Stabilisierung von
Z-DNA. In den ersten drei Experimenten wurde examplarisch die Erzeugung
und Charakterisierung von Plasmiden mit definierten negativ superhelikalen Dichten ($-\sigma$) durchgeführt. Dabei wurde das Konzept der superhelikalen Verdrillung von zirkulären DNA Molekülen eingehend diskutiert. In
den verbleibenden beiden Experimenten wurde die Erkennung von supercoil-
induzierten Z-DNA Segmenten durch spezifische anti-Z-DNA Antikörper be-

handelt. Hierbei wurde vor allem im letzten Experiment (Experiment 5)
eine Vorgehensweise durchgeführt, die von generellem Nutzen zur Identi-
fizierung von Z-DNA Regionen ist. Vor allem kann so in zukünftigen Experimenten das Potential zur Ausbildung von Z-DNA in natürlichen DNA
Sequenzen näher untersucht werden. Dabei ist die Frage nach dem Z-DNA
Potential nichtalternierender Purin/Pyrimidin-Sequenzen von großem Interesse. Die im Experiment 5 beschriebene Methodik hat bereits in mehreren
Anwendungsbeispielen (Nordheim et al. 1982; Nordheim und Rich 1983a, b;
Di Capua et al. 1983) gezeigt, daß Bindungsreaktionen der anti-Z-DNA
Antikörper an natürlichen DNA Sequenzen von unterschiedlichster Basen-
zusammensetzung möglich ist.

Abschließend sei darauf hingewiesen, daß die Gesamtheit der in diesem
Artikel benannten Methoden zur in vitro Erkennung von Z-DNA derzeitig
noch nicht durch ähnlich sensitive Vorgehensweise zur in vivo Identifikation von Z-DNA komplementiert werden können. Demzufolge sind augen-
blicklich noch keine direkten Beweise über eine biologische Funktion
linkshelikaler Z-DNA gefunden worden. Diese Frage stellt jedoch ein
faszinierendes Problem für weiterführende wissenschaftliche Arbeit dar.

Die Arbeiten des Autors wurden finanziell durch Mittel des BMFT und des
Fonds der Chemischen Industrie unterstützt. Die Mitarbeit von Rosemary
Franklin in der Abfassung dieses Manuskriptes sei hervorgehoben.

LITERATUR

Azorin F, Nordheim A, Rich A (1983) Formation of Z-DNA in negatively su-
    percoiled plasmids is sensitive to small changes in salt concentration
    within the physiological range. EMBO J 2:649-566
Barton JK, Basile LA, Danishefsky A, Alexandrescu A (1984) Chiral
    probes for the handedness of DNA helices: Enantiomers of tris (4,7-
    diphenyl phenanthroline) ruthenium (II). Proc Natl Acad Sci USA 81:
    1961-1965
Bauer W, Crick FHC, White JH (1980) Supercoiled DNA. Sci Am 243:118
Cantor CR (1981) DNA choreography. Cell 25:293-295
Cantor C, Schimmel P (1980) Biophysical chemistry, Bd. I, II, III
Di Capua E, Stasiak A, Koller T, Brahms S, Thomae R, Pohl FM (1983) Tor-
    sional stress induces left-handed helical stretches in DNA of natural
    base sequence: circular dichroism and antibody binding. EMBO J 2:1531-
    1535
Drew HR, Takano T, Tanaka S, Itakura K, Dickerson RE (1980) High salt
    d(CpGpCpG), a left-handed Z-DNA double helix. Nature 286:567-573
Drew HR, Travers AA (1984) DNA structural variations in the E. coli tyr
    T promoter. Cell 37:491-502
Frederick CA et al. (1984) Kinked DNA in crystalline complex with EcoRI
    endonuclease. Nature 309:327-331
Haniford DB, Pulleyblank DE (1983) Facile transition of poly (d(TG)·d
    (CA)) into a left-handed helix in physiological conditions. Nature
    302:632-634
Jovin TM, McIntosh LP, Arndt-Jovin DJ, Zarling DA, Robert-Nicoud M, van
    de Sande JH, Jorgenson KF (1983) Left-handed DNA:from synthetic poly-
    mers to chromosomes. J Biomol Str Dyn 1:21-57
Keller W (1975) Determination of the number of superhelical turns in
    simian virus 40 DNA by gel electrophoresis. Proc Natl Acad Sci USA
    72:4876-4880
Klysik J, Stirdivant SM, Larson JE, Hart PA, Wells RD (1981) Left-hand-
    ed DNA in restriction fragments and a recombinant plasmid. Nature
    290:672-677
Lafer EM, Möller A, Nordheim A, Stollar BD, Rich A (1981) Antibodies
    specific for left-handed Z-DNA. Proc Natl Acad Sci USA 78:3546-3550

Malfoy B, Leng M (1981) Antiserum to Z-DNA. FEBS Lett 132:45-48
Möller A, Gabriels JE, Lafer EM, Nordheim A, Rich A, Stollar BD (1982) Monoclonal antibodies recognize different parts of Z-DNA. J Biol Chem 257:12081-12085
Nordheim A, Rich A (1983a) The sequence $(dC-dA)_n \cdot (dC-dT)_n$ forms left-handed Z-DNA in negatively supercoiled plasmids. Proc Natl Acad Sci USA 80:1821-1825
Nordheim A, Rich A (1982b) Negatively supercoiled simian virus 40 DNA contains Z-DNA segments within transcriptional enhancer sequences. Nature 303:674-679
Nordheim A, Lafer EM, Peck LJ, Wang JC, Stollar BD, Rich A (1982) Negatively supercoiled plasmids contain left-handed Z-DNA segments as detected by specific antibody binding. Cell 31:309-318
Nordheim A, Peck LJ, Lafer EM, Stollar BD, Wang JC, Rich A (1983) Supercoiling and left-handed Z-DNA. Cold Spring Harbor Symp Quant Biol 47:93-100
Patel DJ, Cannul LL, Pohl FM (1979) "Alternating B-DNA" conformation for the oligo(dG-dC) duplex in high-salt solution. Proc Natl Acad Sci USA 76:2508-2511
Patel DJ, Kozlowski SA, Nordheim A, Rich A (1982) Right-handed and left-handed DNA: Studies of B- and Z-DNA by using proton nuclear Overhauser effect and pNMR. Proc Natl Acad Sci USA 79:1413-1417
Peck LJ, Wang JC (1983) Energetics of B- to -Z transition in DNA. Proc Natl Acad Sci USA 80:6206-6210
Peck LJ, Nordheim A, Rich A, Wang JC (1982) Flipping of cloned $p(pCpG)_n \cdot d(pCpG)_n$ DNA sequences from right- to left-handed helical structure by salt, co(III), or negative supercoiling. Proc Natl Acad Sci USA 79:4560-4564
Pohl FM, Jovin TM (1972) Salt-induced co-operative conformational change of a synthetic DNA: Equilibrium and kinetic studies with poly(dG-dC). J Mol Biol 67:375-396
Pohl FM, Ranade A, Stockburger M (1973) Laser Raman scattering of two double-helical forms of poly(dG-dC). Biochim Biophys Acta 335:85-92
Pulleyblank DE, Shure M, Tang D, Vinograd J, Vosberg H-P (1975) Action of nicking-closing enzyme on supercoiled and nonsupercoiled closed circular DNA: Formation of a Boltzmann distribution of topological isomers. Proc Natl Acad Sci USA 72:4280-4284
Rich A (1983) Right-handed and left-handed DNA: Conformation information in genetic material. Cold Spring Harbor Symp Quant Biol 47:1-12
Rich A, Nordheim A, Wang AH-J (1984) The chemistry and biology of left-handed Z-DNA. Ann Rev Biochem (in press)
Singleton CK, Klysik J, Stirdivant SM, Wells RD (1982) Left-handed Z-DNA is induced by supercoiling in physiological ionic conditions. Nature 299:312-316
Thamann TJ, Lord RC, Wang AH-J, Rich A (1981) The high-salt form of poly(dG-dC)·poly(dG-dC) is left-handed Z-DNA: Raman spectra of crystals and solutions. Nucl Acids Res 9:5443-5457
Thomae R, Beck S, Pohl FM (1983) Isolation of Z-DNA-containing plasmids. Proc Natl Acad Sci USA 80:550-553
Wang AH-J, Quigley GJ, Kolpak FJ, Crawford JL, van Boom JH, van der Marel G, Rich A (1979) Molecular structure of a left-handed double helical DNA fragment at atomic reoslution. Nature 282:680-686
Wang AH-J, Quigley GJ, Kolpak FJ, van der Marel G, van Boom JH, Rich A (1981) Left-handed double helical DNA: variations in the backbone conformation. Science 211:171-176
Wang JC (1980) Superhelical DNA. Trends in Biochem Sci 5:219-222
Watson JD, Crick FH (1953) Molecular structure of nucleic acid: A structure for deoxyribose nucleic acid. Nature 171:737-738
Weil R, Vinograd J (1963) The cyclic helix and cyclic coil forms of polyoma viral DNA. Proc Natl Acad Sci USA 50:730

Wing R, Drew H, Takano T, Broka C, Tanaka S, Itakura K, Dickersen RE
  (1980) Crystal structure of a complete DNA turn. Nature 287:755
Zarling DA, McIntosh LP, Arndt-Jovin DJ, Robert-Nicoud M, Jovin TM
  (1983) Anti-poly (d(G-Br5C)) IgG interaction with synthetic, viral
  and cellular Z-DNA. J Biomol Struc Dynam I:1081-1107
Zimmermann SB (1982) The three-dimensional structure of DNA. Ann Rev
  Biochem 51:395-427

Mikroklonierung von Chromosomenabschnitten

H. Jäckle, V. Pirrotta und J. E. Edström

Max-Planck-Institut für Entwicklungsbiologie, Spemannstraße 35, D-7400 Tübingen
und EMBL Heidelberg, Postfach 102209, D-6900 Heidelberg

Konventionelle DNA-Klonierung eines Gens führt vom charakterisierten Genprodukt (Protein) über die RNA zur genomischen DNA-Sequenz. Eine alternative Strategie führt unabhängig vom Genprodukt direkt zum rekombinanten DNA-Klon (siehe 5.). Dieser Weg setzt die genaue zytologische Kartierung des Gens auf einem Chromosomenabschnitt voraus und eine Technik, die entsprechende DNA-Sequenz nach mechanischer Isolation dieses Abschnitts direkt zu klonieren (Scalenghe et al., 1981). Im Folgenden sollen eine solche "Mikroklonierungstechnik" und ihr Anwendungsbereich beschrieben werden.

Eine Voraussetzung für eine erfolgreiche Mikroklonierung ist eine genetische Analyse, die, kombiniert mit Zytologie, das Gen einem distinkten Chromosomenabschnitt zuordnet. Dieses Vorgehen ist bei diploiden Chromosomen nur begrenzt anwendbar, jedoch bei polytänen Chromosomen ideal. In Speicheldrüsen von Larven der Fruchtfliege _Drosophila_, wie bei allen Dipteren, ordnen sich Chromatiden zu Riesenchromosomen. Durch bisher nicht verstandene Kondensationsvorgänge entsteht ein charakteristisches Banden-Interbandenmuster, das unter dem Phasenkontrastmikroskop eindeutig definierbar ist. Sichtbare Chromosomenveränderungen, d.h. Translokationen, Deletionen und/oder Inversionen, erlauben es, ein Gen innerhalb eines Banden-Interbanden-Intervalls zytologisch zu lokalisieren.

Eine durchschnittliche Riesenchromosomenbande von _Drosophila_ ist bis zu 0,2 um dick und enthält ca. 50 Kb genomischer DNA pro Chromatid, was etwa einem Lambda-Bakteriophagengenom entspricht. Eine 2 000-fache Polytänisierung ergibt etwa 0,1 pg DNA pro Einzelbande. Diese DNA-Menge entspricht einem durchschnittlichen Säugerchromosom. Durch Mikromanipulation ist es technisch möglich, einen Chromosomenabschnitt zu isolieren, der je nach Größe und Dichte der Banden ca. 100 - 200 Kb genomischer DNA entspricht. Diese Menge von weniger als 1 pg DNA ist ausreichendes Startmaterial für ein Mikroklonierungsexperiment.

Die DNA wird aus dem isolierten Chromosomenabschnitt extrahiert und mit einer Restriktionsendonuklease (z.B. Eco Rl)· geschnitten, um eine Vielzahl klonierbarer DNA-Fragmente von durchschnittlich 3 - 4 Kb zu erhalten, die unabhängig voneinander in Vektormoleküle ligiert werden können. Als Vektor bietet sich Bakteriophagen-DNA an, die sich _in vitro_ mit hoher Effizienz zu infektiösen Phagenpartikeln verpacken läßt (Hohn und Murray, 1977) und die Identifizierung rekombinanter Klone durch geeignete Merkmale oder Selektion (Murray et al., 1977) erleichtert (siehe 4.).

Die in vitro-Verpackung der Phagen-DNA ist weitgehend unabhängig von der Konzentration und könnte daher in einem "normalen" Reaktionsvolumen (10-20 µl) durchgeführt werden. Das Verdauen der DNA mit Restriktionsenzymen und insbesondere die Ligationsreaktion sind jedoch konzentrationsabhängig und können nur mit hoher DNA-Konzentration durchgeführt werden. Die Idealkonzentration könnte man theoretisch durch Einsatz einer hohen Konzentration von Vektor-DNA bei geringer DNA-Menge aus Chromosomenabschnitten erreichen. Allerdings ist dabei der Nachweis von nur wenigen rekombinanten Phagen praktisch unmöglich (siehe 4.). Daher war es notwendig, das Klonieren von Pikogrammengen an DNA im Nanolitervolumen durchzuführen, um somit die Reaktanten in genügend hoher Konzentration zu halten. Mit Hilfe der Mikromanipulationstechnik von de Fonbrune (de Fonbrune, 1949) können alle Reaktionen durch Manipulieren eines hängenden Tropfens in einem Volumen von weniger als 1 nl durchgeführt werden.

1. ÖLKAMMER, MIKROMANIPULATOR UND INSTRUMENTARIUM

Das Reaktionsgefäß, in dem alle Manipulationen durchgeführt werden, besteht aus einem dicken Objektträger mit einer zentral eingefräßten U-förmigen Wanne. Diese ist auf beiden Seiten offen und wird durch Auflage von schmalen Deckgläsern überdeckt (Abb. 1a; 4a). Der Raum zwischen Wannenboden und Deckglasunterseite wird mit viskösem Paraffinöl gefüllt ("Ölkammer") und bleibt nach zwei Seiten offen. Die aufgelegten Deckgläser (Abb. 1a) sind schmal geschnitten (6x32x0,17 mm), damit mehrere Deckgläser unabhängig voneinander in die Ölkammer eingeführt oder daraus entfernt werden können. Ölkammer und Deckgläser werden vor Gebrauch in Salzsäure gewaschen, gründlich mit destilliertem Wasser gespült und staubfrei luftgetrocknet.

Die Instrumente werden über den Mikromanipulator von der Vorderseite in die Ölkammer eingeführt (Abb.1). Die ölbedeckte Deckglasunterseite dient als Arbeitsfläche. Diese Arbeitsfläche enthält entweder Chromosomenpräparate zum Isolieren der gewünschten DNA-Abschnitte (siehe 2.) oder dient als Haftfläche für kleine wässrige Reaktionströpfchen. Das mit R-Puffer (50 mM KCl, 10 mM Tris-HCl, 10 mM $MgCl_2$, 10 mM 2-Mercaptoäthanol; pH 7,5) gesättigte Paraffinöl soll das Eintrocknen der Tröpfchen verhindern, ohne biochemische Reaktionen zu beeinflussen. Deckgläser, die für biochemische Reaktionen verwendet werden, sind in 1 % Dimethyldichlorosilan (in Chloroform) silikonisiert und anschließend mit 1 mM EDTA gewaschen. Nach der Silikonisierung sollte ein wässriger 1 nl-Tropfen kugelförmig von der Deckglasunterseite in die Ölkammer hängen.

Der Mikromanipulator wird vor ein Phasenkontrastmikroskop gestellt, auf dessen Objekttisch die Ölkammer fixiert ist. Mikrodissektionsinstrumente (Glasnadeln) und Mikropipetten werden (Abb. 1a,1b) mit dem Mikromanipulator bewegt. Dieser

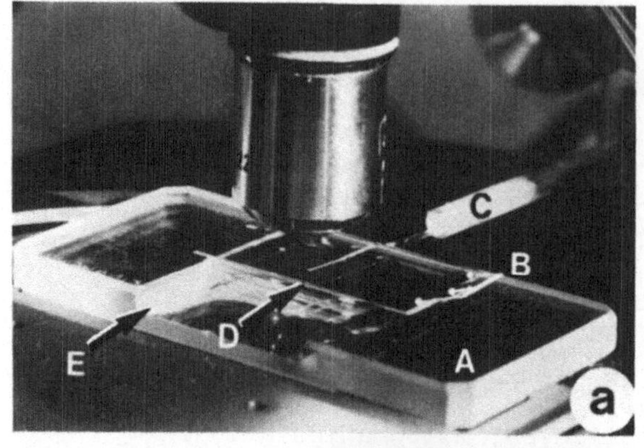

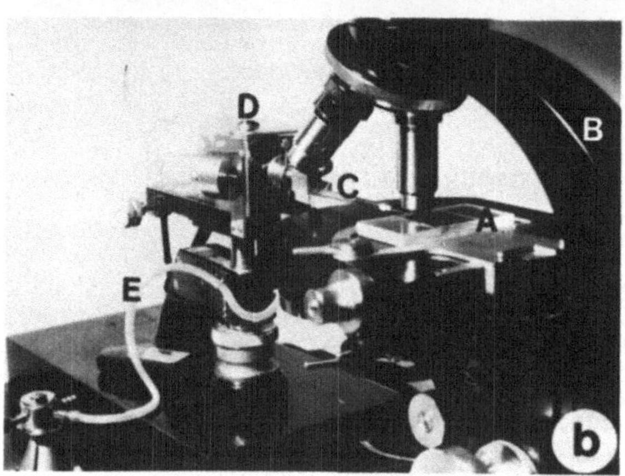
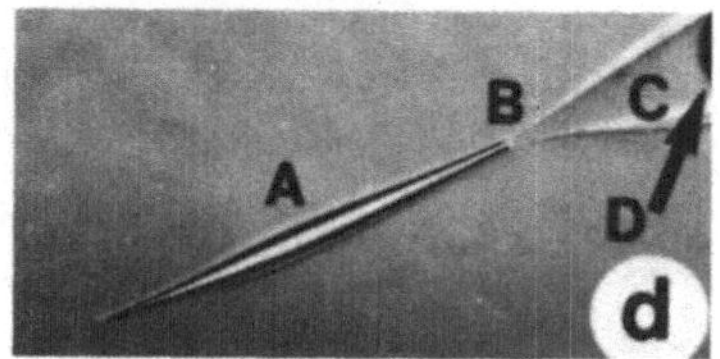

<u>Abb. 1:</u> (a) Die Ölkammer (A; siehe Abb. 4) ist mit schmalen
Deckgläsern (B) überdeckt. In den ölgefüllten Raum (D) zwischen Wannenboden (E) und Deckglasunterseite (Arbeitsfläche)
können Glasnadeln oder Mikropipetten (C) eingeführt werden.
(b) Übersicht einer de Fonbrune-Mikromanipulieranlage. Die
Ölkammer (A) kann über den beweglichen Tubus (B) fokussiert
werden. Der Empfängerteil des Mikromanipulators (D) reduziert
Bewegungen am Steuerteil (nicht abgebildet) auf kleinste
Bewegungen der Glasnadel oder Mikropipette (C). Letztere ist
über einen Druckschlauch (E) durch ein fixiertes Dreiwege-
system (F) mit einer Spritze verbunden, die über Luftdruck
definiertes Pipettieren ermöglicht. (c) Der Pipettenhalter
(A) mit eingeschmolzener Glaskapillare (B) und Gewicht (C)
ist in der Mikroschmiede montiert. Der Neigungswinkel der
Pipette ist über ein Rad (D) auf ca. 30°C eingestellt. Der
Schmelzvorgang am Platinfilament (E) wird über ein Stereomikroskop (F) kontrolliert (siehe auch Abb. 2). (d) Mikro-
pipettenspitze bei ca. 50-facher Vergrößerung. Der Bulbus (A)
ist mit wässriger Lösung bis zur Konstriktion (B) gefüllt.
Der folgende Pipettenteil enthält Öl (C) bzw. Luft (D) und
ist über den Pipettenhalter mit der Spitze (siehe b) verbunden

reduziert Handbewegungen am Steuergerät über ein pneumatisches Dreiwegsystem (vertikal, horizontal, orthogonal) via Druckschlauch und Druckkammern auf kleinste koordinierte Bewegungen der Instrumente in der Ölkammer.

Die Glasnadeln zum Isolieren von Chromosomenabschnitten können auf verschiedene Arten hergestellt werden. Die Mikroschmiede von de Fonbrune (Abb. 1c) erlaubt ein kontrolliertes Schmelzen von Glas mit einem elektrisch beheizten Platindraht. Ein ca. 5 cm langer Sodaglasstab (2 mm Durchmesser, an einem Ende über einer Flamme auf 0,5 mm ausgezogen) wird am ausgezogenen Ende durch vorsichtigen Kontakt mit dem erhitzten Platinfilament geschmolzen und im 40°-Winkel zur Längsachse um 1 - 2 mm ausgezogen. Eine scharfe Spitze wird durch kontinuierliches Reduzieren der Hitze während der Endphase des Ausziehens erreicht (Typ 1). Der gesamte Prozess wird unter dem Stereomikroskop kontrolliert. Für die Isolierung von einzelnen Chromosomenbanden verwenden wir Glaskapillaren (1 mm Durchmesser), die mit einem Standard-Elektrodenziehgerät unter geringer Erwärmung zu einer scharfen Spitze ausgezogen werden. Da heißes Glas kontrahiert, können die letzten 1-2 mm vor der Spitze in der Mikroschmiede um 40 - 50° durch Nähern mit dem heißen Platinfilament gebogen werden (Typ 2).

Mikropipetten mit Nanoliter-Volumen stellen wir aus Hartglaskapillaren (Pyrex, Duran) in der Mikroschmiede her. Eine ca. 10 cm lange Kapillare (1 mm Außendurchmesser; 0,1 mm Wandstärke) wird an einem Ende auf ca. 0,3 mm über schwacher Flamme verjüngt und zu einem kleinen Haken gebogen. Das lange Ende wird in einen Pipettenhalter (3 mm starkes, gebogenes Glasrohr) geschoben und mit geschmolzenem Paraffin fixiert und abgedichtet (Abb. 2). Der Pipettenhalter wird dann in die

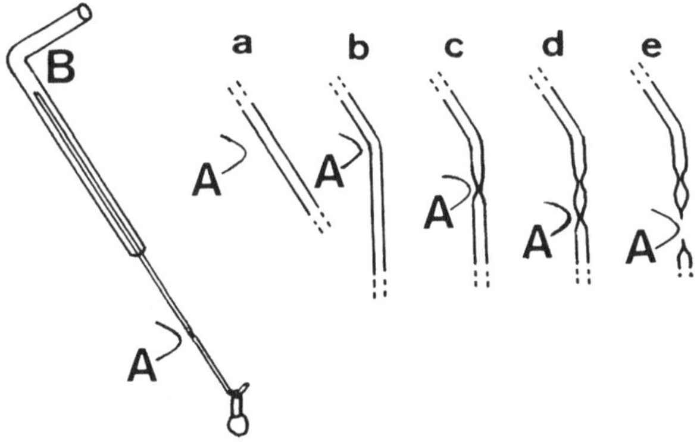

Abb. 2: Schema zur Konstruktion einer Mikropipette (siehe Text) mit Hilfe eines reguliert heizbaren Platinfilamentes (A). (B) Glasrohr mit eingeschmolzener Glaskapillare und Gewicht (siehe Abb. 1c)

Mikroschmiede im 30°-Winkel eingespannt (Abb. 1c). Entsprechend Abb. 2 wird ein Gewicht (1 - 2 g) am Haken der Kapillare angebracht. Lokales Erhitzen mit dem Platinfilament verbiegt dann die Kapillare um 30°. Danach wird das Platinfilament nach unten verschoben (Abb. 2c), um dort mit schwacher Hitze eine Konstriktion zu schmelzen. Je nach gewünschtem Pipettenvolumen wird dann eine zweite Konstriktion unterhalb der ersten angebracht (Abb. 2d), die nach maximaler Annäherung des Platinfilaments mit minimaler Beheizung bricht und eine offene Pipettenspitze entstehen läßt (Abb. 2e).

Die Mikropipetten werden am kurzen Arm des Pipettenhalters durch einen Schlauch mit einer 2 ml Glasspritze (Luer-Lock) verbunden (siehe Abb. 1b), die über einen Dreiwegehahn durch Luftdruck das Pipettieren reguliert. Zum Kalibrieren wird die Pipette an der Mikromanipulatorachse befestigt (Abb. 1b), in die Ölkammer eingeführt und mit radioaktiver Lösung definierter Volumenaktivität (Abb. 1d) gefüllt. Danach wird der Pipetteninhalt auf ein Deckglas ausgestoßen und die Radioaktivität gemessen. Pipetten mit einem so bestimmten Volumen zwischen 0,1 und 5 nl sind für das nachfolgende Mikroklonieren zu gebrauchen. Sie werden durch Füllen und Entleeren in 1% Dimethyldichlorosilanlösung silikonisiert und anschließend gewaschen. In der Regel werden Pipetten mit Phenol gereinigt und können danach wiederverwendet werden.

2. PRÄPARATION VON CHROMOSOMEN UND ISOLATION VON CHROMOSOMENABSCHNITTEN

Speicheldrüsen von Chironomus oder Sciara werden ohne Vorbehandlung für ca. 1 Stunde in 70 % Äthanol fixiert, für eine weitere Stunde in einem Glycerin-Äthanol (1:1)-Gemisch inkubiert und anschließend auf ein Deckglas gelegt. Nach Verdunsten des Äthanols wird das Deckglas mit den Drüsen nach unten über die Ölkammer gelegt. Chromosomen werden mit zwei Glasnadeln (Typ 1) durch Mikromanipulation aus den Kernen befreit und durch Auseinanderziehen fraktioniert (Abb. 3a). Auf diese Art können Chromosomenabschnitte von 10 - 15 Banden oder einzelne Puffs isoliert werden.

Eine höhere optische Auflösung und genauere Isolierung von polytänen Chromosmenabschnitten wird über Quetschpräparate erreicht. Die Speicheldrüsen werden in Standard-Insekten-Ringer isoliert und kurz in 45% Essigsäure fixiert. Dieser Schritt gewährleistet sichere Identifizierung einzelner Chromosomenbanden im Phasenkontrastmikroskop, setzt jedoch die DNA der Gefahr aus, depuriniert zu werden. Daher sollte die Fixierungszeit 2 Minuten bei Zimmertemperatur nicht überschreiten. Die Speicheldrüsen werden dann zwischen einem silikonisierten und einem unbehandelten Deckglas nach Standardmethoden gequetscht. Nach Schock-Gefrieren in flüssigem Stickstoff wird das obere Deckglas mit einer Rasierklinge abgesprengt. Die Chromosomen haften auf dem unbehandelten unteren Deckglas. Sie werden in einer Äthanolserie (70 %; 95%; absolut) entwässert und können nach Lufttrocknung mehrere Wochen lang aufbewahrt werden. Zur Isolierung von

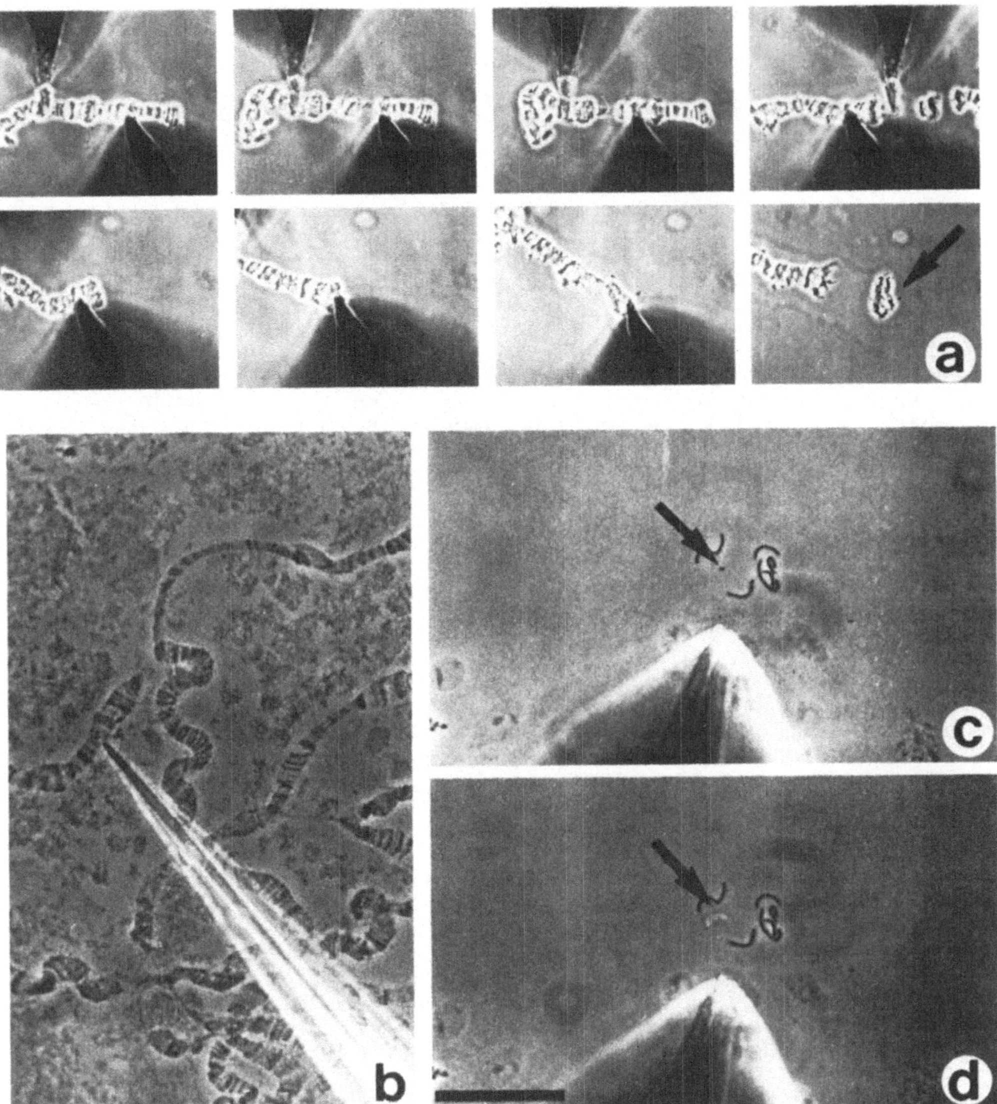

Abb. 3: Isolieren von Abschnitten aus polytänen Speichel-
drüsenchromosomen und Einzelchromosomen von Säugern. (a)
Isolieren einer Puff-Region (Balbianiring 6) von Chironomus
mit Glasnadeln (Typ 1). Der Pfeil markiert einen isolierten
Balbianiring. Abfolge des Vorgangs von oben links nach unten
rechts. (b) Isolieren einer Einzelbande (ca. 1 µm) des X-
Chromosoms von Drosophila melanogaster. Eine Glasnadel (Typ
2) wird zum Durchschieben der Bande (3B-C) benutzt. (c,d)
Isolieren von Y-Chromosomen des indischen Muntjak aus einem
Metaphasechromosomenpräparat. Maßstab entspricht 50 µm. (c)
Pfeil zeigt auf das Y-Chromosom vor und (d) auf die ent-
sprechende Stelle nach der Isolierung

116

Chromosomenabschnitten oder einzelnen Banden wird das Präparat in die Ölkammer eingeführt. Unter ca. 400-facher Vergrößerung wird mit der nach oben gebogenen Spitze einer Glasnadel (Typ 2) die gewünschte Bande, ähnlich wie mit einem Speer, durchstoßen (Abb. 3b). Die zu isolierende Bande wird dabei abgekratzt und haftet fest an der Nadelspitze (weiteres Vorgehen siehe 3.).

Säugetierchromosomenabschnitte werden aus mitotischen Zellen isoliert, die nach Standardmethoden im Kulturmedium angereichert werden. Nach Fixieren werden die Zellen (Standardprotokoll für zytologische Präparation) auf ein Deckglas pipettiert und mit Methylenblau gefärbt, um die Chromosomen sichtbar zu machen. Nach Einbringen in die Ölkammer werden entweder ganze Chromosomen (Abb. 3c) oder Teile von Chromosomen mit der Glasnadel (Typ 1) herausgekratzt und in einem Mikrotropfen GP-Puffer (87 % Glycerin und 0,05 M Na-K-Phosphat, pH 6,8; 1:1 gemischt) gesammelt. Beim Einbringen des Chromosoms in den Mikrotropfen löst sich ein Chromosom leicht von der Nadelspitze ab, was das Sammeln vieler Chromosomen erleichtert.

3. EXTRAKTION DER DNA AUS CHROMOSOMENABSCHNITTEN UND ANSCHLIESSENDES KLONIEREN DER DNA

Das nachfolgend beschriebene Mikroklonierprotokoll enthält alle wichtigen Schritte, die vom isolierten Chromosomenabschnitt zum rekombinanten Phagen führen. Dieses einfache Protokoll kann durch verschiedene, dem jeweiligen Ausgangsmaterial angepaßte Modifikationen verändert werden, die hier im einzelnen nicht berücksichtigt sind.

Freisetzen der DNA aus Chromosomenabschnitten

Um die DNA aus Chromosomenabschnitten zu isolieren, wird ein Reaktionstropfen (0,5 mg/ml Proteinase K; 0,1 % SDS, Natriumdodecylsulfat, ein ionisches Detergens) von 0,5 - 1 nl Volumen auf die Unterseite eines silikonisierten Deckglases pipettiert. Hierzu wird eine kalibrierte Mikropipette in die Ölkammer eingebracht. Der Bulbus wird erst mit Öl und dann bis zur Konstriktion aus einem Vorratstropfen gefüllt (Abb. 1d). Der Pipetteninhalt wird dann auf die Unterseite eines zweiten, dem Manipulator zugewandten silikonisierten Deckglases (DG 1) pipettiert. Danach werden die Pipette und das Deckglas mit Vorratstropfen aus der Ölkammer entfernt. Anstelle des Deckglases mit Vorratstropfen, legt man das umgedrehte Chromosomenpräparat neben DG 1 auf die Ölkammer, isoliert daraus definierte Chromosomenabschnitte (siehe 2.) und überträgt sie an der Glasnadel in den Reaktionstropfen unter DG 1. Säugetierchromosomen, die erst in einem Mikrotropfen gesammelt wurden, werden nach Absaugen des GP-Puffers (siehe 2.) an einer Glasnadelspitze vereint und dann gemeinsam in den Reaktionstropfen überführt. Innerhalb von wenigen Minuten lösen sich dort die Chromosomen(abschnitte) auf und geben die DNA in Lösung frei; in der Regel wird die Ölkammer für 90 Minuten bei 37°C inkubiert.

Phenolextraktion

Das Deckglas mit Chromosomenpräparaten wird durch ein Deckglas mit einem Tropfen Phenol (gesättigt mit R-Puffer) ersetzt. Aus diesem Tropfen werden wie beschrieben vier Volumenteile Phenol zum Reaktionstropfen pipettiert. Dieser wird
vollständig von der Phenolphase eingeschlossen und verliert
dabei den direkten Kontakt zum Deckglas. Nach drei bis zehn
Minuten wird das Phenol abgesaugt. Durch diesen Vorgang hängt
der Reaktionstropfen wieder an der Deckglasunterseite. Die
Phenolextraktion wird zweimal wiederholt. Dies genügt, auf
Grund der günstigen Volumen/Oberflächenrelation , Proteine
und SDS aus dem Reaktionstropfen zu extrahieren. Um den
Reaktionstropfen für die nachfolgenden Enzymreaktionen von
Phenolspuren zu befreien, wird eine Pipette außerhalb
der Ölkammer mit 1 - 2 µl Chloroform gefüllt und damit der
Reaktionstropfen "abgespritzt". Das Chloroform, (höhere spezifische Dichte als Öl) sinkt auf den Boden der Ölkammer. Zu
diesem Zeitpunkt ist der Reaktionstropfen mit R-Puffer - durch
Diffusion aus dem Phenol - äquilibriert. Um nachfolgende Enzymreaktionen durch Phenolreste im Öl nicht zu beeinflussen,
wird die extrahierte DNA im Reaktionstropfen zusammen mit dem
Deckglas auf eine neue, bereits mit frischem Öl gefüllte
Kammer geschoben, wobei der Reaktionstropfen unter Öl ver-
bleibt.

Abbau der DNA in klonierbare Fragmente

Die DNA wird mit einer Restriktionsendonuklease in klonier-
bare Fragmente zerlegt. Hierzu wird dem Reaktionstropfen in
der beschriebenen Weise 1/5 Volumenteile Enzym (z.B. Eco Rl;
100 - 200 U/µl) in R-Puffer zugesetzt. Der enzymatische Verdau findet bei 37°C in einer Feuchtkammer für 90 Minuten statt.
Anschließend wird die Feuchtkammer für 20 Minuten bei 70°C inkubiert, um das Restriktionsenzym zu inaktivieren. Durch Ein-
rahmen des DG 1 mit zwei nichtsilikonisierten Deckgläsern
wird ein Abfließen des Paraffinöls (geringe Viskosität bei
hoher Temperatur) während der Inkubation verhindert.

Nach Abkühlen auf Zimmertemperatur werden die Restriktionsfragmente an Vektor-DNA ligiert. Eine optimale Ligation wird
durch Zusatz von mindestens zehnfachem Überschuß an Vektor-
DNA in möglichst hoher Endkonzentration erreicht. Das Endvo-
lumen des Tropfens muß durch Zugabe von Vektor-DNA und Ligase
so gewählt werden, daß eine DNA-Konzentration von ca. 1 pg/nl
bei der Ligation erreicht wird. Falls keine gereinigten
Vektor-Arme verwendet werden, kann Vektor-DNA (200 µg/ml)
kurz vor der Ligation mit dem Restriktionsenzym (Eco Rl) in
R-Puffer verdaut werden. Anschliessend wird das Enzym hitze-
inaktiviert. Nach Zugabe von ATP (Adenosintriphosphat; 1 mM
Endkonzentration), das für die Ligation notwendig ist, werden
bis zu 5 nl Vektor DNA-Lösung und ein gleiches Volumen T4-
Ligase (1 U/µl) zum Reaktionstropfen pipettiert. Die Ligation
soll mindestens 12 Stunden bei 4 - 7 ^{o}C dauern.

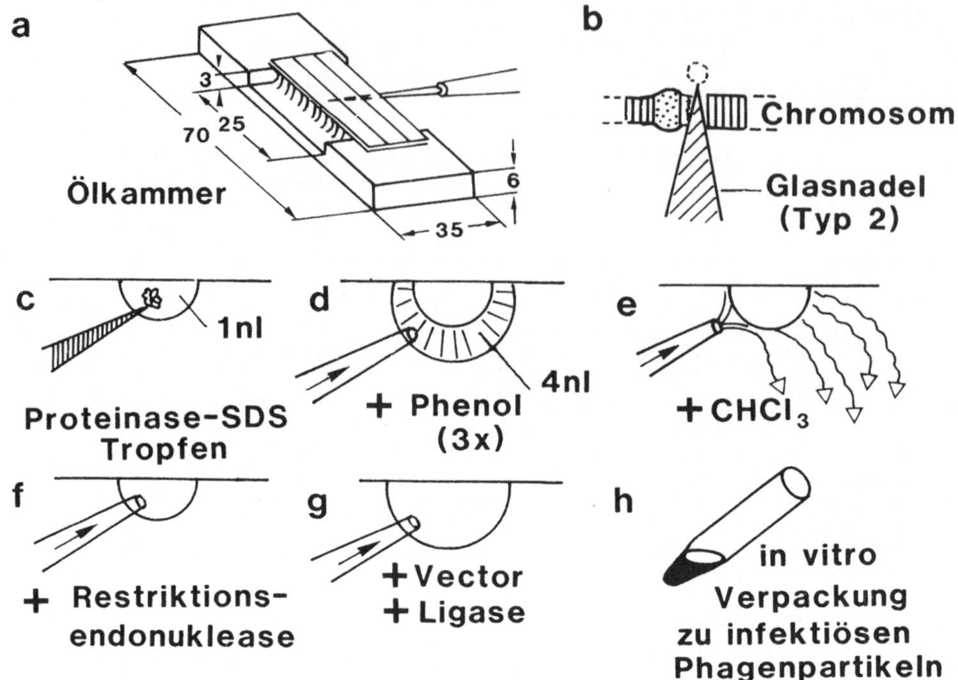

Abb. 4: Schematische Darstellung des Mikroklonierungsvor-
gangs. Die Dimensionen der Ölkammer sind in mm angegeben

Verpackung der DNA in Phagenpartikel

Zur in vitro-Verpackung der Phagen wird das Deckglas unter Öl
gedreht, das Ligationsgemisch in 1 μl TE-Puffer (10 mM Tris-
HCl, 1 mM EDTA; pH 8,0) aufgenommen und in ein Eppendorfgefäß
überführt. Die Verpackungsextrakte, d.h. "sonic extract" (SE)
und "freeze-thaw-lysate" (FTL) wurden nach einer Standard-
methode (Scherer et al., 1981) hergestellt und bei -70°C
gelagert. Nach Auftauen auf Eis werden erst 2 μl SE, dann 10
μl FTL zum verdünnten Ligationsgemisch pipettiert und gemischt. Nach einstündiger Inkubation bei Zimmertemperatur
wird die Phagensuspension verdünnt und zur Infektion von
Bakterien verwendet. Eine schematische Übersicht des Mikro-
kloniervorgangs ist in Abb. 4 dargestellt.

4. MORPHOLOGIE UND AUSBEUTE REKOMBINANTER PHAGENKLONE

Die Erkennbarkeit rekombinanter Phagen basiert auf der Inaktivierung eines Vektorgens (cI-Gen) durch eine Insertion von
Fremd-DNA. Bislang wurden für das Mikroklonieren drei Vekto-

ren verwendet: Lambda 641 für das Klonieren von Eco Rl-Fragmenten und Lambda 590 für Hind III-Fragmente. Beide Vektoren sind beschrieben (Murray et al., 1977). Ein neuer Vektor (Lambda 1149) kann mit beiden Enzymen (Eco Rl oder Hind III) benutzt werden (Murray, 1983).Alle drei Vectoren sind Insertionsvektoren und nehmen Fremd-DNA von 0 - 11 Kb Länge auf. Die insertionsbedingte Inaktivierung des cI-Gens bewirkt eine "clear plaque"-Morphologie im Gegensatz zu den "turbid plaques" nicht-rekombinanter Vektorphagen. Der Erfolg dieser Selektion hängt von einem geringen "Hintergrund" spontan mutierter Phagen mit "clear plaque"-Morphologie ab. Der Hintergrund sollte nicht mehr als 10^{-3} erreichen. Der Hintergrund hängt unter anderem vom Bakterienstamm ab, in dem die Phagen wachsen. Der Bakterienstamm O 358 $rk^- mk^+$, ein Derivat des E.coli C600, hat sich als nützlich erwiesen.

Für die genannten Phagenvektoren bietet sich ein Selektionssystem an, das den Hintergrund an nicht-rekombinanten Phagen eliminiert. Die Selektion basiert auf der Tatsache, daß bestimmte E. coli Mutanten wie beispielsweise hfl (Belford und Wulff, 1971) oder lyc7 (Lathe und Lecocq, 1977) lytisches Wachstum von Phagen, die ein intaktes cI-Gen enthalten, nicht erlauben. cI^--Phagen jedoch lysieren normal und bilden Phagenplaques. Vektorphagen, die keine Insertion tragen, werden daher beim Plattieren eliminiert. In unseren Experimenten benutzen wir den Bakterienstamm POP 13b, ein lyc7-Derivat , das von N. Murray konstruiert wurde.

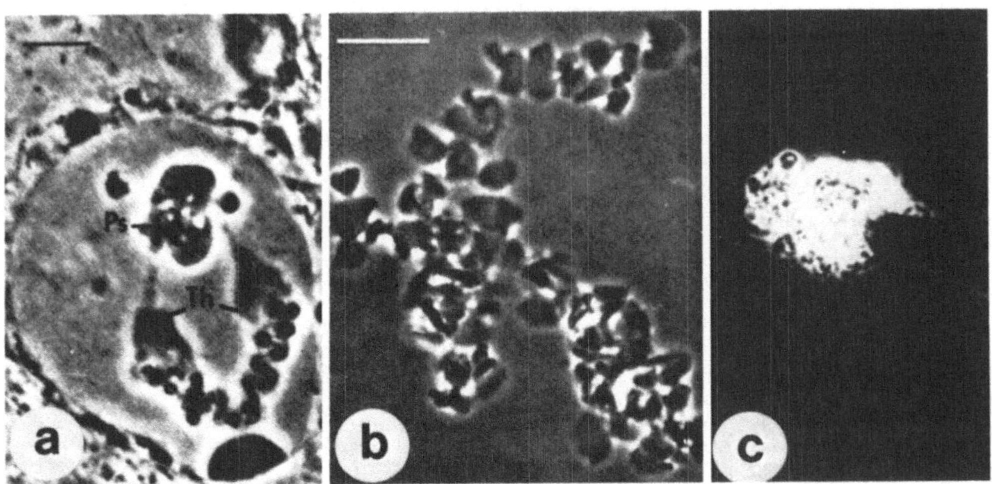

Abb. 5: Isolation von Lampenbürstenschleifen aus Y-Chromosomen primärer Spermatozyten von Drosophila hydei. a) Spermatozytenkern mit zwei Schleifen ("Threads", Th; "Pseudonucleolus", Ps). b) Ansammlung von einzelnen Ps in einem Mikrotropfen. c) Sammeln der Ps (ca. 1000) an der Spitze der Glasnadel. Maßstab: 5 μm in a); 10 μm in b). (Abbildung aus Hennig et al., 1983)

Die Ausbeute rekombinanter Phagen in einem Mikroklonier-
experiment hängt von der Anzahl und dem Polytäniegrad der
eingesetzten Chromosomen(abschnitte), der Länge der Restriktionsfragmente, der _in vitro_ Verpackungseffizienz und nicht
zuletzt vom Experimentator, d.h. von der Mikromanipulation,
ab. In den wenigen Fällen, bei denen die DNA-Menge aus isolierten Chromosomenbanden durch Mikrospektrophotometrie meßbar war, wurden zwischen 10 und 30 rekombinante Phagenklone
pro pg genomische DNA erhalten. Die durchschnittliche Insert-
länge dieser Phagenklone von ca. 3 - 4 Kb entspricht einer
statistischen Eco Rl-Fragmentlänge von _Drosophila_ DNA. Die
Effizienz des Mikroklonierens liegt also im Bereich von konventionellen Klonierungsmethoden. Sie kann durch Modifikationen der hier beschriebenen Grundmethode erhöht werden.

5. ANWENDUNGSBEREICH DER MIKROKLONIERMETHODE

Der naheliegendste Anwendungsbereich der Mikrokloniermethode
ist ihre Verwendung zum gezielten Klonieren von DNA-Sequenzen
bestimmter Chromosomenregionen, die auf ca. 1 µm genau mit
dem Phasenkontrastmikroskop lokalisierbar sind. Bei _Drosophila_
kann ein Bandenbereich von weniger als 200 Kb genomischer DNA
als Ausgangsmaterial kloniert werden, mit dem man ca. 10 - 20
rekombinante Klone ("Mikroklone") erhält. Um den Mikroklon zu
bestimmen, der dem gewünschten Gen am nächsten liegt, werden
alle Klone einzeln durch _in situ_ Hybridisierung an polytäne
Chromosomen mit definierten Deletionen, Translokationen und
Inversionen getestet. Ein oder mehrere Mikroklone können dann
als Startpunkt(e) für einen "chromosomal walk" dienen. Hierzu
werden mit Mikroklonen aus einer genomischen DNA-Bibliothek
(Genbank) Klone ausgesucht, die entsprechende homologe Sequenzen enthalten. Aus diesen Klonen mit Insertlängen von ca. 20
Kb (Lambda-Vektoren) oder ca. 45 Kb (cosmid-Vektoren) werden
zu kurzen Endstücken des Inserts in einem zweiten Schritt
homologe Sequenzen in der Genbank isoliert. Mit diesen neuen
Klonen, die weiterführende Sequenzen enthalten, "wandert" man
in weiteren entsprechenden Schritten entlang einer genomischen DNA-Sequenz. Das heißt, man reiht fortlaufend überlappende Klone aneinander, die in ihrer Sequenzfolge einen
bestimmten DNA-Abschnitt auf dem Chromosom definieren (Bender
et al., 1983). Entsprechende Versuche haben zur molekularen
Identifizierung der homeotischen Mutante Antennapedia (Scott
et al., 1983), des "white"-Locus (Pirrotta et al., 1983) und
eines ecdysteroid-regulierten Gens (Möritz et al., 1984) bei
Drosophila geführt. In Versuchen mit _Sciara_ wurde durch
Mikroklonieren ein direkter Zugang zu DNA-Puff-Sequenzen in
polytänen Chromosomen geschaffen (Bona et al, 1983).

Obwohl nicht-polytäne Chromosomen vergleichsweise schlecht
mikroskopisch darstellbar sind, konnten mit der beschriebenen
Technik Mikroklone aus definierten Lampenbürstenschleifen aus
Spermatocyten von _Drosophila hydei_ (Hennig et al, 1983; Abb.
5) und von einzelnen Säugetierchromosomen bzw. Chromosomenabschnitten erhalten werden. Das Y-Chromosom des indischen
Muntjak, das von den anderen Chromosomen im Mikroskop leicht
unterscheidbar ist (Abb. 3c), ergab eine Klonierungseffizienz
von vier Mikroklonen pro Einzelchromosom (Röhme et al., un-

publiziert). Eine Translokation des sogenannten t-Komplexes der Maus (Bennet, 1975) auf ein telozentrisches Chromosom wurde benutzt, um proximale Chromosomenabschnitte von einem nunmehr metazentrischen Chromosom zu sammeln, die den t-Komplex enthalten. Aus 270 Chromosomen-Abschnitten wurden in einem Klonierexperiment mehr als 200 Mikroklone erhalten. Davon wurden bislang neun identifiziert, die eindeutig t-Komplex-spezifisch sind (Röhme et al., 1984). Mit diesen Klonen sollte man nun in der Lage sein, den gesamten t-Komplex der Maus nach einem "chromosomal walk" molekular zu charakterisieren.

Zusammenfassend kann die Mikrokloniertechnik als eine generelle Methode verstanden werden, die in erster Linie einen direkten Zugang zu einer im Mikroskop sichtbaren Chromosomenregion vermittelt. Ihre Kombination mit anderen Techniken ist absehbar. Transponierbare DNA-Elemente können durch Integration in genomische DNA eine Mutation eines Genes verursachen (Rubin et al., 1982). Dieses Gen kann dann nach Mikroklonieren der Chromosomenregion, die das Transposon trägt, direkt identifiziert werden. Dies bedeutet, daß Mikroklone, die funktionelle Genbereiche enthalten, zunächst über die Transposon-DNA als molekulare Probe bestimmt werden. Flankierende Sequenzen des Transposons im Mikroklon können dann als molekulare Probe benutzt werden, um das vollständige Gen mit Normalfunktion aus einer Genbank zu isolieren.

Im Falle von Säugetierchromosomen können Mikroklon-Bibliotheken aus wenigen hundert Einzel-Chromosomen bis zu 10 % der Sequenzen eines definierten Chromosoms enthalten, die unter verschiedenen Gesichtspunkten von beträchtlichem Interesse sind. Eine vielversprechende Weiterentwicklung der Mikrokloniermethode kann in der Kombination mit automatisierten Chromosomensortiertechniken gesehen werden, die über Mikroklone zu kompletten Genbanken von definierten Säugerchromosomen führen kann.

DANKSAGUNG

Unser Dank gilt Frau I. Baxivanelis und Frau C. Blume für die geduldige Hilfe bei der Herstellung des Manuskripts, Frau G. Weinraub und Frau R. Groemke-Lutz für die Anfertigung der Abbildungen.

LITERATUR

Belfort, M and Wulff, DL (1971) A mutant of Escherichia coli that is lysogenized with high frequency. The bacteriophage Lambda (Vol. 1): 739-742 Cold Spring Harbor, New York
Bender, W, Spierer, P, and Hogness, DS (1983) Chromosomal walking and jumping to isolate DNA from the Ace and rosy loci and the Bithorax complex in Drosophila melanogaster. J.Mol.Biol. 168: 17-33
Bennet, D (1975) The T-locus of the mouse. Cell 6: 441-454

Bona, M, Edström, JE, Jäckle, H and Gerbi, SA (1982) Cloning
    of Sciara coprophila DNA Puffs. J.Cell Biol. 95: 212a
de Fonbrune, P (1949) Technique de micromanipulation. Mono-
    graphes de l´Institut Pasteur. Masson, Paris.
Hennig, W, Huijser, P, Vogt, P, Jäckle, H, and Edström, JE
    (1983) Molecular cloning of microdissected lampbrush loop
    DNA sequences of Drosophila hydei EMBO Journal 2: 1741-1746
Hohn, B and Murray, K (1977) Packaging recombinant DNA mole-
    cules into bacteriophage particles in vitro. Proc.Nat.Acad.
    Sci. USA 74: 3259-3263
Lathe, R and Lecocq, JP (1977) Overproduction of a viral
    protein during infection of a lyc mutant of Escherichia
    coli with phage lambda imm 434. Virology 83: 204-206
Murray, NE (1983) The bacteriophage Lambda (Vol. 2) Cold
    Spring Harbor, New York (im Druck)
Murray, NE, Brammar, WJ and Murray, K (1977) Lambdoid phages
    that simplify the recovery of in vitro recombinants.
    Mol.Gen.Genet. 150: 53-61
Möritz, Th, Edström, JE and Pongs, O (1984) Cloning of a gene
    localized and expressed at the ecdysteroid puff 74EF in
    salivary glands of the Drosophila larvae. EMBO Journal 3:
    289-295
Pirrotta, V, Hadfield, C and Pretorius, GHJ (1983) Microdis-
    section and cloning of the white locus and the 3B1-3C2
    region of the Drosophila X-chromosome. EMBO Journal 2:
    927-934
Röhme, D, Fox, H, Herrmann, B, Frischauf, A, Edström, JE,
    Mains, P, Silver, LM, Lehrach, H (1984) Molecular clones
    of the mouse t complex derived from microdissected meta-
    phase chromosomes. Cell 36: 783-788
Rubin, GM, Kidwell, MG and Bingham, PM (1982) The molecular
    basis of P-M hybrid disgenesis: The nature of induced
    mutations. Cell 29: 987-994
Scherer, G, Telford, J, Baldari, C and Pirrotta, V (1981)
    Isolation of cloned genes differently expressed at early
    and late stages of Drosophila embryonic development.
    Develop Biol. 86: 438-447
Scalenghe, F, Turco, E, Edström, JE, Pirrotta, V and Melli, M
    (1981) Microdissection and cloning of DNA from a specific
    region of Drosophila melanogaster polytene chromosomes.
    Chromosoma (Berl.) 82: 205-216
Scott, MP, Weiner, AJ, Hazelrigg, TI, Polisky, B.A.,
    Pirrotta, V, Scalenghe, F, and Kaufman, TC (1983) The
    molecular organisation of the Antennapedia locus of
    Drosophila. Cell 35: 763-776

Molekular- und Cytogenetik sortierter Methaphasenchromosomen

N. Blin[1]

Institut für experimentelle Pathologie, Deutsches Krebsforschungszentrum,
Im Neuenheimer Feld 280, D-6900 Heidelberg

EINLEITUNG

Untersuchungen der vergangenen Jahre haben uns eine Vielzahl physikali-
scher und chemischer Agenzien aufgezeigt, denen der Mensch in seiner
Umwelt ausgesetzt ist und welche derart mit seiner Erbmasse reagieren
können, daß sie zu Chromosomenschäden führen.

Diese Beobachtung erfordert ihre Aufklärung auf humanmedizinischer
und biologischer Basis und ebenfalls eine Beurteilung der daraus sich
ergebenden genetischen Konsequenzen. Die bisherigen konventionellen
Methoden der Chromosomenanalyse sind für Populationsstudien im
größeren Maßstab weniger geeignet; zudem sind sie zu zeit-und arbeitsaufwendig, und ihre Auswertung ist von subjektiver Beurteilung abhängig. Ferner konnte auf diese Weise nicht ausreichend genetisches
Material (DNA) für biochemische Testung gewonnen werden.

In diesem Kapitel soll über eine neuere Technik berichtet werden,
die diese Engpässe zu überwinden verspricht. Es ist die Analyse und
Anreicherung von Metaphasechromosomen mit Hilfe der Durchflußcytometrie.

Vor ca. 20 Jahren wurden in Los Alamos, Neu Mexiko, und in Stanford,
Kalifornien, Apparaturen entwickelt, die über die Auswertung von
bestimmten Signalen Zellen in einer Suspension analysieren können
(Durchflußcytometer). Als solche Signale kommen meist Lichtstreuung,
Lichtabsorption, Fluoreszenz oder der elektrische Widerstand der
Zellen in Frage; verbunden damit ist eine rasche Analyse der Zell-
form und -größe, Lebensfähigkeit der Zellen, Anwesenheit von Enzymen
oder Antigenen und des Gehaltes an Nukleinsäuren, und dies in einer
großen Anzahl von Zellen (mehr als 50000 pro Minute).

Die darauffolgende Weiterentwicklung der cytochemischen, biophysikali-
schen und elektro-optischen Verfahren sowie der Computertechnologie,
alle wesentliche Bestandteile der Durchflußcytometrie, führte zu der
Möglichkeit, außer ganzen Zellen auch subzelluläre Partikel, u.a.
auch Metaphasechromosomen, untersuchen zu können. Diese neue Methode
kann nun für sich ein hohes Maß an Objektivität, kurze Analysezeiten
(ein Karyotyp kann, ausgehend von Mitosezellen, innerhalb von 30-45
Min. erstellt werden) und ausreichende Materialgewinnung (Chromosomensortierung) für weitere Studien verbuchen.

Wie funktioniert diese Technik und welche experimentellen Zugriffe
zu den Metaphasechromosomen ermöglicht sie ?

---

1 Die neue Anschrift des Autors lautet: Institut für Humangenetik, Uni.-Kliniken,
Geb. 68, Universität des Saarlandes, D-6650 Homburg

Molekular- und Zellbiologie
Hrsg. von Blin et al.
© Springer-Verlag Berlin Heidelberg 1985

METHODISCHE BESCHREIBUNG

Während die Bildanalyse üblicherweise fixierte Objekte (z.B. Zellen
oder Chromosomen) im Mikroskop oder deren Abbildungen (auf Foto-
papier, Bildschirm o.ä.) auswertet, werden in der Durchflußcytometrie
Partikel in der Suspension charakterisiert, indem sie, nach Färbung
mit geeigneten Fluoreszenzfarbstoffen, in einem dünnen Flüssigkeitsstrahl am gebündelten, monochromatischen Licht -meist einem Laser-
strahl- vorbeifließen. Die Partikel-Durchflußrate kann bis zu einigen
Tausend pro Sekunde betragen, jedoch werden der Flüssigkeitsdruck
und die Partikelkonzentration so eingestellt, daß die Partikel einzeln
analysiert werden können. Die Emission der dabei angeregten Fluoreszenz in diesen Partikeln, in unserem Falle Chromosomen, wird gemessen
und als elektronische Signale computertechnisch weiterverarbeitet.
Mit Hilfe DNA-spezifischer Farbstoffe läßt sich die DNA-Menge pro
Chromosom ebenso wie die Basenverteilung oder der Grad der
Chromatinkondensation erfassen; die resultierende Frequenzverteilung
der chromosomalen DNA wird in einem Durchflußkaryogramm dargestellt
(siehe Abbildung 2). Es können aber auch mehrere Parameter (z.B.
Fluoreszenz und Lichtstreuung) gleichzeitig analysiert oder durch
Einsatz zweier Fluorochrome Nukleinsäuren und Proteine gemessen
werden.

Der weitaus aufregendere Aspekt der Durchflußcytometrie jedoch ist
die Möglichkeit, Material zu sortieren, d.h. anzureichern (Fluores-
zenz-aktivierte Zell-Sortierung, FACS). Über die analytische Betrachtung der Chromosomensätze hinaus können also Fraktionen bestimmter Chromosomen isoliert werden.

Die quantitative Trennung der ·Chromosomen verläuft folgendermaßen
(siehe Schema Abbildung 1). Für gewünschte Fluoreszenzintensitäten(entsprechend definierten Banden im Durchflußkaryogramm) werden "elektronische Fenster" eingestellt, pro Durchgang zwei. Der Flüssigkeitsstrahl, der aus einer Düse (Durchmesser ca. 50 Mikrometer) heraus-
tritt, wird durch Hochfrequenzvibration (40000Hz) in gleichförmige
Tröpfchen zerrissen. Kurz bevor sich die Tropfen formen, kreuzt der
Flüssigkeitsstrahl das Laserlicht. Entspricht die hier gemessene
Fluoreszenz der Einstellung im Fenster, wird mit einem elektrischen
Puls der sich dann formende Tropfen -der das gewünschte Chromosom
beinhalten wird- geladen. Die Flüssigkeit passiert ein elektro-
statisches Feld (zwei geladene Kondensatorplatten), dabei werden
die geladenen Tropfen abgelenkt (und gesammelt), ungeladene laufen
unbeeinträchtigt vorbei.

Bei einer Sortierungsrate von rund 100 spezifischen Chromosomen
pro Sekunde ist es möglich, innerhalb von 60 Minuten etwa 400000
Chromosomen (ca. 0,04 Mikrogramm DNA für ein durchschnittlich
grosses Chromosom) anzureichern. Dieses Material kann jetzt gesammelt und aufbewahrt oder direkt für weitere cytochemische oder
molekularbiologische Experimente verwendet werden.

Eine gute Übersicht der Funktionsweise eines von ihnen entwickelten
Zellsorters haben 1976 Herzenberg und Mitarbeiter gegeben. Diese
Art von Zellsortierung war für die im Kapitel 7 beschriebenen
Experimente notwendig, hier wurde explizit die Sortierung von
Chromosomen dargestellt.

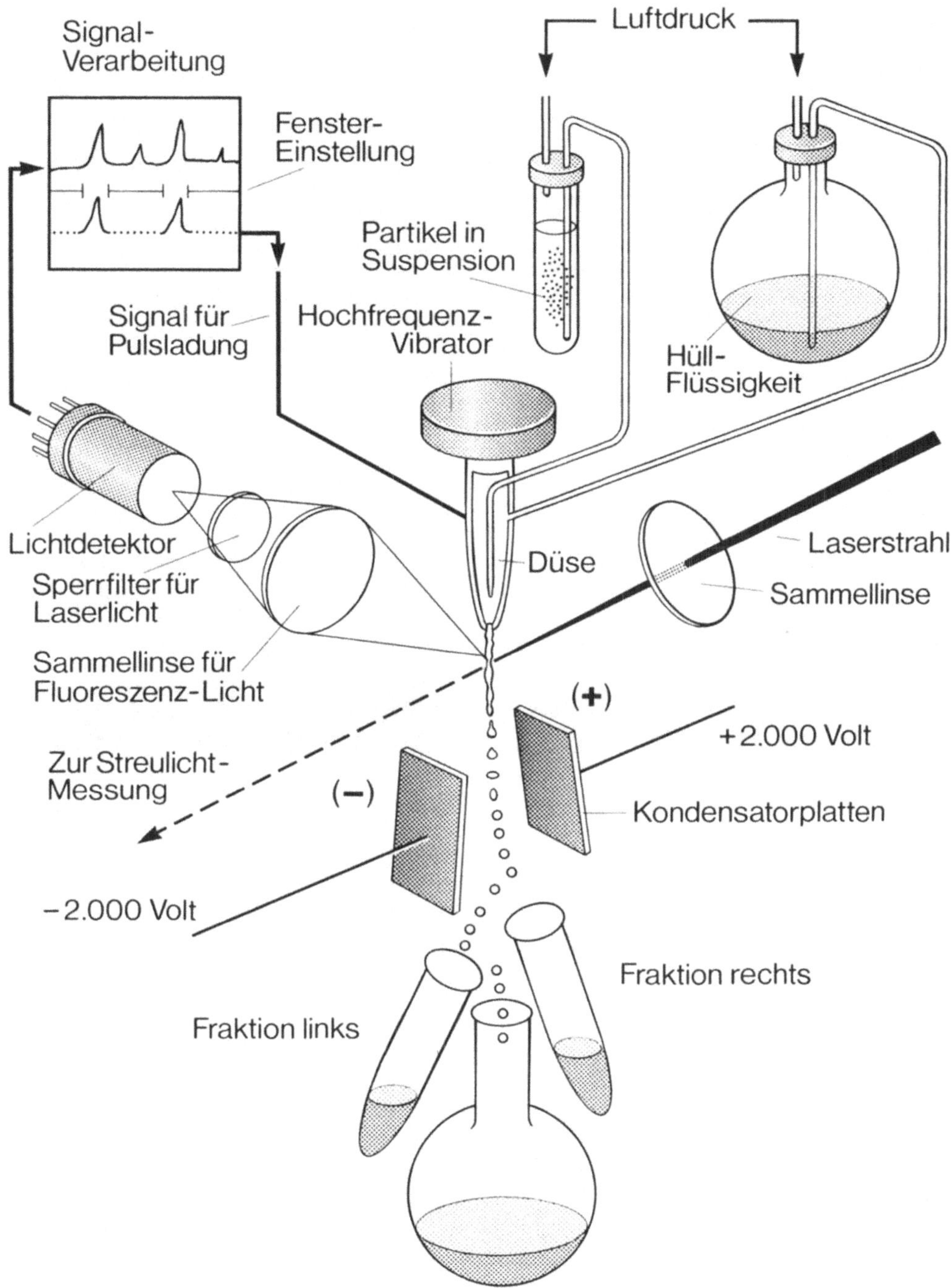

Abbildung 1. Schema eines Durchflußcytometers mit Laser-Lichtquelle und Signalverarbeitung der Fluoreszenzsignale zur elektronischen Sortierung (nach Herzenberg et al., 1976)

EXPERIMENTELLER EINSATZ DER DURCHFLUSSANALYSE UND SORTIERUNG

Karyotypisierung

Die durchflußcytometrische Analyse von Metaphasechromosomen er-
schließt dem Zellbiologen und Genetiker zuerst den Chromosomensatz
des untersuchten Zelltyps in Form einer Aufzeichnung der Chromosomen-
verteilung, eines sogenannten Durchfluß-Karyogramms. Da jede biologische Art eine ihr eigene Zusammenstellung von Chromosomen besitzt,
lassen sich für jede Spezies charakteristische Karyogramme erstellen.
Die 13 Chromosomen des Kaninchenkänguruhs (Potorous tridactylus)
unterscheiden sich deutlich von den 22 Chromosomen des chinesischen
Hamsters (Cricetulus griseus) (Abbildung 2).

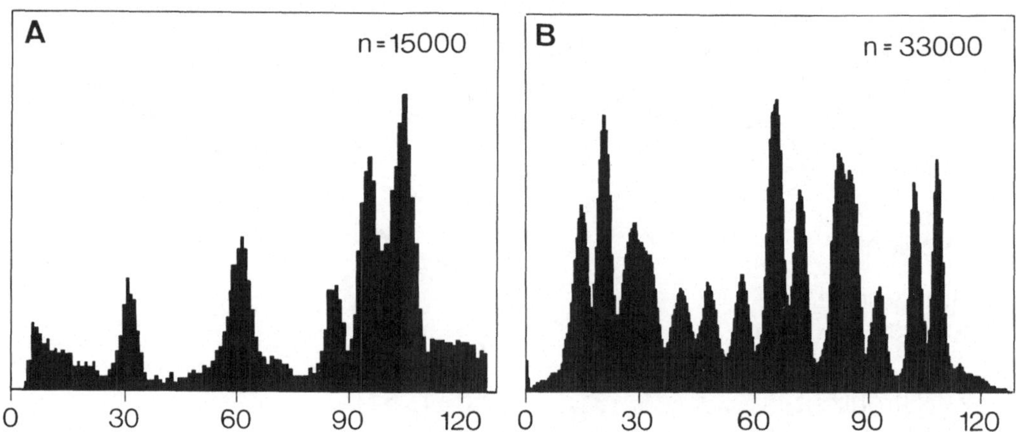

Abbildung 2. Durchflußkaryogramme von (A) Kaninchenkänguruh und (B)
chinesischem Hamster. Auf der logarithmischen Skala der Abszisse ist
die Fluoreszenzintensität (=DNA Gehalt), auf der Ordinate die Zahl
der gemessenen Chromosomen aufgetragen

Chromosomenpolymorphismen und -aberrationen

Gezüchtete Zellen einer Spezies divergieren genetisch, wenn sie über
längere Zeiträume hinweg kultiviert werden, was zu Veränderungen
im Karyotyp führt, im Durchflußkariogramm beobachtet werden kann
und eine nützliche Kontrollmöglichkeit des Status der Zellkulturen
darstellt. Aber auch zwischen einzelnen Individuen einer Art sind
feinstrukturelle chromosomale Unterschiede (Polymorphismen) bekannt.
Bei durchflußcytometrischen Untersuchungen menschlicher Chromosomensätze berichteten Young et al., (1981) von dokumentierbaren Abweichungen von nur 1-2% eines Chromosoms (Abb.3). Diese Auflösung
ist den besten cytologisch-mikroskopischen Analysen ebenbürtig.

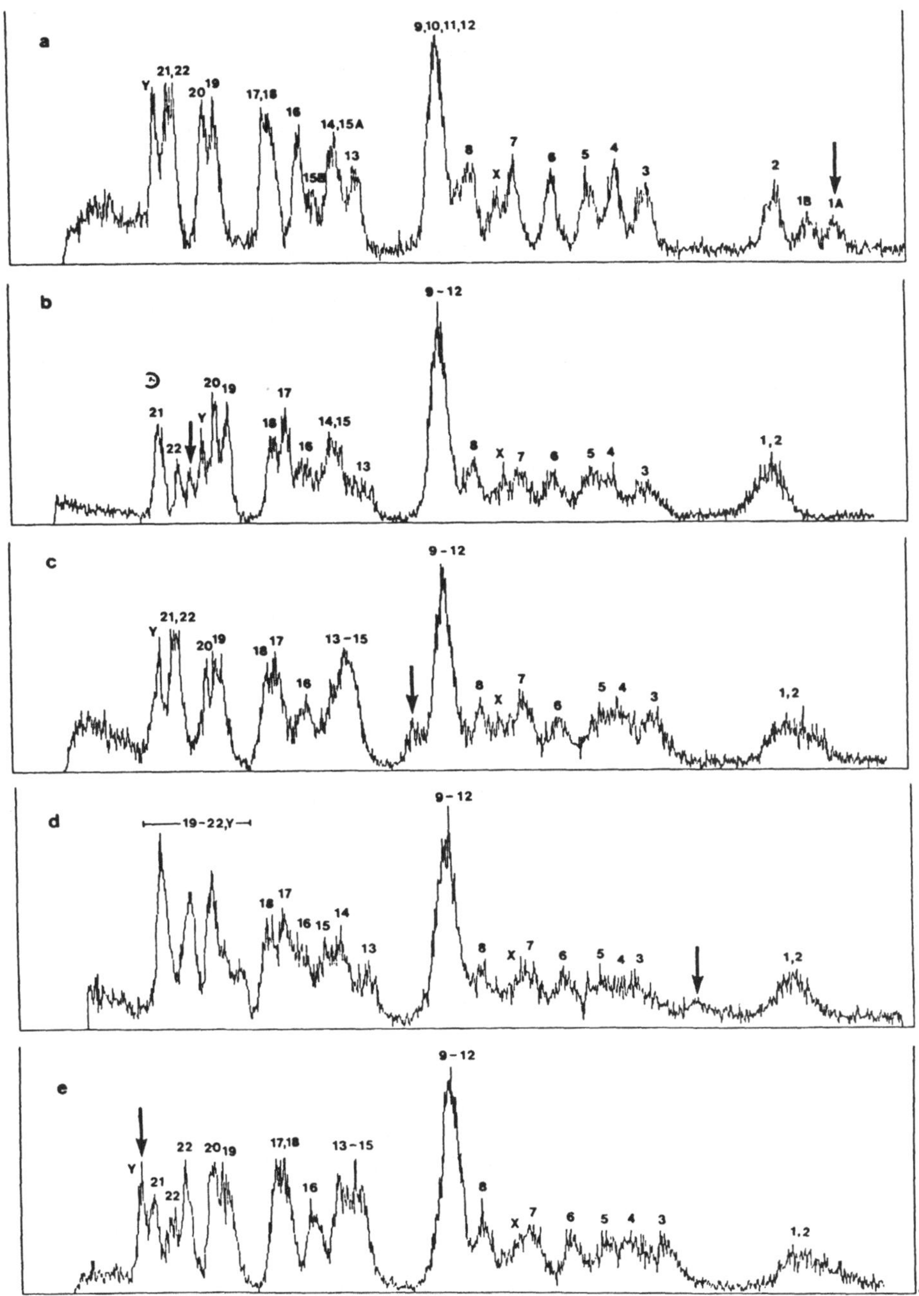

<u>Abbildung 3.</u> Individuelle Polymorphismen im menschlichen Karyogramm (aus Young et al.,1981). Für die Karyogramme a bis e wurden je 20000 bis 30000 Chromosomen analysiert. Die Zahlen über den Banden geben die darin enthaltenen Chromosomen oder Chromosomengruppen an. Die Pfeile weisen auf die beobachteten Polymorphismen hin

Drastischer fallen diese Unterschiede aus, wenn gröbere Chromosomen-
schädigungen (Deletion, Insertion, Translokation) oder Abweichungen
von der normalen Chromosomenzahl (Polyploidien, Aneuploidien) vorliegen. Bei einigen Krebstypen sind ganz bestimmte Chromosomenbrüche
und Translokationen bekannt (Rowley, 1982); eine Reihe von Tumorzellen zeigt chromosomale "Neugebilde", sogenannte Marker-Chromosomen. Natürlich lassen sich solche Aberrationen im Durchflußkaryogramm dokumentieren: Carrano et al., (1979) haben in einer
derartigen Studie von homogenen (in jeder Zelle festgestellten,
identischen) und heterogenen Abberationen (solchen, die nur in
einem Teil aller Zellen und dort nicht in identischer Weise auftreten) berichtet. Die rasche Probenverarbeitung und hohe Meß-
präzision lassen erwarten, daß die Durchflußcytometrie für ausgedehnte Populationsstudien eingesetzt werden kann.

Genkartierung

Die Analyse und Sortierung von Chromosomen bilden eine wichtige
Ergänzung in der Reihe der cytogenetischen Techniken, die uns
erlauben, definierte Genbereiche (spezifische DNA Squenzen) bestimmten Orten im Genom, d.h. individuellen Chromosomen,zuzu-
ordnen. Die Erstellung solcher Genkarten ist von mehr als nur
akademischen Interesse; nur auf diese Weise nämlich lassen sich
die genetischen Folgen der oben besprochenen Chromosomenaberrationen
genauer einschätzen. Seit der ersten Genkartierung mit Hilfe der
Durchflußcytometrie (Nachweis der Globingene auf dem menschlichen
Chromosom Nr.11, Lebo et al., 1979) konnten inzwischen einige
weitere Gensequenzen den entsprechenden Chromosomen aus verschiedenen
Spezies zugeordnet werden. Dabei werden üblicherweise die Karyogramme in einzelne Fraktionen zerlegt und die einzelnen Chromosomentypen sortiert. Ihre DNA kann dann mit verschiedenen biochemischen Methoden isoliert und auf Sequenzhomologien -meistens eine
Hybridisierung der chromosomalen DNA mit der radioaktiv markierten
gesuchten Gensequenz- untersucht werden. Bei empfindlichen Nachweisen reichen im Falle einer repetitiven Sequenz weniger als 50000
Chromosomen für das entstehende Autoradiogramm aus (Langer et al.,
1984a).

Chromosomensortierung zur DNA-Klonierung

Der wesentliche Vorteil der Durchflußcytometrie gegenüber klassischen
Methoden der Chromosomenanalyse liegt in der Möglichkeit, spezifische
Abschnitte der Erbmasse in der Form einzelner Chromosomen eines Karyo-
typs herauszusortieren und anzureichern. Diese direkte Art von
Materialgewinnung ist unübertroffen und findet eine gleichwertige
Ergänzung nur in dem besonderen Falle der Mikrodissektion von Riesenchromosomen aus Insekten (siehe Kapitel 9). Gereinigte DNA aus
sortierten Chromosomen bildet das Ausgangsmaterial für weitere,
molekulargenetische Schritte, die zur Konstruktion einer sogenannten
Genbank führen. Die Verfügbarkeit solcher klonierter Gene bildete
die eigentliche Ursache für die "biologische Revolution" der letzten
10 bis 15 Jahre. Klonierte Gesamtgenome diverser Spezies existieren
seit etlichen Jahren und werden zur Aufklärung der Feinstruktur,
Organisation und Funktion vieler Gensequenzen eingesetzt.

Klonierte Sequenzen aus bestimmten Autosomen oder Geschlechtschromo-
somen können bei diesen Fragen präziser helfen, weil sie die Untersuchung von Gengruppen auf einem Chromosom, Vergleiche zwischen

einzelnen Chromosomen einer Spezies oder die Analyse eines Chromosoms (z.B. des weiblichen Geschlechtschromosoms) in verschiedenen
Arten zulassen. Daher sind auch die X-Chromosomen von Maus und
Mensch sortiert und kloniert worden (Disteche et al., 1982; Davies
et al., 1981) und ebenfalls die menschlichen Chromosomen Nr. 21
und 22, die mit spezifischen genetischen Defekten in Zusammenhang
gebracht werden (Krumlauf et al., 1982).

In einem großangelegten Koordinierungsprogramm sollen in Los
Alamos, Neu Mexiko, Genbanken sämtlicher menschlicher Chromosomen
gesammelt und interessierten Forschern zur Verfügung gestellt
werden.

Untersuchung besonderer Chromosomen

Wie eingangs angesprochen, können äußere Einflüsse auf den Organismus oder einzelne Zellen zu schädigenden Veränderungen der Erbmasse
führen. In neuentstandenen Zellen vieler Krebstypen werden die weiter
oben geschilderten Aberrationen oder auch Marker-Chromosomen beobachtet. Wiederum ergänzt die Durchflußanalyse und Sortierung die
Untersuchungen solcher Marker, die bisher mit mikroskopischen
Techniken (Chromosomenbänderung mit verschiedenen Farbstoffen,
"in situ" Hybridisierung definierter Sequenzen -z.B. der sogenannten
Onkogene- , Kolorimetrie etc.) analysiert wurden. Da die cytogene-
tische Ursache für die Entstehung der Marker und deren Einfluß
auf die Krebsentwicklung noch völlig ungeklärt sind, ist die
weitere Charakterisierung dieser ungewöhnlichen Chromosomen für
biologisch und medizinisch orientierte Forschung von Bedeutung.
So wird in unserer Arbeitsgruppe zum Beispiel der Einfluß der
Marker auf Nicht-Krebszellen beobachtet, wenn durch das Einschleusen von zuvor isolierten Marker-Chromosomen aus bestimmten
Experimentaltumoren in die Kerne von Empfängerzellen neue
Chromosomenkonstellationen geschaffen werden. Auch werden Marker
einiger Nagetiertumoren zur Klonierung markerspezifischer DNA
Sequenzen angereichert (Abbilung 4).

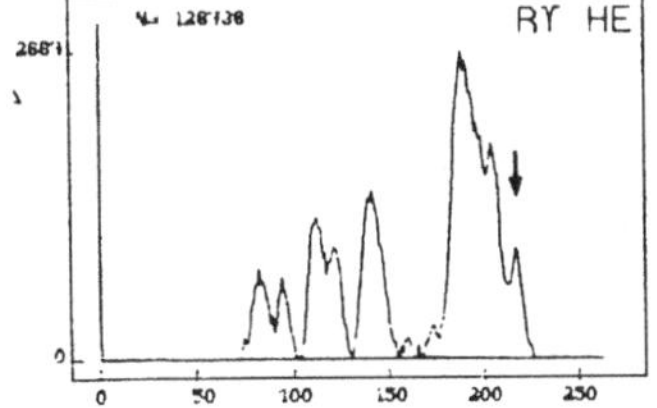

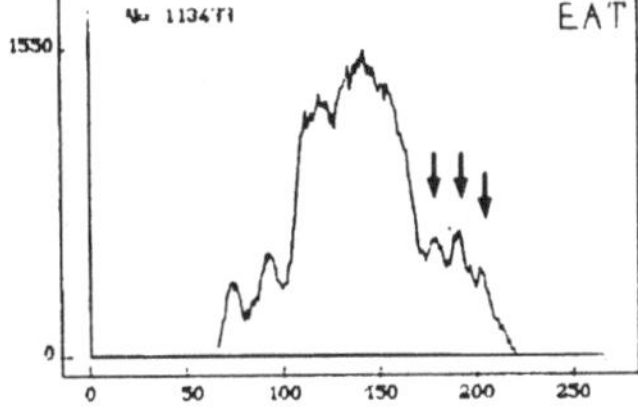

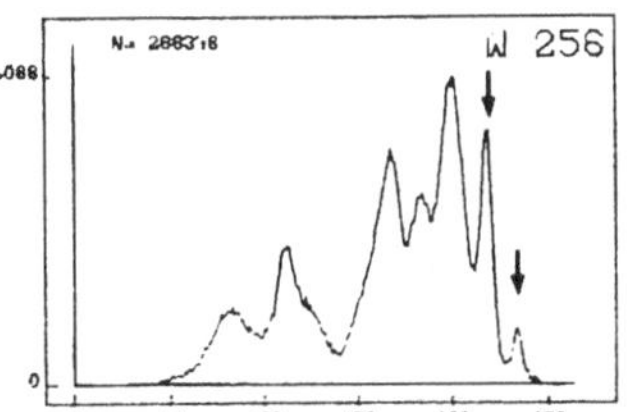

Abbildung 4. Durchflußkaryogramme von Experimentaltumoren
(RY=Yoshida Sarkom, Ratte; EAT=Ehrlich Ascites Tumor, Maus;
W256=Walker 256 Sarkom, Ratte). Die Pfeile bezeichnen die
Position der Markerchromosomen (aus Langer et al., 1984b)

Auf einigen Chromosomen diverser Zellen hat eine Vervielfachung
(Amplifikation) bestimmter Gensequenzen stattgefunden, die zum
Teil durch chemotherapeutische Behandlung der Zellen verursacht
worden und nach Färbung der Chromosomen morphologisch leicht zu
beobachten ist (oft als gleichmäßig anfärbbare Bereiche (=HSR)
bezeichnet; s. Schimke, 1982). Andere Sequenzanhäufungen lassen
sich cytochemisch nachweisen, wenn eine genspezifische Reaktion
zur Verfügung steht (z.B. NOR-Silberfärbung). Wir haben diesen
Nachweis von aktiven Genen, die für ribosomale RNA kodieren,
benutzt, um die Sortierungseffizienz und den Reinheitsgrad (⟩ 90%)
der Markerfraktionen aus Ehrlich Ascites Tumorzellen der Maus
feststellen (Abbildung 4, EAT). Das sortierte Material wird für
eine Studie verwendet, in der wir versuchen, die genomische
Verteilung, die Feinstruktur und deren Abweichung in Tumoren und
die Aktivierungs-und Inaktivierungsmechanismen dieser rRNA Gene
genauer kennenzulernen (Blin und Kopun, 1984; Kopun et al., in
Vorbereitung).

Die hier aufgeführten Beispiele geben einen Einblick in das
Potential und die vielfältigen Anwendungsmöglichkeiten der
durchflußcytometrischen Analyse und Sortierung von Säugerchromosomen. Diese Methode eignet sich also nicht nur für den
Einsatz in der Grundlagenforschung, sondern auch im klinischen
Bereich, vor allem als diagnostisches Instrument in Reihen-
untersuchungsverfahren.

LITERATUR

Blin N, Kopun M (1984) Gene mapping on flow sorted marker
  chromosomes from Ehrlich-Lettre ascites cells. In: Bennet
  MD, Wolf U (eds.) Chromosomes today. Vol VIII, Allen & Unwin,
  London, in press
Carrano AV, Gray JW, vanDilla MA (1978) In:Evans, Lloyd (eds.)
  Mutagen induced chromosome damage in man. Edinburgh University
  Press, p. 326-333
Davies KE, Young BD, Elles RG, Hill ME, Williamson R (1981)
  Cloning of a representative genomic library of the human
  X-chromosome after sorting by flow cytometry. Nature 293:374-376
Disteche CM, Kunkel LM, Lojewski A, Orkin SH, Eisenhard M,
  Sahar E, Travis B, Latt SA (1982) Isolation of mouse X-chromosome
  specific DNA from an X-enriched lambda phage library derived
  from flow sorted chromosomes. Cytometry 2:282-286
Herzenberg LA, Sweet RG, Herzenberg LA (1976) Fluorescence-
  activated cell sorting. Sci. Am. 234:108-117
Krumlauf B, Jeanpierre M, Young BD (1982) Construction and
  characterization of genomic libraries from specific human
  chromosomes. Proc. Natl. Acad. Sci. USA 79:2971-2975
Langer G, Blin N, Stöhr M (1984) Chromosomes for molecular
  hybridization. Histochemistry 80:469-473
Langer G, Hutter KJ, Barths J, Blin N (1984) Molecular and cytogenetic
  characterization of flow sorted mammalian chromosomes. In: Ahmad F
  et al. (eds.) Proceedings of the 16th Miami Winter Symposium 1984.
  ICSU Press, p. 196-197
Lebo RV, Carrano AV, Burkhart-Schultz K, Dozy AM, Yu LC, Kan YW
  (1979) Assignment of human α-, β-, and γ-globin genes to the
  short arm of chromosome 11 by chromosome sorting and DNA
  restriction enzyme analysis. Proc. Natl. Acad. Sci. USA
  76:5804-5908

Rowley JD (1983) Human oncogene locations and chromosome aberrations.
  Nature 301:290-291
Schimke RT (1982) Gene amplification. Cold Spring Harbor Laboratory,
  New York
Young BD, Ferguson-Smith MA, Sillar R, Boyd E (1981) High resolution
  analysis of human peripheral lymphocyte chromosomes by flow
  cytometry. Proc. Natl. Acad. Sci. USA 78:7727-7731

DANKSAGUNG

Hiermit möchte ich allen Kollegen danken, die mich durch ausführliche Diskussionen oder Anregungen unterstützt haben :
A.Alonso, K.Hutter, J.Jaruzelska, J.Jorcano, M.Kopun und G.Langer.
Ferner gilt mein besonderer Dank Frau M.Erdmann für ihre Hilfe
bei der Abfassung des Manuskriptes.

Chromosomenspezifische DNA – Bibliotheken in der Humangenetik

T. Cremer[1] und C. Cremer[2]

1 Institut für Anthropologie und Humangenetik, Universität Heidelberg, Im Neuenheimer Feld 328, D-6900 Heidelberg
2 Institut für Angewandte Physik I, Universität Heidelberg, Albert-Überle-Straße 3–5, D-6900 Heidelberg

Unter einer DNA-Bibliothek des menschlichen Genoms, wie sie zuerst in der Arbeitsgruppe von Maniatis erstellt wurde (Lawn et al. 1978), versteht man zunächst nichts weiter als eine Suspension von Vektoren (Phagen, Plasmide), die unterschiedliche menschliche DNA-Sequenzen enthalten. Dabei sollte in einer vollständigen Bibliothek jede im Genom vorkommende Sequenz wenigstens einmal enthalten sein. In diesem Zustand können die Möglichkeiten einer DNA-Bibliothek aber nur zum Teil ausgeschöpft werden. Einen weitreichenden Nutzen für die humangenetische Forschung und ihre klinische Anwendung kann eine menschliche DNA-Bibliothek erst entfalten, wenn die verschiedenen DNA-Sequenzen isoliert vorliegen und chromosomal lokalisiert sind. Aus diesem Grund ist es wünschenswert, von vorneherein DNA-Bibliotheken herzustellen, die nur Subfraktionen des Genoms enthalten, die einzelnen Chromosomen oder Chromosomenabschnitten entsprechen.

In diesem Kapitel sollen einige ausgewählte Anwendungsmöglichkeiten chromosomenspezifischer DNA-Bibliotheken und Strategien zu ihrer Herstellung skizziert werden. Zur Vertiefung möchten wir den Leser auf die angegebene Literatur und die Kapitel der Herren Lindenmaier (S. 65 ff.), Jäckle et al. (S. 110 ff.) und Blin (S. 123 ff.) des Buches verweisen.

1. Perspektiven einer Anwendung chromosomenspezifischer DNA-Bibliotheken in der Humangenetik

1.1 Molekulare Cytogenetik

a) Analyse von Chromosomenaberrationen

Die Diagnostik von Chromosomenveränderungen mit Hilfe von Bänderungstechniken hat mit der Entwicklung des "high resolution banding" einen gewissen methodischen Abschluß gefunden. Selbst bei einer hochauflösenden Chromosomenbänderung mit 1000 Banden (Yunis und Lewandowski 1983) enthält eine einzelne Bande noch immer einen DNA-Faden von durchschnittlich 1000 µm Länge mit etwa 3 Millionen Basenpaaren, entsprechend etwa 50 Genen. Schon diese sehr grobe Schätzung zeigt, daß selbst mit den besten Bänderungsverfahren eine Festlegung chromosomaler Bruchpunkte auf dem Niveau einzelner Gene nicht möglich ist.

An einem Beispiel aus der Tumorcytogenetik soll zunächst erläutert werden, wie mit Hilfe klonierter DNA Proben eine molekulare Bruchpunktanalyse durchgeführt werden kann und welche Bedeutung derartige Analysen für das kausale Verständnis der Tumorentstehung haben (Mitelman 1984). Im Weiteren sollen dann einige generelle Aspekte der Verwendung chromosomenspezifischer Genbibliotheken bei der Analyse von Chromosomenveränderungen dargestellt werden.

Molekular- und Zellbiologie
Hrsg. von Blin et al.
© Springer-Verlag Berlin Heidelberg 1985

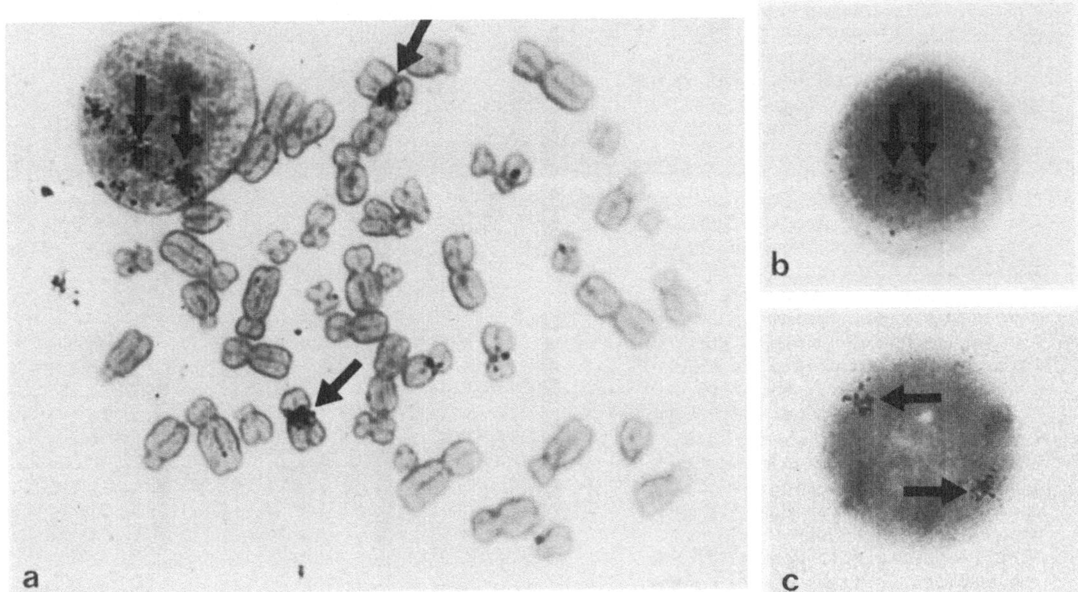

Abb. 1a-c. Autoradiogramme weiblicher, menschlicher Lymphozyten nach in situ Hybridisierung mit der DNA-Probe pXBR. Die Probe wurde mit (3H)dTTP radioaktiv markiert und hybridisiert an repetitive DNA in der Zentromerregion menschlicher X-Chromosomen. Die Abbildung ist aus Rappold et al. (1984a) entnommen. a) Metaphaseplatte und Interphasekern (links oben); b) und c) weitere Interphasekerne; Giemsafärbung. Anhäufungen von Silberkörnern über den Zentromerregionen der X-Chromosomen sind durch Pfeile gekennzeichnet. Man beachte, daß die Position dieser Zentromere mit Hilfe dieser Methode auch in Interphasekernen sichtbar gemacht werden kann. Chromosomenspezifische, repetitive DNA Proben eröffnen so eine neue Möglichkeit, um die Frage einer zufälligen oder nicht-zufälligen Anordnung bestimmter Chromosomen im Zellkern zu prüfen. Zum Problem der Chromosomentopographie in menschlichen Zellkernen siehe Rappold et al. (1984a). Im Gegensatz zu der in dieser Abbildung demonstrierten in situ Hybridisierung mit chromosomenspezifischen repetitiven DNA-Proben, entstehen nach in situ Hybridisierung mit singulären DNA Proben nur einzelne Silberkörner an einem Ort spezifischer Hybridisierung der radioaktiven Proben-DNA mit einer komplementären DNA Sequenz. In diesem Fall übertrifft die Zahl unspezifischer Silberkörner ("Hintergrund") pro Metaphase die Zahl spezifischer Silberkörner um ein Mehrfaches. Auch in diesen Fällen ist jedoch eine Aussage möglich, wenn die Position aller Silberkörner in zahlreichen Metaphasen bestimmt und eine statistisch signifikante Häufung von Silberkörnern über bestimmten Chromosomenregionen ermittelt wird (vgl. Abb. 2)

Das Burkitt Lymphom ist ein bösartiger Tumor, der von B-Zellen des lymphatischen Gewebes seinen Ausgang nimmt. Bei etwa 75% der Patienten findet sich in den Tumorzellen eine Translokation zwischen den Chromosomen 8 und 14 (t 8;14), bei den übrigen 25% eine "variante" Translokation zwischen den Chromosomen 8 und 22 (t 8;22) bzw. 2 und 8 (t 2;8). Mit den klassischen Bänderungsmethoden konnten die Bruchpunkte den Banden 2p12 (d.h. Bande 12 auf dem kurzen Arm von Chromosom 2), 8q24 (Bande 24 auf dem langen Arm von Chromosom 8), 14q32 und 22q11 zugeordnet werden. Mit Hilfe von Mensch-Maus Hybridzellen, die nur noch bestimmte menschliche Chromosomen enthalten, und der in situ Hybridisierungstechnik an menschlichen Metaphasechromosomen (siehe unten) konnten in den genannten Banden der Chromosomen 2, 14 und 22 Immunglobulingene lokalisiert werden und zwar das Gencluster Igk für die leichte Kette kappa in 2p12, das Gencluster für die schwere Kette in IgH in 14q32 und

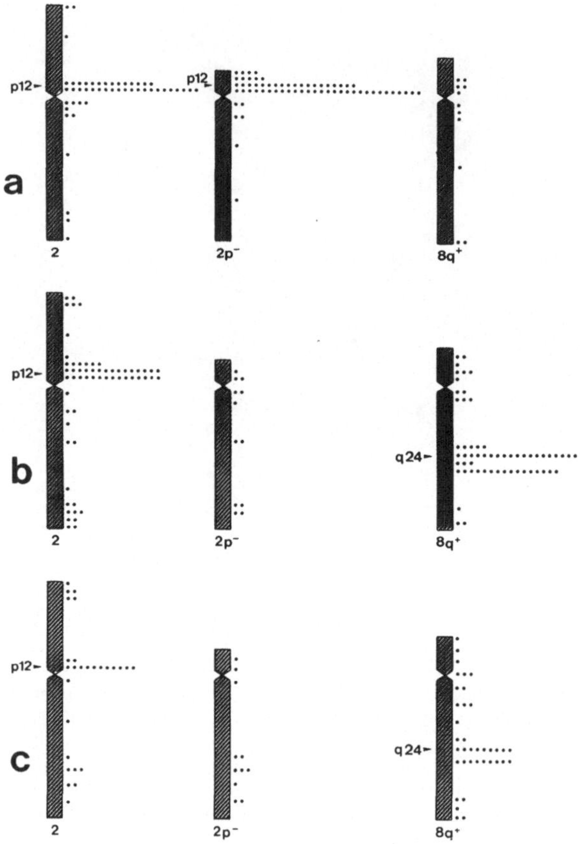

Abb. 2a-c. Schematisch dargestellt sind das normale Chromosom 2 und die beiden Markerchromosomen 2p- und 8q+ der Burkittlymphom-Zelllinie BL21. Die Lage des Zentromers ist durch eine Einschnürung kenntlich gemacht. Der kurze Arm von Chromosom 2 fehlt bei 2p- und ist auf den langen Arm von Chromosom 8 transloziert, das dementsprechend verlängert ist (8q+). In situ Hybridisierungsexperimente wurden mit drei klonierten DNA-Proben aus dem Gencluster für die leichte Immunglobulinkette kappa durchgeführt. a) mit einer Probe für die variablen Gene von kappa, V_k; b) mit einer Probe für die Verbindungsregion ("joining region"), J_k; c) mit einer Probe des Gens für den konstanten Teil von kappa, C_k. Die Proben wurden mit (3H)dTTP radioaktiv markiert. Für die detaillierte Beschreibung der Proben und der damit durchgeführten Experimente siehe Rappold et al. (1984b). Jeder der rechts neben 2, 2p- und 8q+ eingezeichneten Punkte gibt die chromosomale Lokalisation eines Silberkorns an. Dazu wurden Autoradiogramme a) von 35 Metaphasen, b) von 87 Metaphasen und c) von 118 Metaphasen ausgewertet und die Position aller auf einem der drei Chromosomen sichtbaren Silberkörner festgestellt. Die Pfeile kennzeichnen Chromosomensegmente mit einer statistisch signifikanten Häufung von Silberkörnern als Ausdruck einer spezifischen Bindung einer radioaktiven Probe. Die übrigen Silberkörner sind als "Hintergrund" zufällig über die Chromosomen verteilt. Aus der Verteilung der Silberkörner läßt sich entnehmen, daß V_k, J_k und C_k spezifisch im Bereich der Bande 2p12 des normalen Chromosoms 2 binden. Dagegen bindet am kurzen Arm des Markerchromosoms 2p- nur die Probe V_k. J_k und C_k zeigen dort keine Bindung, binden aber spezifisch am langen Arm des Markerchromosoms 8q+. Der Bruchpunkt in der Bande 2p12 muß demnach im Bereich zwischen V_k und J_k liegen. Man beachte, daß als Ergebnis dieser Experimente auch die Orientierung der Gene im kappa-Gencluster festgelegt werden konnte. V_k ist zum Zentromer hin orientiert, C_k zum Telomer

das Gencluster für die leichte Kette lambda Igλ in 22q11, während in 8q24 das Onkogen c-myc lokalisiert werden konnte. Eine ausführliche Literaturübersicht findet sich bei Rappold et al. (1984b). Auf Grund dieser Befunde wurde die Hypothese aufgestellt, daß als Folge der genannten Translokationen c-myc in die Nachbarschaft von Immunglobulingenen gerät. Diese abnorme Nachbarschaft wurde dafür verantwortlich gemacht, daß das c-myc Gen in den Tumorzellen im Gegensatz zu normalen B-Lymphozyten nicht inaktiviert wird. Daß diese Nachbarschaftshypothese zutrifft, konnte durch molekulare Bruchpunktanalysen entschieden werden.

Für diese Analyse bietet sich die Methode der in situ Hybridisierung klonierter DNA-Proben an Metaphasepräparaten an. Sie hat sich in jüngster Zeit als ein hervorragend geeignetes Verfahren für die Zuordnung

singulärer DNA-Sequenzen zu einzelnen Chromosomenbanden erwiesen
(Zabel et al. 1983). Auf einem Objektträger fixierte Metaphase- oder
Prometaphasechromosomen werden denaturiert. Die dadurch einzelsträngig
gemachte DNA der Chromosomen wird mit einer radioaktiv markierten,
ebenfalls einzelsträngigen DNA-Probe hybridisiert. Überschüssige radioaktive Probe wird durch sorgfältiges Waschen der Objektträger entfernt, die anschließend mit einer Filmemulsion bedeckt und im Dunkeln
für Tage oder auch Wochen exponiert werden. Die Orte spezifischer Hybridisierung werden nach der Entwicklung der Autoradiogramme durch die
dort entstehende Anhäufung von Silberkörnern sichtbar gemacht (Abb. 1).

Abb. 2 zeigt das Ergebnis einer Burchpunktanalyse bei Tumorzellen eines
Patienten mit der varianten Translokation t(2;8) (Rappold et al. 1984b).
Die in situ Hybridisierung zeigt, daß die für den variablen Teil der
Kappa-Kette kodierenden Gene V_k auf dem Markerchromosom 2p- verblieben
sind, während die Gene für die "joining region" J_k und den konstanten
Anteil der Kappa-Kette C_k offenbar auf das Markerchromosom 8q+ trans-
loziert worden sind. Nach diesem Resultat muß der Bruchpunkt in der
Bande 2p12 innerhalb des Kappa-Genclusters liegen. Das Onkogen c-myc
konnte auf 8q+ lokalisiert werden (nicht dargestellt in Abb. 2). Der
Bruchpunkt in der Bande 8q24 liegt demnach distal von c-myc. Es ist
heute möglich, bei Bedarf Bruchpunkte auf dem DNA-Niveau bis auf die
Base genau festzulegen (Piccoli et al. 1984).

Mit Hilfe molekularer Bruchpunktanalysen konnte gezeigt werden, daß
die exakte Lage der Bruchpunkte in den Tumorzellen verschiedener Patienten variiert. Doch stimmen alle bislang untersuchten Fälle darin
überein, daß als Folge der Translokation das c-myc Gen in die Nachbarschaft eines Immunglobulingens gerät, und zwar immer auf die 5'-Seite
des für den konstanten Teil der jeweiligen Immunglobulinkette codieren-
den Gens. Da somatische Mutationen in den variablen Abschnitten der
Immunglobuline eine wichtige Rolle bei der Erzeugung der Antikörper-
vielfalt spielen und die Gene für den variablen Teil der Immunglobulinketten ebenfalls auf der 5'-Seite der Gene für den konstanten Teil der
Immunglobulinketten liegen, besagt eine attraktive Hypothese, daß auch
das c-myc Gen in der neuen Nachbarschaft somatische Mutationen erleiden
kann. Diese wiederum könnten entscheidend für das unbegrenzte, der Kontrolle des Körpers entzogene Wachstum der Tumorzellen sein.

Mit Hilfe chromosomenspezifischer Genbibliotheken können die am Beispiel des Burkitt Lymphoms dargestellten Möglichkeiten einer molekularen Cytogenetik generell angewendet werden, um Translokationen, Du-
plikationen oder Deletionen von Chromosomenabschnitten wesentlich genauer als mit den klassischen Verfahren der Chromosomenanalyse festzulegen. Monosomien und Trisomien von Chromosomensegmenten führen zu
einer entsprechenden Verminderung bzw. Vermehrung der in den betroffenen Segmenten lokalisierten DNA-Sequenzen, die mit Hilfe quantitativer
DNA-Hybridisierungsverfahren erfaßt werden können. Die Genauigkeit,
mit der der Umfang selbst submikroskopisch kleiner Veränderungen erfaßt
werden kann, wird im Prinzip nur von der Verfügbarkeit einer genügenden
Zahl klonierter DNA-Proben für den zu analysierenden Chromosomenbereich
begrenzt. Neben singulären DNA-Sequenzen könnten hier auch klonierte
repetitive DNA-Sequenzen Bedeutung erlangen, die im Hinblick auf ihre
Basensequenz bzw. ihre Organisation spezifisch für bestimmte Chromosomenabschnitte sind (Gusella et al. 1982; Rappold et al. 1984a).

Diese neuen Möglichkeiten sollten dazu führen, daß in Zukunft Ort und
Umfang chromosomaler Defekte und die damit verbundenen Veränderungen
im Phänotyp der betroffenen Individuen wesentlich genauer miteinander
korreliert werden können. Wie dies geschehen kann, soll am Beispiel
der Deletion des kurzen Arms von Chromosom 5 erläutert werden. Sie ist

die Ursache des Cri du chat-Syndroms, das seinen Namen auf Grund des charakteristischen katzenschreiartigen Wimmerns der betroffenen Kinder erhalten hat. Für den Phänotyp dieses Syndroms ist offenbar der Verlust der Bande 5p15 entscheidend. Doch gibt es auch Kinder mit Cri du chat-Symptomen, bei denen sich eine Chromosomenaberration bislang nicht nachweisen läßt (Niebuhr 1978). Möglicherweise besteht hier eine submikroskopisch kleine Deletion im Bereich 5p15. Die Etablierung einer DNA-Bibliothek für den kurzen Arm von Chromosom 5 würde einen Test dieser Hypothese ermöglichen. Die genaue Eingrenzung der chromosomalen Region, die für die charakteristischen Veränderungen eines bestimmten chromosomalen Fehlbildungssyndroms verantwortlich ist, könnte in Zukunft die Klonierung der für den veränderten Phänotyp wesentlichen DNA-Sequenzen ermöglichen. Mit dem Methodenarsenal der Molekularbiologie könnte dann die Rolle der in einem pathogenetischen Chromosomensegment lokalisierten Gene über die Identifizierung von Genprodukten, Ort und Zeitpunkt der Genexpression bis hin zur Ebene der primären Genfunktion an menschlichen Gewebekulturen kausal verfolgt werden. Ein Teil der Analysen könnte auch an Labortieren durchgeführt werden, da sich mit Hilfe der klonierten, menschlichen Gene die entsprechenden Gene aus DNA-Bibliotheken anderer Säugetierspezies relativ leicht isolieren lassen sollten.

Die klinischen Cytogenetiker kennen zahlreiche Chromosomensegmente, die im monosomen oder trisomen Zustand charakteristische Fehlbildungssyndrome hervorrufen, die in der Regel mit ausgeprägtem Schwachsinn einhergehen (vgl. Tab. 2 bei Yunis und Lewandowski 1983). Doch gibt es bis heute keine überzeugende Theorie, auf welchen Wegen und über welche pathogenetischen Mechanismen die Verminderung bzw. Vermehrung der in den betroffenen Segmenten lokalisierten DNA-Sequenzen ein Fehlbildungssydrom auslöst. Die am Beispiel des Cri du chat-Syndroms skizzierte Strategie eröffnet einen neuen Weg, auf dem man der Lösung dieses Problems einen Schritt näher kommen kann.

b) Molekulare Struktur und Evolution von Chromosomen

Ein bedeutsamer Schritt im Verlauf der Evolution, die zu den heutigen Genomen der Säugetiere einschließlich des Menschen geführt hat, bestand nach Ohno in einer Verdoppelung der Chromosomenzahl und damit des DNA-Gehaltes vor 200 bis 300 Millionen Jahren. Comings (1972) hat diese Hypothese im Hinblick auf die Evolution des menschlichen Karyotpys weiter präzisiert. Danach sind die Chromosomen 1 und 2, 4 und 5, 7 und 8, 11 und 12, 14 und 15, 16 und 17, 19 und 20 sowie 21 und 22 aus je einem gemeinsamen Paar homologer Chromosomen hervorgegangen ("ancestral homologues"). Die Hypothese wird gestützt durch Ähnlichkeiten der Bandenmuster und in einigen Fällen durch den Vergleich von genetischen Markern. So findet man beispielsweise das Gen für die Lactatdehydrogenase A auf Chromosom 11p12, während das Gen für die Lactatdehydrogenase B auf Chromosom 12p12 lokalisiert werden konnte. Durch einen Vergleich chromosomenspezifischer DNA-Bibliotheken läßt sich feststellen, in welchem Umfang Ähnlichkeiten zwischen repetitiven und singulären DNA Sequenzen in den homologisierten Banden der "ancestral homologues" bestehen. Die Hypothese von Comings könnte so kritisch getestet werden.

Eine weitere faszinierende Frage betrifft die Evolution der Chromosomen bei den Primaten. Es zeichnet sich ab, daß die genetischen Unterschiede zwischen den Hominiden und den Pongiden, beispielsweise zwischen Mensch, Schimpanse und Gorilla, auf eine relativ geringe Anzahl chromosomaler Umbauten zurückzuführen ist. Vor allem Dutrillaux (1984) hat umfangreiche Untersuchungen zur chromosomalen Phylogenese der Primaten mit Hilfe der klassischen Bänderungstechniken durchgeführt. Es scheint heute,

daß die genetischen Grundlagen für die Evolution der Hominiden eher
auf dem Niveau der Genregulation als auf dem Niveau prinzipieller Unterschiede in den Strukturgenen der höheren Primaten zu suchen sind. Solche Unterschiede der Genregulation dürften beispielsweise für die Zahl
der Zellteilungen der Nervenzellen bei der Entwicklung des Großhirns
entscheidend sein. Die im vorigen Abschnitt für die Untersuchung von
Chromosomenaberrationen dargestellten Möglichkeiten einer molekularen
Bruchpunktanalyse können auch für Untersuchungen der Chromosomenevolu-
tion eingesetzt werden. Dabei interessiert vor allem die Frage, welche
Gene bei den einzelnen Chromosomenumordnungen, die zum heutigen Karyotyp des Menschen geführt haben, in enge Nachbarschaft gerückt sind.
Es steht zu erwarten, daß mit Hilfe molekularer Techniken Chromosomenumordnungen auch im submikroskopischen Bereich erkannt werden können,
die bislang einer Analyse nicht zugänglich waren. Chromosomenspezifische DNA-Bibliotheken der höheren Primaten stellen für dieses Arbeits-
gebiet die entscheidende Grundlage dar.

1.2 Chromosomale Kartierung und Diagnose von Krankheitsbildern mit monogenem Erbgang

In diesem Abschnitt soll auf die Bedeutung chromosomenspezifischer DNA-
Bibliotheken im Rahmen einer Verwirklichung des "Botstein-Konzepts"
zur genetischen Kartierung und Diagnose mendelnder Erbkrankheiten eingegangen werden.

Botstein et al. (1980) haben ein Verfahren zur Konstruktion einer Kop-
pelungskarte des menschlichen Genoms mit Hilfe von DNA-Polymorphismen
der Länge von Restriktionsfragmenten (restriction fragment length poly-
morphism, RFLP) vorgeschlagen. Dabei macht man sich die Tatsache zu-
nutze, daß etwa eine von hundert Basen im DNA-Strang eines Chromosoms
verschieden ist von der Base, die sich an identischer Stelle bei dem
homologen Chromosom des gleichen Individuums oder bei einem anderen
Individuum befindet. Wenn von solchen Sequenzunterschieden die Erkennungssequenzen von Restriktionsenzymen betroffen sind, dann führen sie
zu unterschiedlichen Spaltungsmustern der DNA an den entsprechenden
Stellen, die mit Hilfe der Southern-Blot Technik nachgewiesen werden
können (Southern 1975; Davies 1981, dort Abb. 2). Derartige DNA-Polymorphismen, die auch durch Deletionen oder Insertionen von DNA-Fragmenten entstehen können, werden den mendelnden Regeln entsprechend vererbt. Inzwischen gibt es bereits eine große Anzahl singulärer DNA-
Proben, mit denen sich solche Polymorphismen nachweisen lassen (Schmidtke und Cooper 1983). Jede derartige DNA-Probe definiert einen "DNA-
Marker-Lokus". Liegt nun ein solcher Locus in naher Nachbarschaft eines für eine mendelnde Erbkrankheit verantwortlichen Gens, dann wird
er in der Regel gemeinsam mit diesem Gen vererbt. Der Restriktionslängen-Polymorphismus kann dann als Marker für die Erfassung dieses
monogen vererbten Leidens verwendet werden. Beispiele für autosomal
dominante und rezessive Erbgänge sind bei Gusella et al. (1983) und
Woo et al. (1983) zu finden. Damit werden auch solche Krankheiten einer
pränatalen Diagnose aus Fruchtwasserzellen oder Chorionzotten zugänglich, bei denen über den Gendefekt selbst noch nichts bekannt ist und
bei denen es bislang keine Möglichkeit gibt, pathophysiologische Veränderungen auf dem Niveau der für eine Analyse zugänglichen Zellen zu
erfassen.

Ein spektakuläres Beispiel für die erfolgreiche Anwendung des Botstein-
Konzepts zeigt die Entdeckung eines polymorphen DNA-Marker Locus, der
mit dem Gen für Chorea Huntington eng gekoppelt ist und auf Chromosom 4
lokalisiert werden konnte (Gusella et al. 1983). Es handelt sich hier
um eine autosomal dominante Erkrankung des Zentralnervensystems, die

meist im mittleren Lebensalter beginnt und zu Hirnatrophie verbunden
mit schweren Bewegungsstörungen und fortschreitendem geistigen Verfall
führt. Die Arbeit von Gusella et al. ist zugleich beispielhaft für die
Schwierigkeiten, die bei einer Realisierung des Botstein-Konzepts überwunden werden müssen.

Das methodische Nadelöhr besteht in der Etablierung einer Koppelung
zwischen einem polymorphen DNA Marker Locus und dem interessierenden
Gen. Voraussetzung dafür sind genügend große, informative Stammbäume
und genügend singuläre DNA Proben zur Erfassung der Marker Loci. Der
DNA Gehalt des haploiden menschlichen Chromosomensatzes umfaßt etwa
3 Milliarden Basenpaare. Das entspricht etwa 3000 cM. (Die Einheit 1
cM (centi-Morgan) ist definiert als Rekombinationswahrscheinlichkeit
von 1% pro Meiose zwischen zwei benachbarten Loci.) Daraus folgt, daß
ein Minimum von 100 bis 200 gleichmäßig über das Genom verteilten Marker Loci benötigt wird, damit Aussicht besteht, für jedes interessierende Gen wenigstens eine "lockere" Koppelung zu etablieren (Botstein et
al. 1980). Um die Etablierung eines Netzes von polymorphen Marker Loci
auf allen Chromosomen zu beschleunigen, bieten sich singuläre DNA-Proben aus chromosomenspezifischen DNA-Bibliotheken als Ausgangsbasis an,
die mit der Technik der in situ Hybridisierung (siehe oben) bestimmten
Chromosomenbanden zugeordnet werden können. Sobald eine erste, lockere
Koppelung gefunden ist, können weitere DNA-Marker Loci in der Nachbarschaft des ersten Locus herangezogen werden, um gezielt nach einer
engeren Koppelung zu suchen und die Position des interessierenden Gens
so weiter einzugrenzen.

Entscheidend für die Brauchbarkeit solcher Marker Loci als diagnostisches Instrument ist die Häufigkeit von Austauschereignissen (crossing-
over) im Bereich zwischen Marker Locus und dem interessierenden Gen
während der Meiose und der Prozentsatz an Familien mit informativem
Paarungstyp. In jeder Familie muß zunächst individuell ermittelt werden, ob gesunde und kranke Familienmitglieder mit Hilfe der in dieser
Familie nachweisbaren Restriktionslängen-Polymorphismen des verwendeten
Marker Locus einwandfrei unterschieden werden können (Woo et al. 1983).
Um das Risiko falsch positiver oder falsch negativer Diagnosen als Folge eines crossing-over zu reduzieren, wird man nach Möglichkeit Marker-
Loci auf beiden Seiten des Gens verwenden. Diese Schwierigkeiten ent-
fallen, wenn das interessierende Gen (beispielsweise nach Anreicherung
der spezifischen m-RNA) selbst kloniert werden kann und ein polymor-
pher DNA Marker Locus im Bereich des Gens selbst liegt. Der Idealfall ist dann gegeben, wenn die für eine Krankheit verantwortliche Mutation selbst die Erkennungssequenz eines Restriktionsenzyms betrifft
und über einen Restriktionslängen-Polymorphismus an dieser Stelle nachgewiesen werden kann. Im Fall der Sichelzellanämie konnte dieser Idealfall inzwischen realisiert werden (Chang und Kan 1981).

Ziel einer genetischen Analyse mendelnder Krankheiten ist letztlich
die Isolierung des die Krankheit verursachenden Gens selbst. Diese
Isolierung erscheint auch heute noch nahezu aussichtslos, wenn über
Struktur und Funktion eines Gens keinerlei Information vorliegt, wie
das beispielsweise beim Gen der Huntingtonschen Chorea der Fall ist.
Die Genauigkeit der Genlokalisation mittels Koppelungsanalyse ist beim
Menschen auf einen DNA-Bereich von etwa ein bis drei Millionen Basenpaaren begrenzt. Eine genauere Kartierung mittels noch enger mit dem
Gen gekoppelter Marker Loci scheitert einfach darin, daß informative
crossing-over zwischen diesen Loci und dem Gen bei dem begrenzten Umfang informativer Familien nicht mehr zu erwarten sind. Für eine ausführliche Darstellung der Methode der Koppelungsanalyse siehe Vogel
und Motulsky (1979). Jedoch werden für das Chorea Huntington Gen bereits

Strategien diskutiert, wie auch diese neue Barriere überwunden werden kann (Cantor 1984). Falls mit einer dieser Strategien, bei denen wiederum chromosomenspezifische Genbanken, hier von Chromosom 4, eine wesentliche Rolle spielen, die Klonierung des gesuchten Gens gelingen sollte, zeichnet sich eine prinzipiell neue Möglichkeit einer kausalen Analyse der Chorea Huntington und anderer monogener Erbleiden ab. Für die Analyse der primären Genfunktion gilt dann, was bereits im Abschnitt 1.1 zur Analyse von Genen aus pathogenetischen Chromosomensegmenten gesagt wurde.

Ob das Botstein-Konzept auch zur Analyse multifaktorieller Erkrankungen beitragen kann, bleibt abzuwarten. Immerhin scheint seine Anwendung dort möglich, wo Hauptgene eine entscheidende Rolle bei der Krankheitsdisposition spielen.

2. Methodische Aspekte

Zur Herstellung von chromosomenspezifischen DNA-Bibliotheken gibt es gegenwärtig drei verschiedene Verfahren.

2.1 Chromosomenfraktionierung

Ein attraktiver und direkter Weg zur Etablierung von chromosomenspezifischen DNA-Bibliotheken besteht darin, Metaphasechromosomen eines bestimmten Typs mit möglichst großem Reinheitsgrad zu isolieren ("fraktionieren, sortieren") und deren DNA in einem geeigneten Vektor zu klonieren (Davies et al. 1981, Krumlauf et al. 1982, Müller et al. 1983, Griffith et al. 1984, Lalande et al. 1984).

Eine auf diese Weise etablierte DNA-Bibliothek enthält im Idealfall nur noch DNA-Sequenzen eines bestimmten Chromosoms. Ein derartiges Vorhaben ist über die Erstellung von DNA-Bibliotheken der 24 verschiedenen menschlichen Chromosomentypen (22 Autosomen, X und Y) hinaus interessant, da durch die Klonierung der DNA von aberranten Chromosomen (Chromosomen mit Deletionen oder Translokationen, dizentrischen Chromosomen, Isochromosomen) Bibliotheken erstellt werden können, die die DNA bestimmter Chromosomenabschnitte repräsentieren. Auch Chromosomen mit amplifizierten Sequenzen, die sich als homogen gefärbte Regionen im Bandenmuster zeigen, können in ausreichender Menge sortiert werden.

Voraussetzung für die hier skizzierte Methode der Etablierung chromosomenspezifischer DNA-Bibliotheken ist die Gewinnung von Chromosomenfraktionen möglichst großer Reinheit. Solche Chromosomenfraktionen wurden erstmals durch die Technik der fluoreszenzaktivierten Sortierung gewonnen (Horan and Wheeless 1977; siehe auch Kapitel 10). Es gelang Chromosomenfraktionen mit über 80% Reinheit zu sortieren. In einigen Fällen wurden sogar Reinheiten von bis zu 99% angegeben (Lebo et al. 1984).

Die Trennmöglichkeiten können noch erheblich verbessert werden, wenn gleichzeitig mehrere physikalische Größen gemessen und als Sortierungskriterium genutzt werden können (Gray et al. 1979, Lebo et al. 1984). Hier besteht ein entscheidender Vorteil im Vergleich zu anderen Methoden, wie z.B. Zentrifugation. Mit Hilfe der fluoreszenzaktivierten Sortierung gelang in den letzten Jahren eine Fraktionierung verschiedener Typen von menschlichen Chromosomen. Die sortierten Chromosomen wurden erfolgreich für die Etablierung chromosomenspezifischer DNA-

Bibliotheken eingesetzt. Solche DNA-Bibliotheken wurden inzwischen für die menschlichen Chromosomen 1, 2, 6, 19, 20, 21, 22, X und Y gewonnen (Sparkes et al. 1984).

Die Ausbeute an sortierten Chromosomen kann durch Voranreicherungsmethoden erheblich verbessert werden. Hier haben sich vor allem Sedimentations- und Zentrifugationsverfahren als geeignet erwiesen. So wurden Chromosomen aus menschlichen Zellen isoliert und mithilfe von Geschwindigkeitssedimentation (52 g) in verschiedene Fraktionen aufgetrennt. In einigen dieser Fraktionen waren spezifische Typen von Chromosomen (z.B. Nr. 18 - 22) stark angereichert. Solche Fraktionen wurden anschließend durch fluoreszenzaktivierte Sortierung weiter aufgetrennt. Auf diesem Wege gelang es, die Sortierungsrate für die Chromosomen 21 und 22 um etwa das zehnfache zu steigern (Collard et al. 1984). Alternativ kann man versuchen, die Sortierungsgeschwindigkeit des Sorters selbst zu erhöhen.

2.2 Zellhybride

Eine weitere vielgenutzte Möglichkeit zur Etablierung chromosomenspezifischer DNA-Bibliotheken besteht in der Verwendung von Interspezies-Zellhybriden. Hierbei werden Zellen (z.B. Mensch, Maus) miteinander fusioniert. Die fusionierten Zellen verlieren nach und nach menschliche Chromosomen. Durch geeignete biochemische Selektion erhält man schließlich Hybridzellen, die außer den Nagerchromosomen nur noch ein oder wenige menschliche Chromosomen enthalten. Alternativ können Nagerzellen zunächst mit "Minizellen" (Zellfragmenten) fusioniert werden, die nur ein oder wenige Chromosomen enthalten. Die so gewonnenen Hybridzellen werden weiter vermehrt.

Die DNA geeigneter Hybridzellen wird isoliert und kloniert. Die auf diesem Wege gewonnene DNA-Bibliothek enthält nur noch Sequenzen der in den verwendeten Hybridzellen enthaltenen menschlichen Chromosomen, sowie Sequenzen der Nagerchromosomen. So wurden beispielsweise für die menschlichen Chromosomen 11 und 12 DNA-Bibliotheken errichtet, die aus Gesamt-DNA von Hamster-Mensch-Zellhybriden gewonnen wurden, welche ausschließlich das Chromosom 11 oder das Chromosom 12 enthielten (Gusella et al. 1980).

Solche DNA-Bibliotheken aus Hybridzellinien bedeuten einen wesentlichen Fortschritt und wurden inzwischen auch für andere Chromosomen angelegt. Sie haben jedoch den Nachteil, daß die interessierenden Sequenzen (hier eines spezifischen Chromosoms) nur einen geringen Bruchteil der Bibliothek ausmachen. Die DNA-Bibliothek muß also zunächst nach den seltenen Sequenzen menschlichen Ursprungs abgesucht werden. Hierzu wurden Hybridisierungsverfahren (Gusella et al. 1980) und Rekombinationstechniken (Neve et al. 1983) beschrieben. Diese beiden Methoden beruhen auf der Speziesspezifität von repetitiven Sequenzen. Um in einer DNA-Bibliothek in fast allen Klonen ($\geq$ 95%) mindestens eine solche repetitive Sequenz zu finden, müssen die klonierten Fragmente 15 - 20 kb lang sein.

2.3 Kombination von Chromosomenfraktionierung und Hybridzellverfahren

Beide bisher genannten Methoden zur Etablierung chromosomenspezifischer DNA-Bibliotheken haben charakteristische Vor- und Nachteile. Die Zellhybridisierungsmethode kann DNA-Bibliotheken liefern, deren menschliche DNA-Segmente mit Sicherheit einem bestimmten Chromosom zugeordnet werden können. Dagegen sind diese Sequenzen relativ selten. Auf der anderen Seite kann mit der Chromosomenfraktionierungsmethode ein gewünschter Chromosomentyp stark angereichert werden. Ein wesentliches Problem ist hier die Reinheit der sortierten Chromosomen. Diese hängt entscheidend von der durchflußphotometrischen Unterscheidbarkeit der Chromosomen und von der Qualität der zur Sortierung benutzten Chromosomensuspension ab.

Eine Kombination beider Verfahren erlaubt die Etablierung von DNA-Bibliotheken mit hoher Ausbeute und Reinheit. So konnte am Beispiel einer Hamster-Mensch-Hybridzellinie, die nur noch das Y-Chromosom als einziges freies menschliches Chromosom enthielt, gezeigt werden, daß die Sortierung ausgewählter Chromosomen auf diesem Wege erheblich besser durchgeführt werden kann (Cremer et al. 1984). Ein Vergleich der aus sortierten Y-Chromosomen etablierten DNA-Bibliothek (Müller et al. 1983) mit einer DNA-Bibliothek aus Gesamt-DNA von Hybridzellen, die nur noch das Y-Chromosom als einziges menschliches Chromosom enthielten, zeigte, daß der Anteil der Y-chromosomalen Sequenzen bei Verwendung der kombinierten Methode (Sortierung von Hybridzellchromosomen) um ein Vielfaches (ca. 30x) höher lag (Cremer et al. 1984).

Es ist zu erwarten, daß die Kombination der Chromosomenfraktionierungs- und der Zellhybridmethode auch bei anderen Chromosomen erfolgreich eingesetzt werden kann, insbesondere in Verbindung mit Immunofluoreszenzverfahren (Trask et al. 1984).

Bei Verwendung geeigneter Hybridzellinien sollte es möglich sein, alle menschlichen Chromosomen mit hoher Ausbeute und Reinheit zu sortieren, einschließlich der Chromosomen 10 - 12, die bislang durchflußphotometrisch nicht voneinander getrennt werden können (Lebo et al. 1984). Die Verwendung von Hybridzellen mit geeigneten aberranten Chromosomen würde darüber hinaus eine elegante Möglichkeit zur Etablierung von DNA-Bibliotheken bestimmter Chromosomenabschnitte liefern.

Danksagung

Wir danken Frau Prof. T.M. Schroeder-Kurth und Prof. F. Vogel für die kritische Durchsicht des Manuskripts.

Literatur

Botstein D, White RL, Skolnick M, Davis RW (1980) Construction of a genetic linkage map in man using restriction fragment length polymorphisms. Am. J. Hum. Genet. 32:314-331

Cantor CR (1984) Charting the path to the gene. Nature 308:404-405

Chang JC, Kan YW (1981) Antenatal diagnosis of sickle cell anaemia by direct analysis of the sickle mutation. Lancet II:1127-1129

Collard JG, Philippus E, Tulp A, Lebo RV, Gray JW (1984) Separation and analysis of human chromosomes by combined velocity sedimentation and flow sorting applying single- and dual-laser flow cytometry. Cytometry 5:9-19

Comings DE (1972) Evidence for ancient tetraploidy and conservation of linkage groups in mammalian chromosomes. Nature 238:455-457

Cremer C, Rappold G, Gray JW, Müller CR, Ropers HH (1984) Preparative dual beam sorting of the human Y chromosome and in situ hybridization of cloned DNA probes. Cytometry, im Druck

Davies KE (1981) The application of DNA recombinant technology to the analysis of the human genome and genetic disease. Hum. Genet. 58: 351-357

Davies KE, Young BD, Elles RG, Hill ME, Williamson R (1981) Cloning of a representative genomic library of the human X chromosome after sorting by flow cytometry. Nature 293:374-376

Dutrillaux B (1984) Chromosomale Herkunft des Menschen. In: Passarge E
(Hrsg) Genetische Herkunft und Zukunft des Menschen. Verlag Chemie,
Weinheim, S 55-69

Gray JW, Langlois RG, Carrano AV, van Dilla MA (1979) High resolution
chromosome analysis: One and two parameter flow cytometry. Chromosoma
73:9-27

Griffith JK, Cram LS, Crawford BD, Jackson PJ, Schilling J, Schimke
RT, Walters RA, Wilder ME, Jett JH (1984) Construction and analysis
of DNA sequence libraries from flow-sorted chromosomes: Practical
and theoretical considerations. Nucl. Acids Res. 12:4019-4034

Gusella JF, Keys C, Varsanyi-Breiner A, Kao F-T, Jones C, Puck TT,
Housman D (1980) Isolation and localization of DNA segments from
specific human chromosomes. Proc. Natl. Acad. Sci. 77:2829-2833

Gusella JF, Jones C, Kao F-T, Housman D, Puck TT (1982) Genetic fine-
structure mapping in human chromosome 11 by use of repetitive DNA
sequences. Proc. Natl. Acad. Sci. 79:7804-7808

Gusella JF, Wexler NS, Conneally PM, Naylor SL, Anderson MA, Tanzi RE,
Watkins PC, Ottina K, Wallace MP, Sakaguchi AY, Young AB, Shoulson
J, Bonilla E, Martin JB (1983) A polymorphic DNA marker genetically
linked to Huntington's disease. Nature 306:234-238

Horan PK, Wheeless LL Jr. (1977) Quantitative single cell analysis
and sorting. Science 198:149-157

Krumlauf R, Jeanpierre M, Young BD (1982) Construction and characterization of genomic libraries from specific human chromosomes. Proc.
Natl. Acad. Sci. 79:2971-2974

Lalande M, Kunkel LM, Flint A, Latt SA (1984) Development and use of
metaphase chromosome flow sorting methodology to obtain recombinant
phage libraries enriched for parts of the human X-chromosome.
Cytometry 5:101-107

Lawn RM, Fritsch EF, Parker RC, Blake G, Maniatis TC (1978) The isolation and characterization of linked β- and δ-globin genes from a
cloned library of human DNA. Cell 15:1157-1174

Lebo RV, Gorin F, Fletteric RJ, Kao F-T, Cheung MC, Bruce BD, Kan YW
(1984) High-resolution chromosome sorting and DNA spot-blot analysis
assign McArdle's syndrome to chromosome 11. Science 225:57-59

Mitelman F (1984) Restricted number of chromosomal regions implicated
in aetiology of human cancer and leukaemia. Nature 310:325-327

Müller CR, Davies KE, Cremer C, Rappold G, Gray JW, Ropers HH (1983)
Cloning of genomic sequences from the human Y chromosome after purification by dual beam flow sorting. Hum. Genet. 64:110-115

Neve RL, Bruns GAP, Dryja TP, Kurnit DM (1983) Retrieval of human DNA
from rodent-human genomic libraries by a recombination process. Gene
23:343-354

Niebuhr E (1978) The cri du chat syndrome. Epidemiology, cytogenetics
and clinical features. Hum. Genet. 44:227-275

Piccoli SP, Caimi PG, Cole MD (1984) A conserved sequence at c-myc
oncogene chromosomal translocation breakpoints in plasmocytomas.
Nature 310:327-330

Rappold GA, Cremer T, Hager HD, Davies KE, Müller CR, Yang T (1984a)
Sex chromosome positions in human interphase nuclei as studied by
in situ hybridization with chromosome specific DNA probes. Hum.
Genet. 67:317-325

Rappold GA, Hameister H, Cremer T, Adolph S, Henglein B, Freese UK,
Lenoir GM, Bornkamm GW (1984b) C-myc and immunoglobulin kappa light
chain constant genes are on the 8q+ chromosome of three Burkitt
lymphoma lines with t (2;8) translocations. EMBO J., im Druck

Schmidtke J, Cooper DN (1983) A list of cloned human DNA sequences.
Hum. Genet. 65:19-26

Southern EM (1975) Detection of specific sequences among DNA fragments
separated by gel electrophoresis. J. Mol. Biol. 98:503-517

Sparkes RS, Berg K, Evans HJ, Klinger HP (eds) (1984) Human Gene Mapping 7. Cytogen. Cell Genet. 37:1-665
Trask B, v.d. Engh G, Gray JW, Vanderlaan M, Turner B (1984) Immunofluorescent detection of histone 2B on metaphase chromosomes in suspension using flow cytometry. Chromosoma, im Druck
Vogel F, Motulsky AG (1979) In: Human Genetics, Problems and Approaches. Springer, Berlin Heidelberg New York
Woo SLC, Lidsky AS, Güttler F, Chandra T, Robson KJH (1983) Cloned human phenylalanine hydroxylase gene allows prenatal diagnosis and carrier detection of classical phenylketonuria. Nature 306:151-155
Yunis JJ, Lewandowski RC (1983) High-resolution cytogenetics. Birth Defects: Original Article Series 19,5, March of Dimes Birth Defects Foundation. Alan R. Liss, New York, pp 11-37
Zabel BU, Naylor SL, Sakaguchi AY, Bell GI, Shows TB (1983) High-resolution chromosomal localization of human genes for amylase, proopiomelanocortin, somatostatin, and a DNA fragment (D3S1) by in situ hybridization. Proc. Natl. Acad. Sci. 80:6932-6936

Gen-Injektion und Transkript-Analyse in der Xenopus-Oocyte

A. Hofmann, A. Laier und M. F. Trendelenburg

Institut für Zell- und Tumorbiologie, Institut für experimentelle Pathologie, Deutsches Krebsforschungszentrum, Im Neuenheimer Feld 280, D-6900 Heidelberg

Gen-Injektionsexperimente in Xenopus-Oocytenkerne sind eine wichtige Analysemöglichkeit zur Aufklärung der Transkriptionseigenschaften klonierter Gene. In diesem Kapitel sollen zwei methodische Ansätze hierfür besonders vorgestellt werden: 1. Die elektronenmikroskopische Darstellung der Chromatinstruktur spezifisch transkribierter Gene nach Kerninjektion. 2. Die wichtigsten, gegenwärtig gebräuchlichen biochemischen Nachweisverfahren für spezifische RNA-Transkripte.

Die wachsenden Eizellen (Oocyten) des Krallenfrosches Xenopus laevis sind aus mehreren Gründen besonders für Mikroinjektionsexperimente geeignet: Erwachsene Froschweibchen können im Labor recht gut gehalten werden (Gurdon 1967). Die Frösche können jeweils mehrfach operiert werden. Hierdurch ist es möglich in regelmäßigen Zeitabständen mit Oocyten bestimmter Einzeltiere zu arbeiten. Die entnommenen Oocyten können in einer einfachen Salzlösung mehrere Tage (bis zu wenigen Wochen) kultiviert werden (Gurdon 1976). Von besonderer Bedeutung für Mikroinjektionsexperimente ist die rigide Konsistenz des Xenopus-Oocytencytoplasmas: Nur in sehr wenigen Fällen konnte bisher ein partielles Ausfließen cytoplasmatischen Materials nach dem Herausziehen der Injektionsnadel beobachtet werden. Last but not least, die bedeutende Zellgröße (Durchmesser einer vollausgewachsenen Xenopus Oocyte ca. 1,2 mm) ebenso wie die hiermit korrelierte Kerngröße von 0,4 mm erleichtern den Mikroinjektionsprozess. Ganz wesentlich für Mikroinjektionsversuche mit protein-freier DNA ist die Tatsache, daß Oocyten einen enormen Pool an akkumulierten chromosomalen Proteinen haben (vgl. weiter unten; und Laskey et al. 1979).

METHODIK DER ELEKTRONENMIKROSKOPISCHEN TRANSKRIPTCHARAKTERISIERUNG

Versuchstiere:

Adulte Weibchen des südafrikanischen Krallenfrosches Xenopus laevis können von der Snake Farm (Fishoek/Republik Südafrika) bezogen werden. Die Tiere werden in 50 l-Plastiktanks bei 18 - 25° C gehalten. Zur Stimulation der Oogenese können Xenopus-Weibchen in 2 - 3 monatigen Abständen mit 200 - 500 I.U. Predalon (Organon, München) subkutan in einen der Lymphsäcke injiziert werden. 10 - 24 h nach Hormoninjektion erfolgt die Eiablage (für Details der Haltungsbedingungen vgl. Gurdon 1967).

Molekular- und Zellbiologie
Hrsg. von Blin et al.
© Springer-Verlag Berlin Heidelberg 1985

Entnahme von lebenden Oocyten und Kulturbedingungen

Vor der Entnahme von Oocyten werden die Frösche für ca. 20 - 30 Minuten
in einer 0.1% MS-222-Lösung betäubt (Gall 1966; MS-222: Sigma, München). Durch eine kleine laterale Inzision der Bauchdecke werden dem
betäubten Tier Teile des Ovars entnommen. Nach Vernähen und Ausheilen
der Wunde können einem Versuchstier auf diese Weise mehrfach Oocyten
entnommen werden. Die frisch entnommenen Oocyten werden in modifiziertem Barth-Medium bei 18 - 20° C kultiviert (vgl. Gurdon 1974, 1976).

Manuelle Isolation von Oocytenkernen

Zur Präparation von Oocytenkernen werden vitellogene Oocyten mit dem
umgebenden Follikelepithel vom Ovar abgetrennt und in Kern-Isolations-
medium übertragen ("5:1-Medium; 5 Teile 0.1 M KCl, 1 Teil 0.1 M NaCl,
10 mM Tris-HCl, pH 7.2). Einzelne Oocyten gewünschter Größe werden
mit feinen Uhrmacherpinzetten unter stereomikroskopischer Beobachtung
mit Auflicht- oder Durchlichtbeleuchtung geöffnet. Der zunächst noch
von Dotter umgebene Oocytenkern wird durch mehrfaches Einsaugen in
eine feine Glaspipette (Ø der Pipettenspitze ca. 0.8 mm) vom umgebenden
Dotter und Cytoplasmamaterial gereinigt und in ein Glasblockschälchen
mit frischem Isolationsmedium übertragen (Abb. 1c). An isolierten Kernen lassen sich lichtmikroskopisch die endogenen Chromatinkomponenten
besonders bei Verwendung des differentiellen Interferenzkontrast-Ver-
fahrens nach Nomarski gut erkennen, speziell die Anordnung der amplifizierten Nukleolen in der Kernperipherie. Der differentielle Interferenzkontrast nach Nomarski erlaubt eine Durchfokussierung relativ
dicker lebender Objekte, somit können auch Teile der Lampenbürsten-
chromosomen, die im zentralen Teil des Oocytenkerns angeordnet sind,
lichtmikroskopisch lokalisiert werden (vgl. Trendelenburg und McKinnell 1979, Gundlach und Trendelenburg 1980, Trendelenburg 1983).

Chromatin-Spreitung in Medien mit geringer Ionenstärke und
Aufarbeitung für die Elektronenmikroskopie

Die vorwiegend verwendete Chromatin-Spreitungstechnik beruht im wesentlichen auf einem Verfahren, das von O. Miller und Mitarbeitern in den
Jahren 1966-1972 entwickelt wurde ("Miller-Technik"; Miller 1966, Miller und Beatty 1969, Miller und Bakken 1972). Der Grundaufbau des Verfahrens soll anhand des Schemas (Abb. 1a) dargestellt werden. 1. Rasche Isolation des Oocytenkerns (vgl. oben). 2. Übertragen des in iso-
tonischem Medium isolierten Kernchromatins in einen Tropfen (50 - 100
μl) pH 9-Medium (pH 9-Medium: destilliertes Wasser mit 0.1 M Boratpuffer (Merck, Darmstadt) auf pH 8.5 - 9 eingestellt; Endkonzentration
0.1 - 0.5 mM Boratpuffer). Der Tropfen befindet sich auf einem silikonisierten Glasobjektträger. 3. Unter stereomikroskopischer Beobachtung
wird die Kernmembran mit Uhrmacherpinzetten und Mikronadeln aufgeris-
sen. Das somit freigesetzte Chromatin dispergiert während 10 - 20 Minuten. 4. Anschliessend wird das dispergierte Chromatin in eine Spezial-
Zentrifugenkammer übertragen. Die Zentrifugenkammer aus Plexiglas (Ø
der zentralen Bohrung 3.5 mm; Tiefe der Bohrung 8 mm) ist am Boden der
Bohrung mit einem 300 mesh-Kupfer-Netzchen beschickt worden. Die Oberfläche der Kohlemembran war vor dem Einbringen des Grids durch kurze
Beglimmung hydrophil gemacht worden. Oberhalb des Präparatenetzchens
befindet sich eine Flüssigkeitssäule (ca. 70 μl, bestehend aus einer
Lösung von 1% Paraformaldehyd (pH 7.5), welche 0.1 M Saccharose ent-
hält). Darüber wird vor der Zentrifugation vorsichtig das dispergierte
Chromatin geschichtet. 5. Nach dem Einpipettieren wird das Chromatin

CHROMATINSPREITUNG

KERNISOLATION

EM - GRID MIT
KOHLEMEMBRAN

DISPERSION DES
KERNCHROMATINS

HYDROPHILISIE -
RUNG DER KOHLE -
OBERFLÄCHE

ÜBERTRAGEN IN
ZENTRIFUGENKAM -
MER

VORBEREITEN DER
ZENTRIFUGENKAM -
MER

ZENTRIFUGATION DES DIS -
PERGIERTEN CHROMATINS
DURCH SACCHAROSE / FORM -
ALDEHYD

TROCKNUNG DER PRÄPARA -
TION MIT FOTOFLO

ALKOHOLTROCKNUNG UND
KONTRASTIERUNG

METALLBEDAMPFUNG

a

STRUKTURELLE GEN - ANALYSE

DNA SEQUENZ DES GENS

↓

CHROMATIN - BILDUNGSFAKTOREN

↓

CHROMOSOMALE PROTEINE

↓

INITIATIONS - FAKTOREN
DER TRANSKRIPTION

↓

SPEZIFISCHE RNA
POLYMERASE

↓

TERMINATIONS - FAKTOREN
DER TRANSKRIPTION

↓

KOMPLEMENTÄRES RNA -
PRIMÄR - TRANSKRIPT

↓

RNA - KOMPLEXIERENDE
PROTEINE

↓

SPEZIFISCHES RNP -
PRIMÄR - TRANSKRIPT

b

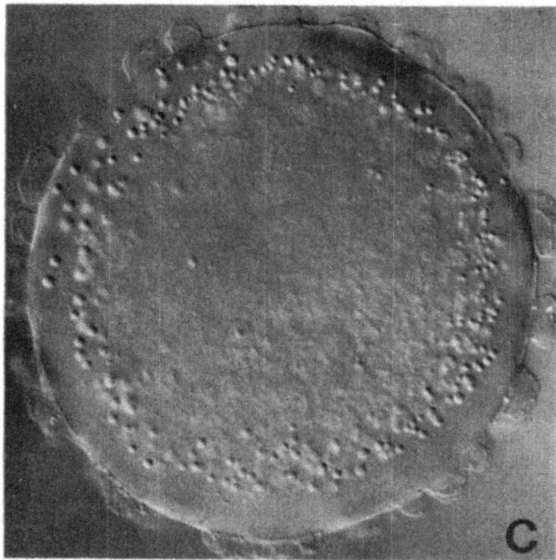

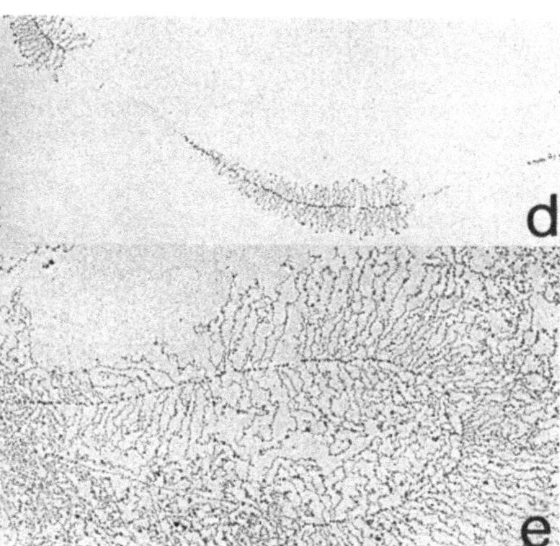

Abb. 1. Übersicht über die wichtigsten Präparationsschritte bei einem
Chromatin-Spreitungsexperiment (a; vgl. Text). Zusammenstellung eini-
ger Transkriptionsfaktoren, die entscheidend an der koordinierten
Biosynthese spezifischer RNP-Primärtranskripte beteiligt sind (b).
Lichtmikroskopische Aufnahme eines isolierten Xenopus-Oocytenkerns
(c; differentieller Interferenzkontrast nach Nomarski). Chromatin-
Spreitungspräparate eines (nicht injizierten) Xenopus-Oocytenkerns:
Nukleoläre rDNA-Transkriptionseinheiten (d; Transkription durch RNA-
Polymerasen des Typs A). Transkriptionseinheit einer Schleife eines
Lampenbürstenchromosoms (e; Transkription durch RNA-Polymerasen des
Typs B). Vergrößerung: c: x 110; d: x 17 000; e: x 20 000

in einer Kühlzentrifuge (Heraeus-Christ, Osterode) bei 3 000 x g (10-15° C) 10 - 20 Minuten zentrifugiert. Nach der Zentrifugation kann das Trägernetzchen durch einfaches Umdrehen der Zentrifugenkammer entnommen werden. 6. Das Präparat wird anschließend in einer 4% Detergenzlösung kurz gewaschen (Photoflo; Kodak AG, Stuttgart) und anschließend getrocknet. Für die darauffolgende Kontrastierung der Präparation wird 1% Phosphorwolframsäure (in alkoholischer Lösung; vgl. Miller und Bakken 1972) benutzt. Die vollständige Entwässerung der Präparation erfolgt über Alkoholstufen (95% und 100% Ethanol). Die in dieser Weise kontrastierten Präparate werden anschließend in einer Hochvakuum-Bedampfungsanlage (Edwards Hochvakuum GmbH, Frankfurt) unter einem Winkel von 7 - 8° kegelbedampft. Als Bedampfungsmaterial werden Feindrähte folgender Zusammensetzung verwendet: Au/Pd (80/20) oder Pt/Pd (80/20).

Speziell für die Chromatindarstellung mikroinjizierter Gene, vgl. unten, sollte die Spreitungsmethode wie folgt modifiziert werden: Chromatin-Spreitungen werden in pH 9-Medium mit jeweils ansteigender Konzentrationen des Detergenz Sarkosyl NL-30 (Detergenzkonzentrationen von 0.01, 0.03, 0.05, 0.1, 0.15 oder 0.2%; vgl. Franke et al. 1976a, 1976b, Scheer et al. 1977, Scheer 1978, Trendelenburg et al. 1978, Trendelenburg und McKinnell 1979) oder mit entsprechenden Konzentrationen des Detergenz Joy (vgl. Miller und Bakken 1972, Trendelenburg et al. 1978) durchgeführt. Für die Darstellung verhältnismäßig kleiner Chromatinringe (d.h. für die meisten der weiter unten beschriebenen Geninjektionsexperimente) sollten auch die Zentrifugationsbedingungen variiert werden (Zentrifugation des dispergierten Chromatins mit 6 000 oder 12 000 x g). Zur elektronenmikroskopischen Auswertung der Präparate verwenden wir ein ZEISS EM 10 A-Gerät (Carl Zeiss, Oberkochen) bei 60 kV mit 30 µm Objektivaperturblende.

Bei der von Miller entwickelten schonenden Chromatin-Dispersionstechnik werden die meisten der Chromatin-assoziierten Proteine durch die Behandlung mit hypotonischen, alkalischen Lösungen von den transkriptionell aktiven Genen entfernt: Elektronenmikroskopisch sichtbar sind dann die Chromatin-Struktur des DNA-Genabschnitts, die Anordnung der RNA-Polymerase-Partikel am Genabschnitt und die Struktur der gerade entstehenden Transkriptionsprodukte, die aus der dem Genabschnitt komplementären RNA-Kette und damit spezifisch komplexierten Proteinen bestehen und elektronenmikroskopisch als Ribonukleoprotein (RNP)-Fibrillen erkennbar sind (Abb. 1b). Beispiele für charakteristische, endogene primäre Transkriptionseinheiten des Xenopus-Oocytenkernes sind in Abb. 1d (pre-rRNA-Geneinheiten eines dispergierten Nukleolus) und Abb. 1e (primäre Transkriptionseinheit einer Lampenbürsten-Chromosomen-Schleife in einem Xenopus-Oocytenkern) gezeigt.

Mikroinjektionstechniken

Grundlage der Kerninjektion ist die während eines Laboraufenthaltes in Cambridge/England erlernte Kern-Injektionstechnik bei Xenopus-Oocyten nach Gurdon (1976). Bei dieser Technik wird in den Oocytenkern einer nicht zentrifugierten Oocyte injiziert. Hierzu wird zunächst ein frisch isoliertes Ovarstück mit feinen Uhrmacherpinzetten in kleine Stückchen zerteilt, wobei jedes Ovarstück 2 - 3 mittelgroße Oocyten enthält. Die Oocyten werden für eine Kerninjektion mit einer Pinzette so gehalten, daß der animale Oocyten-Pol etwa in einem Winkel von 45° nach oben orientiert ist. Die zur Injektion benutzte Mikropipette, die an einem einfachen Mikromanipulator (Singer Ltd., Reading, England) befestigt ist, wird so orientiert, daß sie im selben Winkel gerade auf das Zentrum des animalen Pols zeigt. Unter stereo-

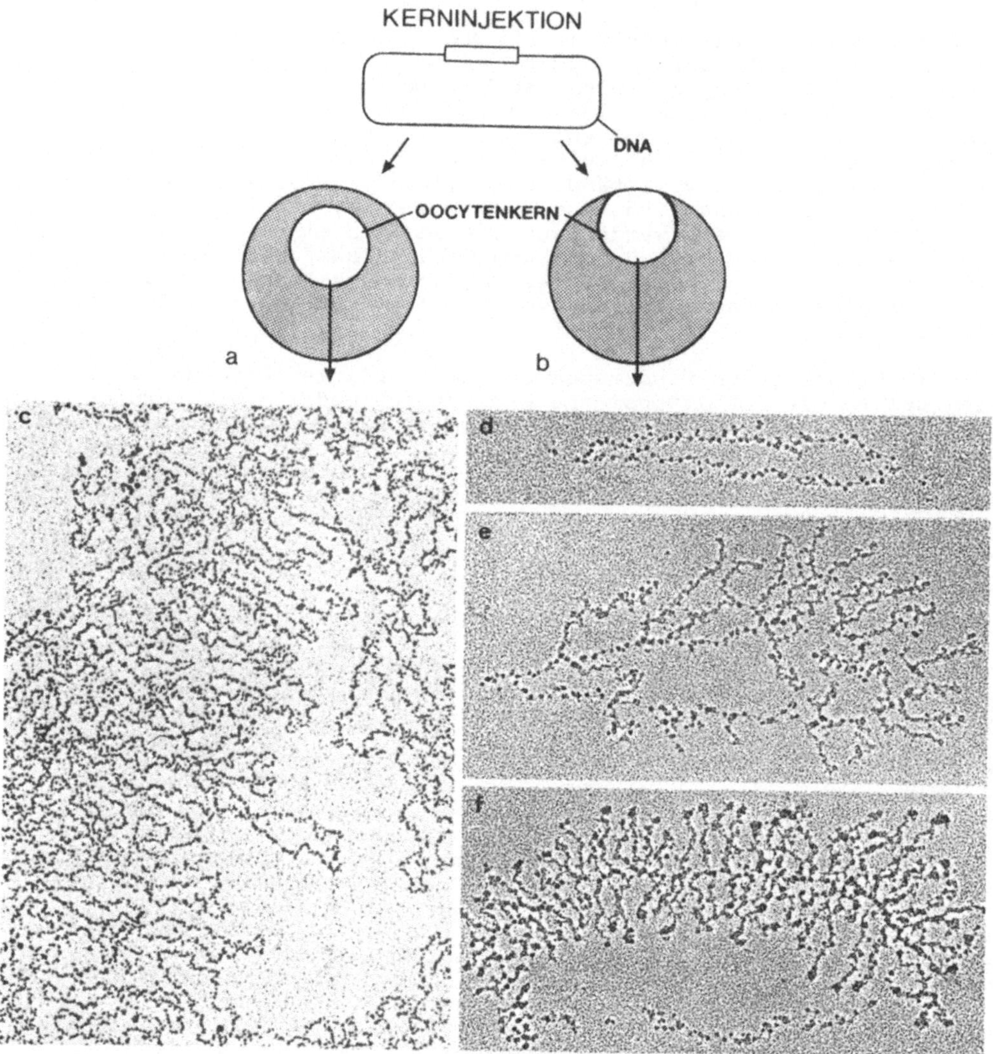

<u>Abb. 2.</u> Schematische Darstellung der gebräuchlichsten Kerninjektions-
techniken für klonierte DNA. Bei der Injektion in den Kern einer nicht
zentrifugierten Oocyte (a) muß der animale Oocytenpol genau orientiert
werden, ebenso muß die Eindringtiefe der Injektionskapillare genau
kontrolliert werden. Die Lage des Kerns in einer zentrifugierten Oocyte
ist schematisch in (b) gezeigt. In diesem Fall ist der Kernumriß während der Injektion erkennbar. Beispiele für den ultrastrukturellen
Aspekt neugebildeten Chromatins, welches injizierte Genkopien enthält
(c - f; vgl. Trendelenburg 1983). Am häufigsten werden Chromatinringe
ohne Transkriptionskomplexe beobachtet (c). Die Nukleosomen-Struktur
dieser Ringmoleküle ist bei höherer Vergrößerung gut zu erkennen (d).
Nach Injektion klonierter Xenopus-rDNA sind unspezifische Transkripte
(e) eindeutig von rDNA-spezifischen Transkriptionseinheiten zu unterscheiden (f). Vergrößerung: c: x 20 000; d, e, f: x 52 000

mikroskopischer Beobachtung wird nun die Spitze der Mikropipette in den
animalen Oocytenpol eingestochen und nach Injektion der interessierenden Probe (vgl. weiter unten) in 20 - 50 nl Injektionspuffer wieder
aus der Oocyte herausgezogen. Die in vivo-Lagebeziehung von Oocytenkern,
umgebendem Cytoplasma und animalem Oocytenpol ist in Abb. 2a dargestellt. Sehr häufig wird auch eine Injektionstechnik verwendet, bei der
in den Kern einer zentrifugierten Oocyte injiziert wird (durch kurze
Zentrifugation der Oocyte wird der Kern an die Oocytenoberfläche transloziert: der Kernumriß kann unter dem Stereomikroskop erkannt werden
(Abb. 2b; Kressmann et al. 1978).

Die zur Mikroinjektion verwendeten Glaskapillaren stellen wir nach einem
von Gurdon beschriebenen Verfahren her: 1. Schritt: Manuelles Ausziehen
einer Glaskapillare über einer Mikroflamme, so daß die Mitte der Kapillare auf 200 µm verengt wird. 2. Schritt: Einspannen des Röhrchens in
ein Kapillarenziehgerät mit regulierbarer Heiz- und Zugspannung (Nari-
shige, Tokyo, Japan). Nach diesem Arbeitsgang ist die 200 µm weite Ka-
pillarenöffnung auf 6 - 10 µm verengt. Die Spitze der Kapillaren sollte
mit einer Pinzette so gebrochen werden, daß eine scharfe Kante entsteht.
Hierdurch kann der Oocytenfollikel besser durchstochen werden. Zur Kontrolle der injizierten Flüssigkeitsmengen werden an der Glaskapillare
Markierungen angebracht. Die Druckregulierung erfolgt über eine Mikro-
spritze und eine mit Paraffinöl gefüllte Silikonschlauch-Verbindung
(Gurdon 1974). Die zur Injektion verwendeten DNA-Proben werden in Injektionspuffer gelöst (15 mM Tris-HCL, 88 mM NaCl, pH 7,5; DNA Konzentration 30 - 200 µg/ml) und bei -70° C gelagert.

Beispiele für Chromatin-Strukturanalysen definierter Eukaryontengene nach Injektion in Xenopus Oocytenkerne

Bereits in den Jahren 1977/78 war von der Gurdon-Gruppe gezeigt worden,
daß proteinfreie DNA nach Injektion in den Oocytenkern nicht sofort
enzymatisch abgebaut wird, sondern noch nach mehrstündiger Inkubation
im Oocytenkern nachgewiesen werden kann. Im Gegensatz dazu wird DNA,
die in das Cytoplasma der Oocyte injiziert worden war, bereits wenige
Minuten nach der Injektion rasch abgebaut. So konnte z.B. proteinfreie,
supragekneuelte SV 40-DNA nach Kerninjektion und Inkubation der Oocyten
(24 h) als neugebildetes Chromatin im Dichtegradienten reisoliert werden (Wyllie et al. 1978).

Das Arbeiten mit ringförmiger DNA hat für die Methode der elektronenmikroskopischen Chromatin-Analyse einen wichtigen Vorteil: Die nach
Injektion ringförmiger DNA entstandenen Chromatinringe können in den
Spreitungspräparationen meist eindeutig vom endogenen Xenopus-Chromatin
unterschieden werden: In den Oocyten-Stadien, die für DNA-Injektionen
verwendet werden (mittleres bis spätes Vitellogenese-Stadium), gibt es
keine nennenswerte Population kleiner, endogener Chromatinringe (Ausnahme: ca 1 - 2% kleine Xenopus-rDNA-Ringe pro Oocytenkern, die aus
6 - 12 rDNA-Grundeinheiten bestehen (je ein Gen- und ein Spacer-Ab-
schnitt). Eine klare Identifizierung der Chromatinringe, die die injizierte DNA enthalten, ist außerdem bereits durch das Mengenverhält-
nis endogener zu injizierter DNA (endogen: 40 - 50 pg; injiziert: 2 - 5
ng) gegeben. Beispiele für Längen ringförmiger, proteinfreier DNA, die
von uns für Injektionsexperimente verwendet wurde: 1. Klonierte Xenopus-
rDNA im Plasmid pMB9 (pXl101): 5.13 µm. 2. Aus Dytiscus (Coleoptera,
Insecta)-Oocyten gereinigte, ringförmige rDNA: zwischen 7.53 und 15.12
µm. 3. Klonierte DNA-Moleküle bestehend aus Huhn-Ovalbumin-Gen-DNA und
Plasmid-DNA (pBR322): 5.32 µm. Wie Ergebnisse aus Spreitungspräparaten
zeigten, wird die injizierte DNA nahezu vollständig zu regelmäßigen

nukleosomalen Chromatin-Ringmolekülen komplettiert (Abb. 2c). Auf dem
gezeigten Bildausschnitt sind ca. 30 Chromatinringe in enger Assozia-
tion zu erkennen (Ergebnis eines Ovalbumin-Gen-Injektionsexperiments).
Derartige Bilder bestätigen eindrucksvoll die Effizienz des Oocytensys-
tems, relativ große Mengen proteinfreier DNA in regelmäßige Chromatin-
strukturen überzuführen (Laskey et al. 1979). Für Injektionsexperimente
mit Xenopus-rDNA und DNA eines klonierten Huhn-Ovalbumin-Gens konnte
gezeigt werden, daß Chromatinringe mit nukleosomaler Struktur die am
häufigsten vorkommende Chromatinkonfiguration sind (vgl. unten).

Im Vergleich hierzu können Chromatinringe mit Transkriptionskomplexen
wesentlich seltener beobachtet werden. In guten Präparaten kann die
Häufigkeit dieser Molekülgruppe jedoch Werte von 2 - 5% des als ring-
förmiges Chromatin vorliegenden Materials erreichen. In einer Reihe
von Untersuchungen mit verschiedenen Genen konnten wir Kriterien erarbeiten, die die Unterscheidung spezifisch transkribierter injizierter
Gene von unspezifisch transkribierten erlauben (vgl. zusammenfassen-
de Darstellung: Trendelenburg 1983). Nach unseren Beobachtungen ist
das Verhältnis dieser beiden Molekülgruppen in den meisten der daraufhin analysierbaren Präparate etwa 1:1 (vgl. Abb. 2e mit 2f).

Wie ein Vergleich der Abb. 1d mit Abb. 2f zeigt, entsprechen die als
spezifisch identifizierten Transkriptionseinheiten an klonierter rDNA

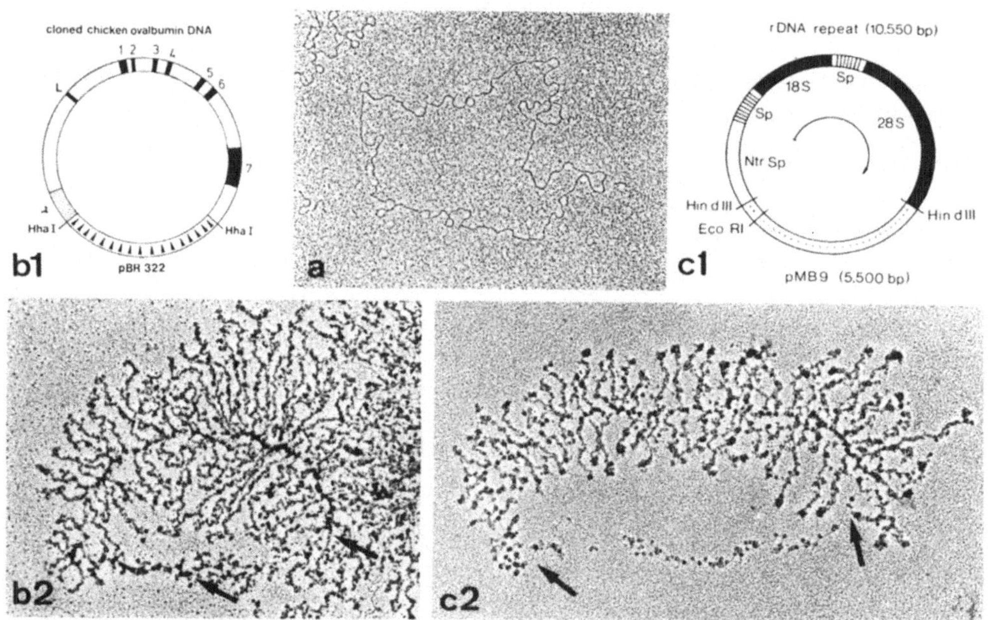

Abb. 3. Komplettierung proteinfreier ringförmiger DNA (a) zu spezifisch transkribierten Minichromosomen im Xenopus-Oocytenkern: Ein
Einzelkopie-Gen (kloniertes Huhn-Ovalbumin-Gen; b1) kann in der Oocyte
mit der korrekten Polymerase (Typ B) in ein spezifisches Primärtrans-
kript transkribiert werden (ov-pre-mRNP; b2). Eine ribosomale RNA-Gen-
einheit klonierter Xenopus-rDNA; c1) kann in der Oocyte mittels RNA-
Polymerasen des Typs A in 40S-precursor-rRNA-Moleküle transkribiert
werden (c2; vgl. Trendelenburg, 1983). Vergrößerung: b2, c2: x 40 000

(Abb. 2f) ihrem gesamten strukturellen Aspekt nach den endogenen,
nukleolären rDNA-Transkriptionseinheiten. Lediglich die an injizierten
Genen beobachteten Transkriptionseinheiten können exakt mit den entsprechenden Sequenzbereichen des klonierten Gens korreliert werden. (vgl.
Abb. 3c1, 3c2). Von besonderem Interesse sind derartige Untersuchungen
neben den bereits beschriebenen Ergebnissen für rDNA Gene, für klonierte Gene der single-copy-Gen-Klasse, die in ihrer Mehrheit für die
verschiedensten zellulären Proteine codieren. Wie bereits aus der Be-
zeichnung single-copy-Gene hervorgeht, sind Gene dieser Kategorie nur
in sehr wenigen Kopien im Genom vorhanden, so daß es in den meisten
Fällen aussichtslos ist mit den gegenwärtig verfügbaren Chromatin-
Speicherungstechniken die primären Transkriptionseinheiten dieser Gene
strukturell darzustellen. Nach unseren Beobachtungen können hier entsprechende Untersuchungen an mikroinjizierten Genen in der Xenopus
Oocyte weiterführen. (Abb. 3b1, 3b2; Beispiel einer als spezifisch
identifizierten primären Transkriptionseinheit an einem injizierten
Huhn-Ovalbumin Gen; vgl. ausführliche Darstellung in Trendelenburg,
1983).

IDENTIFIZIERUNG VON TRANSKRIPTEN MITTELS DER S1-NUKLEASE KARTIERUNG

Einführung

In den ersten Injektionsexperimenten mit gereinigter DNA wurden zusammen mit der DNA radioaktive Ribonukleotide mitinjiziert. Diese Methode erwies sich für die von der RNA-Polymerase III transkribierten
Gene als hinreichend, da die Genprodukte nur relativ klein (70-150
Nukleotide) sind und die Polymerase III-Gene in Xenopus laevis-Oocyten
eine hohe Transkriptionsrate (ca. 150 Transkripte/Gen/Stunde) haben
(vgl. Übersichtsartikel von Gurdon und Melton 1981). Zur Identifizierung der Transkriptionsprodukte größerer Gene wurde die RNA auf
einem Gel aufgetrennt und gegen radioaktiv markierte, für das Gen
kodierende DNA hybridisiert. Bei dieser Methode liegt die Nachweis-
grenze bei ungefähr 0,01 Transkripten/Gen/ Stunde (Gurdon und Melton
1981). Zudem konnte die Hybridisierung gegen unspezifische Transkriptionsprodukte nicht ausgeschlossen werden. Mit Hilfe der S1-Nukle-
ase-Kartierung ist es möglich, bis zu 3×10^5 Transkripte/Gen/Stunde zu
entdecken und gleichzeitig auf die Korrektheit von Initiation, Splicing
oder Termination zu untersuchen.

Die Methode beruht auf der Beobachtung von Casey und Davidson (1977),
daß unter bestimmten Bedingungen die Bildung von DNA·RNA-Hybriden begünstigt ist, während die Renaturierung der DNA-Stränge unterbleibt.
Diese Hybride bestehen aus doppelsträngigen Bereichen, in welchen das
Transkript gegen den komplementären Strang des DNA-Fragments hybridisiert und den einzelsträngigen nichtkomplementären Bereichen von RNA
und DNA. Das Enzym S1-Nuklease aus Aspergillus oryzae degradiert nur
einzelsträngige DNA und RNA, während doppelsträngige Nukleinsäuren relativ resistent gegen den Abbau durch S1-Nuklease sind. Nach Inkubation
mit diesem Enzym wird die Größe der durch die Hybridisierung vor dem
Abbau geschützten radioaktiv markierten DNA-Fragmente auf geeigneten
Gelen analysiert und so der zur RNA komplementäre Bereich bestimmt
(Berk und Sharp 1978). Auf diese Art lassen sich 5'- und 3'-Ende und
eventuelle Splicing-Stellen von RNAs lokalisieren (Abb. 4).

Im folgenden soll diese Methode anhand der Identifikation von korrekt
initiierten Transkripten in einem heterologen System demonstriert
werden. In diesem Experiment wird klonierte DNA, die für die ribosomale RNA von Xenopus laevis kodiert, in Xenopus borealis Oocyten

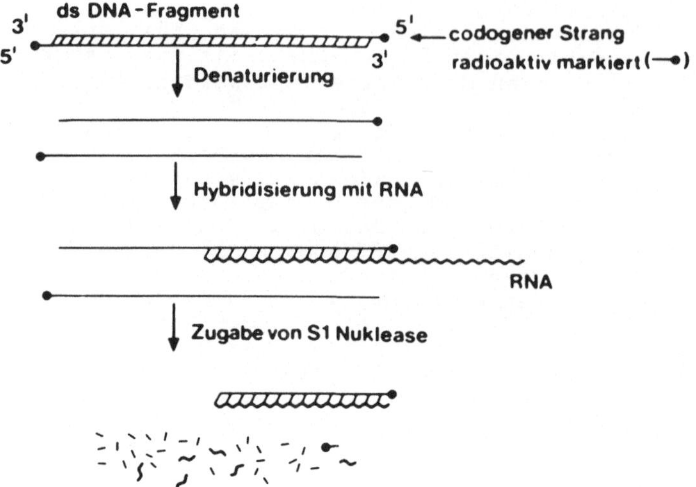

Abb. 4. Schematische Darstellung der S1-Nuklease-Kartierung

injiziert (Sollner-Webb und McKnight 1982, Moss 1982). Aufgrund der
Unterschiede in der Sequenz der zuerst transkribierten Bereiche der
ribosomalen Vorläufer-RNA zwischen beiden Xenopus-Arten ist es möglich,
mit geeigneten, am 5'-Ende mit ^{32}P markierten DNA-Fragmenten korrekt
initiierte Transkripte von X. laevis-rDNA in X. borealis-Oocyten festzustellen (Bach et al. 1981).

RNA-Isolierung aus Xenopus-Oocyten

Die Oocyten werden wie weiter vorne beschrieben mit DNA injiziert und
in modifiziertem Barth-Medium (Gurdon 1974, 1976) bei 18° C für 6 - 14
Stunden inkubiert. Nach Ablauf der Inkubationszeit werden die die
Oocyte umgebenden Follikelzellen entfernt. Dazu werden die Oocyten
(10 - 50) zweimal mit OR2-Ca^2 -Medium (87 mM NaCl, 2.5 mM KCl, 1 mM
MgCl$_2$, 1 mM Na$_2$HPO$_4$, 5 mM HEPES, 0,5 g Polyvinylpyrrolidon/l, pH 7.8
mit NaOH; Zugabe von 100 000 Units Penicillin/l unmittelbar vor Gebrauch) gewaschen und dann bei 20° C für zwei Stunden in 2 ml frisch
angesetzter Collagenase-Lösung (2 mg Collagenase (Sigma)/ml OR2-Ca^2 -
Medium) kräftig geschüttelt. Die Oocyten werden anschließend zweimal
mit Barth-Medium gewaschen. Eventuell noch anhaftende Follikelreste
werden mit Pinzetten manuell entfernt. Jeweils 5 - 10 Oocyten werden in
ein 1.5 ml-Reaktionsgefäß überführt, überstehendes Medium mit einer
ausgezogenen Pasteurpipette abgenommen, die Oocyten in einem Methanol/
Trockeneis-Bad eingefroren und bei -20° C bis zur Isolierung der RNA
gelagert.

Zu den gefrorenen Oocyten werden 30 µl Proteinase K-Lösung (10 mM Tris-
HCl (pH 7.5), 1 mM MgCl$_2$, 10 mM NaCl, 2% (w/v) SDS, 1 mg Proteinase K
(Sigma)/ml) pro Oocyte gegeben (Probst et al. 1979). Die Oocyten werden
durch mehrmaliges Pipettieren mit einer blauen Pipettenspitze homoge-
nisiert und die Mischung 45 Minuten bei Raumtemperatur inkubiert. Durch
Zugabe von 5 M NaCl-Lösung wird dann die NaCl-Konzentration auf 0.3 M
eingestellt. Die Mischung wird dann dreimal mit dem doppelten Volumen
Phenol (gesättigt mit TE, 0.1% Hydroxychinolin)/Chloroform/Isoamylalko-
hol (25:24:1) und einmal mit Chloroform/Isoamylalkohol (24:1) extra-

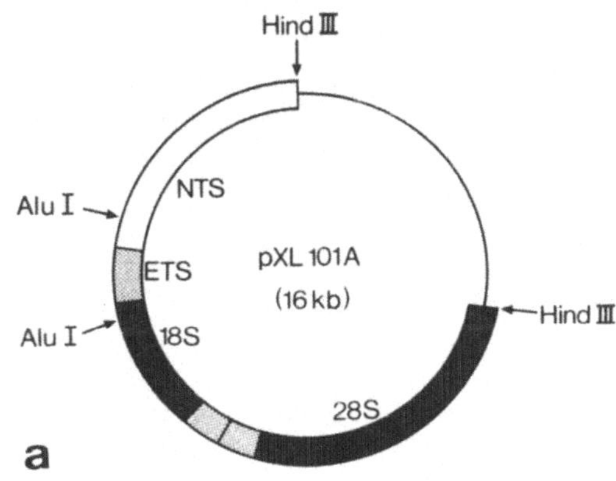

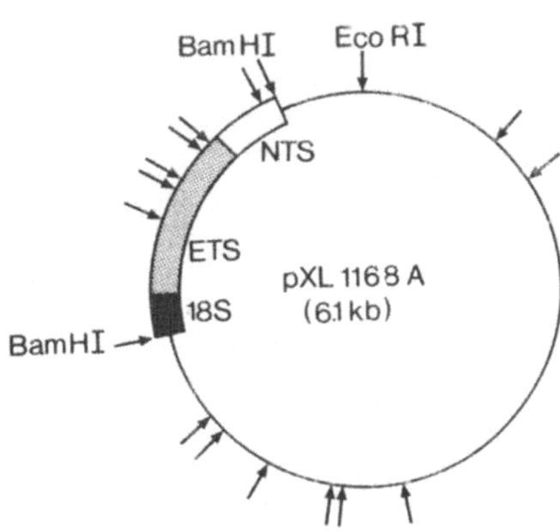

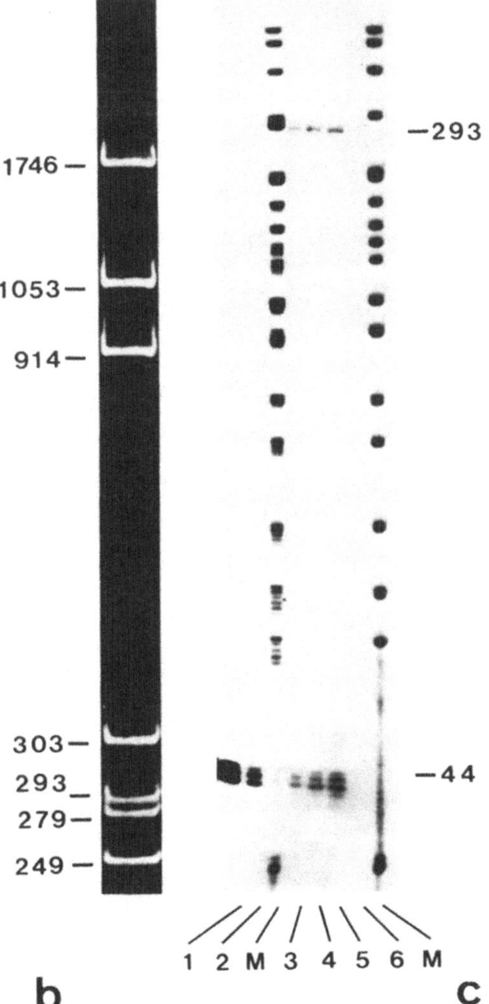

Abb. 5. Schematische Darstellung der Plasmide (a). Zur Injektion in die Oocyten wurde pXL101A (Sollner-Webb und McKnight 1982) benutzt. Nur zwei Alu I-Schnittstellen sind eingezeichnet. pXL 1168A wurde durch Insertion des 1168 bp-Alu I-Fragmentes von pXL 101A in die mit DNA-Polymerase I aufgefüllte Bam HI-Schnittstelle von pBR322 erzeugt. Die nicht gekennzeichneten Pfeile zeigen Ava II-Schnittstellen. Auftrennung der Ava II-Fragmente von pXL1168A mit einem 4%igen Polyacrylamidgel (b). Auftrennung der S1-Nuklease-resistenten Fragmente auf einem Polyacrylamidgel (6%; 8 M Harnstoff) (c): Der langsamer wandernde, am 5'-Ende markierte Strang des 293 bp-Fragmentes wurde gegen 2 μg (1) bzw. 1 μg (2) RNA aus X. laevis-Oocyten, 4 μg (3), 8 μg (4) bzw. 16 μg (5) RNA aus X. borealis-Oocyten, denen 30 nl pXL101A (200 μg/ml) injiziert worden war, oder 4 μg t-RNA bei 70°C hybridisiert. Ein 44 Nukleotide langes Fragment wird von RNA sowohl aus X. laevis-Oocyten als auch aus injizierten X. borealis-Oocyten vor dem Abbau geschützt. M: Hpa II-Fragmente von pBR322

154

hiert. Die RNA wird aus der wässrigen Phase mit dem 2.5-fachen Volumen
Ethanol ausgefällt (15 Minuten bei -70° C oder 2 Stunden bei -20° C),
15 Minuten mit 10 000 x g bei 4° C abzentrifugiert, einmal mit 70%igem
Ethanol gewaschen, das Pellet im Wasserstrahlvakuum getrocknet und im
Hybridisierungspuffer so aufgenommen, daß sich eine RNA-Konzentration
von 1 µg/µl ergibt. Eine Xenopus laevis-Oocyte liefert ungefähr 4 µg
RNA.

Isolierung und Markierung von DNA-Fragmenten

Zur Identifizierung der Transkripte ist es notwendig, ein geeignetes
DNA-Fragment zu isolieren und am richtigen Ende zu markieren (Abb. 4;
vgl. Beitrag von E.R. Schmidt). Im vorliegenden Fall wurde der Sub-
klon pXL1168A mit der Restriktionsendonuklease Ava II inkubiert, das
293 bp-Fragment isoliert, am 5'-Ende mit ^{32}P markiert und die Einzelstränge auf einem 5%igen Polyacrylamidgel (49:1 vernetzt) getrennt.
In Vorversuchen wurde der langsamer wandernde Strang als der kodierende Strang ermittelt.

Hybridisierung von einzelsträngiger DNA gegen RNA

Diese Methode erfordert etwas mehr Aufwand bei der Fragmentpräparation.
Sie ist aber ungefähr viermal empfindlicher als die Hybridisierung mit
doppelsträngiger DNA, weil die Hybridisierungsbedingungen weniger
stringent sein müssen, da ja keine Renaturierung der DNA zu befürchten
ist.

Ungefähr 10 ^{2} pMol am 5'-Ende mit ^{32}P markierte einzelsträngige DNA
(0.5 - 2 x 10^6 cpm/pMol) werden zusammen mit 4 - 16 µg RNA aus den
Oocyten in 20 µl Einzelstranghybridisierungspuffer (0.3 M NaCl, 100 mM
Tris-HCl (pH 8.0), 10 mM Na_2HPO_4, 2 mM EDTA) in einer 20 µl-Glaskapil-
lare eingeschmolzen (Sollner-Webb und McKnight 1982). Die Proben werden für zwei Minuten bei 90° C denaturiert und über Nacht bei der optimalen Hybridisierungstemperatur inkubiert. Die optimale Hybridisierungstemperatur muß für jeden Fall extra ermittelt werden, da sie von
verschiedenen Faktoren wie Ionenkonzentration, Länge des hybridisierenden Bereiches, G+C-Gehalt dieses Bereiches und möglichen Wechselwirkung der Nukleinsäureketten mit sich selbst abhängt. Folgende Gleichung
ermöglicht es, den Schmelzpunkt T_M von DNA mit einem bekannten G+C-Ge-
halt zu bestimmen (Lewin 1980):

$$T_M = 0.41\ (\%\ G+C) + 16.6\ \log M + 81.5 \qquad (1)$$

Wobei % G+C für den G+C-Gehalt der DNA und M für die Konzentration an
monovalenten Kationen (0.0001 - 0.2 M) steht. Der Einfluß der Länge des
hybridisierenden Bereichs wird durch Abzug von

$$\Delta T_M = 650/L \qquad (2)$$

berücksichtigt, wobei L für die Länge des hybridisierenden Bereichs
in Basenpaaren steht. Die optimale Hybridisierungstemperatur liegt ungefähr 15 - 20° C unter dem Schmelzpunkt. In unserem Fall wurden nach
obigen Formeln 87.5° C als Schmelzpunkt für die DNA des 45 Nukleotide
langen Überlappungsbereich mit einem G+C-Gehalt von 71.1% errechnet.
Die experimentell ermittelte optimale Hybridisierungstemperatur lag
bei 70° C.

Hybridisierung von doppelsträngigen DNA-Fragmenten gegen RNA

Diese Methode beruht auf den Beobachtungen von Casey und Davidson
(1977), daß bei hohen Formamidkonzentrationen die Bildung von RNA·DNA-
Hybriden schon bei höheren Temperaturen stattfindet als die Renaturierung der DNA. Bei 80% Formamid beträgt der Unterschied in der Schmelztemperatur 8 - 10° C. Es ist also möglich, durch Inkubation bei einer
Temperatur, die ungefähr 4° C über der Schmelztemperatur des DNA-Frag-
mentes liegt, die RNA·DNA-Hybridisierung vor der DNA-Renaturierung zu
begünstigen. Außerdem wird die Schmelztemperatur pro % Formamid um
0.6° C gesenkt. Dadurch ist es möglich, die Hybridisierung bei niedri-
geren und damit für die RNA schonenderen Temperaturen durchzuführen.
Bei hohen Formamidkonzentrationen ist allerdings die Hybridisierungs-
geschwindigkeit gegenüber der Reaktion in wässriger Lösung verringert.

Ungefähr 10^2 pMol mit ^{32}P am 5'-Ende markiertes Fragment werden mit
der zu hybridisierenden RNA (4 - 16 µg) ausgefällt und in 20 µl Form-
amid-Hybridisierungspuffer (80% Formamid, 400 mM NaCl, 40 mM PIPES
(pH 6.4), 1 mM EDTA) resuspendiert (Berk und Sharp 1978). Das Formamid
wurde durch Rühren mit Ionenaustauscherharz (Bio-Rad AG 501-X8) deioni-
siert. Die Hybridisierungsmischung wird in 20 µl-Kapillaren eingeschmolzen, bei 80° C für zwei Minuten denaturiert und über Nacht bei
der Hybridisierungstemperatur inkubiert.

S1-Nuklease-Abbau

Zur Identifizierung der korrekten Transkripte ist es notwendig, die
einzelsträngigen Bereiche des DNA·RNA-Hybrids abzubauen. Man erreicht
diesen Abbau durch Inkubation mit der Einzelstrang-Endonuklease S1 aus
Aspergillus oryzae, die spezifisch nur einzelsträngige Nukleinsäuren
als Substrat benutzt (Abb. 4).

Der Hybridisierungsansatz wird im Eisbad abgeschreckt und mit 280 µl
eiskalten S1-Nuklease-Puffer (30 mM Natriumacetat/Essigsäure (1:1,
pH 4.5), 200 mM NaCl, 5 mM ZnSO₄) 1 : 15 verdünnt (Sollner-Webb und
McKnight 1982). Nach Zugabe von S1-Nuklease (Sigma) wird eine Stunde
bei 20° C inkubiert. Die optimalen Reaktionsbedingungen (Temperatur und
Enzymkonzentration) hängen wiederum von den jeweiligen Experimenten ab.
Im vorliegenden Experiment ergab eine S1-Nuklease-Konzentration von 130
Units/ml die besten Ergebnisse. Die Reaktion wird durch Zugabe von 60
µl S1-Stopp-Puffer (1 M Natriumacetat, 330 mM Tris-HCl (pH 9.5), 67 mM
EDTA) beendet und die Nukleinsäuren mit 1 ml Ethanol ausgefällt (15
Minuten bei -70° C; 15 Minuten mit 10 000 x g bei 4° C abzentrifugie-
ren). Die Proben werden mit 70 %igem Ethanol geschüttelt, für 10 Minu-
ten abzentrifugiert und im Wasserstrahlvakuum kurz getrocknet.

Gelelektrophorese

Zur Analyse der S1-Nuklease-resistenten DNA-Fragmente verwendet man
Polyacrylamidgele mit 8 M Harnstoff, wie sie beim Sequenzieren Verwendung finden. Unter den denaturierenden Bedingungen ist es möglich,
die Größe des Fragmentes durch Vergleich mit mitlaufenden Fragmenten
bekannter Länge zu bestimmen. Außerdem wurden diese Gelsysteme auf
höchstmögliche Sensitivität optimiert.

Je eine 20 x 40 cm-Glasplatte mit und ohne "Ohren" wird mit Ethanol
gereinigt. Die Platte mit den "Ohren" wird mit etwas Sigmacote (Sigma)
getränkt, im Abzug 30 Minuten trocknen lassen und mit Ethanol nachge-

wischt. Auf der anderen Glasplatte wird frisch angesetzte Silanlösung (5 ml Ethanol, 150 µl 10 %ige Essigsäure, 15 µl γ-Methacryloxypropyl-trimethyloxysilan (GF31; Wacker Chemie) verteilt, 5 Minuten bei Raumtemperatur trocknen lassen und dann das übrige Silan mit reichlich Ethanol abgewischt (Garoff und Ansorge 1981). Beim Arbeiten mit Silikon- und Silanlösungen sollte das Einatmen der Dämpfe und der Hautkontakt vermieden werden! Außerdem ist eine Verunreinigung der Glasplatten mit der für die andere Platte bestimmten Lösung zu vermeiden! Die Glasplatten werden unter Verwendung von zwei 40 cm langen, 1 cm breiten und 0.35 mm dicken Polyethylenstreifen als seitliche Gelbegrenzung zusammengeklammert und die Unterseite mit 5 cm breitem Tesaband (Typ 651) abgeklebt.

30 ml Acrylamidlösung (Acrylamid/Bisacrylamid 19 : 1, 1x TBE (89 mM Tris, 89 mM Borsäure, 8 mM EDTA, pH 8.3), 8 M Harnstoff) werden im Wasserstrahlvakuum entgast, mit 200 µl frisch angesetzter 10 %iger Ammoniumperoxodisulfatlösung und 17 µl N,N,N',N'-Tetramethylethylendiamin (TMED) versetzt und zügig in die im 45°-Winkel gehaltene Gelform gegossen. Die Form sollte so gehalten werden, daß die Lösung an dem einen Trennstreifen entlang nach unten fließt und der Flüssigkeitsspiegel dann, möglichst ohne Luftblasen zurückzulassen, nach oben steigt. Eventuell doch eingeschlossene Luftblasen werden durch vorsichtiges Aufstoßen der Gelform entfernt. Das Gel wird möglichst schnell in eine horizontale Lage gebracht und der Geltaschenformer eingeschoben. Eine Breite der Taschen von 5 mm bei 2 mm Taschenabstand hat sich gut bewährt. Obwohl die Polymerisation nach 1.5 Stunden weitgehend abgeschlossen ist, wird das Liegenlassen über Nacht als sinnvoll erachtet. Zur Elektrophorese werden Gelkamm und Tesaband entfernt, das Gel in die Apparatur eingespannt und die Pufferkammern mit 1x TBE gefüllt. Die halbstündige Vorelektrophorese erfolgt wie später die Elektrophorese bei konstanter Leistung (35 Watt).

Die getrockneten Proben werden in 5 µl 90 % Formamid, 0.05 % Bromphenolblau, 0.05 % Xylencyanol suspendiert, für zwei Minuten bei 90° C denaturiert und im Eisbad abgeschreckt. Der herausdiffundierte Harnstoff wird mit einer mit 1x TBE gefüllten Spritze aus den Geltaschen entfernt. Die Proben werden mit einer ausgezogenen Glaskapillare aufgetragen und die Elektrophorese möglichst bald gestartet. Die Spannung beträgt je nach Acrylamidkonzentration und Geltemperatur 1200 - 1800 V bei einem 40 cm-Gel. Die Acrylamidkonzentration richtet sich nach der Größe des zu analysierenden Fragmentes und variiert in der Regel zwischen 4 und 20 %. Die Elektrophorese erfolgt bis die Farbmarker die gewünschte Position erreicht haben.

Nach Beendigung der Elektrophorese wird die silikonisierte Glasplatte abgenommen und die andere Glasplatte mit der Gelseite nach unten für 15 Minuten in 10 %ige Essigsäure gelegt. Das Gel wird kurz mit VE-Wasser abgespült und bei 80° C eine Stunde lang getrocknet. Das trockene Gel wird mit einem Röntgenfilm (Kodak X-Omat) und einer Verstärkerfolie (Dr. Goos Special) je nach Bedarf 1 - 14 Tage bei -70° C autoradiographiert (Abb. 5c).

Zum Entfernen des Gels wird die Glasplatte über Nacht in 10 %ige Deconexlösung (Borer Chemie) gelegt und dann unter Leitungswasser abgebürstet.

ZUSAMMENFASSUNG

Injektionsexperimente an Xenopus-Oocyten können für ein sehr breites
Spektrum zell- und molekularbiologischer Fragestellungen benutzt werden. In dem vorliegenden Kapitel wurden aus diesem Themenkreis besonders Chromatin-Spreitungsexperimente sowie die Methodik der S1-Tran-
skriptanalyse dargestellt. Zusätzlich zu den bereits zitierten Arbeiten möchten wir abschließend noch auf wichtige Übersichtsreferate und
Originalarbeiten hinweisen: Birnstiel (1982), Galli et al. (1983),
Green et al. (1983), Hentschel und Birnstiel (1981), Lane (1983),
McKnight und Kingsbury (1982) und Reeder et al. (1983).

<u>Danksagung</u>

Wir danken R. Fischer, F. Herzog, und G. Weise für die Mithilfe bei
der Fertigstellung des Manuskripts, ebenso Prof. W.W. Franke, Prof.
K. Goerttler und Dr. A. Alonso für die stetige Förderung unserer Arbeit. Der Deutschen Forschungsgemeinschaft sind wir für finanzielle
Unterstützung zu Dank verpflichtet.

LITERATUR

Bach R, Allet B, Crippa M (1981) Sequence organization of the spacer
  in the ribosomal genes of Xenopus clivii and Xenopus borealis.
  Nucl Acids Res 9: 5311-5330
Birnstiel ML (1982) Developmental control of histone gene expression.
  In: Burger MM, Weber R (eds) Embryonic Development. Part A: Genetic
  Aspects. Alan R Liss Inc, New York, Progr Clinic Biol Res, Vol 85A:
  1-12
Berk AJ, Sharp PA (1977) Sizing and mapping of early Adenovirus mRNAs
  by gel electrophoresis of S1 endonuclease-digested hybrids. Cell 12:
  721-732
Casey J, Davidson N (1977) Rates of formation and thermal stabilities
  of RNA:DNA and DNA:DNA duplexes at high concentrations of formamide.
  Nucl Acids Res 5:1539-1552
Franke WW, Scheer U, Spring H, Trendelenburg MF, Krohne G (1976a)
  Morphology of transcriptional units of rDNA. Evidence for trans-
  cription in apparent spacer intercepts and cleavages in the elon-
  gating nascent RNA. Exptl Cell Res 100: 233-244
Franke WW, Scheer U, Trendelenburg MF, Spring H, Zentgraf H (1976b)
  Absence of nucleosomes in transcriptionally active chromatin.
  Cytobiology 13: 401-434
Gall JG (1966) Techniques for the study of lampbrush chromosomes. In:
  Prescott DM (ed) Methods in cell physiology, Vol II. Academic Press,
  New York, pp 37-60
Galli G, Hofstetter H, Stunnenberg HG, Birnstiel ML (1983) Biochemical
  complementation with RNA in the Xenopus oocyte: A small RNA is re-
  quired for the generation of 3'-histone mRNA termini. Cell 34:
  823-828
Garoff H, Ansorge W (1981) Improvements of DNA sequencing gels. Anal
  Biochem 115: 450-457
Green MR, Maniatis T, Melton DA (1983) Human ß-globin pre-mRNA syn-
  thesized in vitro is accurately spliced in Xenopus oocyte nuclei.
  Cell 32: 681-694
Gundlach H, Trendelenburg MF (1980) Identifikation und Zielpräparation
  lebender Zellkernkomponenten mit dem inversen Mikroskop Zeiss IM 35.
  Zeiss Information 25: 36-40 (1980)
Gurdon JB (1967) African clawed frogs. In: Wilt FH, Wessels (eds)
  Methods in developmental biology. Crowell Co, New York, pp 75-84

Gurdon JB (1974) The control of gene expression in animal development. Clarendon, Oxford

Gurdon JB (1976) Injected nuclei in frog oocytes. Fate, enlargement, and chromatin dispersal. J Embryol exptl Marph 36: 523-540

Gurdon JB, Melton DA (1981) Gene transfer in amphibian eggs and oocytes. Ann Rev Genet 15: 189-219

Hentschel CC, Birnstiel ML (1981) The Organization and expression of histone gene families. Cell 25: 301-313

Kressmann A, Clarkson SG, Telford JL, Birnstiel ML (1978) Transcription of Xenopus tDNA and sea urchin histone DNA injected into the Xenopus oocyte nucleus. Cold Spring Harb Symp Quant Biol. 42: 1077-1082

Laskey RA, Gurdon JB, Trendelenburg MF (1979) Accumulation of materials involved in rapid chromosomal replication in early amphibian development. In: Newth DR, Balls M (eds) Maternal effects in development. Cambridge Univ Press, Cambridge UK, pp 65-80

Lane CD (1983) The fate of genes, messengers, and proteins introduced into Xenopus oocytes. In: Moscona AA, Monroy A (eds) Current topics in developmental biology: Vol. 18, Genome function, cell interactions and differentiation. Academic Press, New York London, pp 89-116

Lewin B (1980) Gene expression, Vol. 2: Eucaryotic chromosomes (2nd edition). Wiley-Interscience, New York Chichester Brisbane Toronto, p 507

McKnight SL, Kingsbury R (1982) Transcriptional control signals of a eukaryotic protein-coding gene. Science 217: 316-324

Miller OL (1966) Structure and composition of peripheral nucleoli of salamander oocytes. Natl Cancer Inst Monogr 23: 53-66

Miller OL, Bakken AH (1972) Morphological studies of transcription. Acta Endocrin Suppl 168: 155-177 (1972)

Miller OL, Beatty BR (1969) Visualization of nucleolar genes. Science 164: 955-957

Moss T (1982) Transcription of cloned Xenopus laevis ribosomal DNA microinjected into Xenopus oocytes, and the identification of an RNA polymerase I promoter. Cell 30: 835-842

Probst E, Kressmann A, Birnstiel ML (1979) Expression of seaurchin histone genes in the oocytes of Xenopus laevis. J Mol Biol 135: 709-732

Reeder RH, Roan JG, Dunaway M (1983) Spacer regulation of Xenopus ribosomal gene transcription: Competition in oocytes. Cell 35: 449-456

Scheer U (1978) Changes of nucleosome frequency in nucleolar and non-nucleolar chromatin as a function of transcription: An electron microscopic study. Cell 13: 535-549

Scheer U, Trendelenburg MF, Krohne G, Franke WW (1977) Lengths and patterns of transcriptional units in the amplified nucleoli of oocytes of Xenopus laevis. Chromosoma 60: 147-167

Sollner-Webb B, McKnight SL (1982) Accurate transcription of cloned Xenopus rRNA genes by RNA polymerase I: Demonstration by S1 nuclease mapping. Nucl Acids Res 10: 3391-3405

Trendelenburg MF (1983) Progress in visualization of eucaryotic gene transcription. Hum Genet 63: 197-215

Trendelenburg MF, McKinnel RG (1979) Transcriptionally active and inactive regions of nucleolar chromatin in amplified nucleoli of fully grown oocytes of hibernating frogs, Rana pipiens (amphibia, anura). A quantitative electron microscopic study. Differentiation 15: 73-95

Trendelenburg MF, Zentgraf H, Franke WW, Gurdon JB (1978) Transcription patterns of amplified Dytiscus genes coding for ribosomal RNA after Injektion into Xenopus Oocyte nuclei. Proc Natl Acad Sci USA 75: 3791-3795

Wyllie AH, Laskey RA, Finch J, Gurdon JB (1978) Selective DNA conservation and chromatin assembly after injection of SV 40 DNA into Xenopus oocytes. Develop Biol 64: 178-188

Gentransfer in eukaryotische Zellen

H. Hauser

Gesellschaft für Biotechnologische Forschung, D-3300 Braunschweig

Dieser Artikel gibt einen kurzen Abriß über die Methoden des Gentransfers in kultivierte Säugerzellen. Soweit bekannt, soll über den Verbleib des genetischen Materials nach dem Transfer in die Zellen berichtet werden. Wegen der Vielfalt der Beispiele wird die Expression von transferierten Genen verhältnismäßig kurz beschrieben. Die Ausführungen sollen eine Anregung dafür geben, welche Fragestellungen mit den angeführten Methoden beantwortet werden können. Eine Beschränkung auf den Gentransfer mit isolierter DNA ist bewußt vorgenommen worden, obgleich es für viele Fragestellungen methodische Überlappungen mit einer Reihe anderer Methoden wie z. B. der Zellfusion und dem Transfer von Chromosomen oder DNA-Protein-Komplexen gibt.

Unter geeigneten Bedingungen können eukaryotische Zellen isolierte DNA aus dem umgebenden Medium aufnehmen und sie in den Zellkern transportieren (Szybalska und Szybalski 1962). In den 60er und 70er Jahren wurden verschiedene Methoden für den effizienten Transfer in Säugerzellen entwickelt. Dabei handelt es sich um eine Vielzahl von Techniken, die in verschiedenen Modifikationen angewandt werden. Einige prinzipiell verschiedene Techniken werden nachfolgend aufgeführt.

Gentransfermethoden

Grundsätzlich müßte man bei der Bewertung der Methoden zwischen verschiedenen Parametern unterscheiden: Die Menge der in den Empfängerzellkern gelangten DNA, der prozentuale Anteil der Trefferzellen, der Rate der an die Tochterzellen stabil weitergegebenen Fremd-DNA und der Expressionseffizienz. Eine solche Unterscheidung war in der Vergangenheit meist nicht möglich. Das liegt einerseits daran, daß die Einzelparameter schwierig oder unmöglich zu bestimmen sind und ande-

Molekular- und Zellbiologie
Hrsg. von Blin et al.
© Springer-Verlag Berlin Heidelberg 1985

rerseits daran, daß es Wechselbeziehungen zwischen der transferierten DNA, den methodischen Besonderheiten sowie den Empfängerzellen untereinander gibt. Die im Text verwendete "Ausbeute" bezieht sich deshalb meist auf die Rate der mit einem Selektionsmarker erfolgreich transformierten Zellen.

Eine einfache gebräuchliche Methode ist der Gentransfer mit Hilfe von DNA-KALZIUMPHOSPHAT-KOPRÄZIPITATEN, auch TRANSFEKTION genannt (Graham und von der Eb 1973, Wigler et al 1977). Die DNA wird in einer $CaCl_2$-Lösung unter Bewegung nach und nach in einen Phosphat-Puffer gegeben, wobei DNA und Kalziumphosphat gemeinsame Präzipitate bilden. Die Verwendung von meist hochmolekularer Träger-DNA vergrößert die Präzipitate und erhöht die Ausbeute auf ungeklärte Weise. Die Präzipitate sedimentieren nach Zugabe zum Medium auf die Zellen. Der in den Präzipitaten vorhandene Überschuß an löslichen Kalzium-Ionen wirkt auf die Zellmembran und erleichtert die DNA-Aufnahme. Ein kurzer DMSO - oder Glyzerinschock einige Stunden nach Präzipitatzugabe steigert die DNA-Aufnahme (Frost and Williams 1978). Obwohl die Kopräzipitationsmethode kaum Möglichkeiten zur Anpassung bietet, konnte eine ganze Reihe von verschiedenen Zelltypen, wenn auch mit unterschiedlicher Ausbeute transformiert werden (Lewis et al. 1980). Die DNA-Aufnahme erfolgt nach Kontakt der Präzipitate mit den Zellen durch Phagozytose (Loyter et al. 1982a).

Eine Variante der Kopräzipitationsmethode ist das Einbringen der DNA mit Hilfe von DEAE-DEXTRAN oder POLYORNITHION (Pagano 1970; Farber et al. 1975). Für einige Zellinien sind diese Techniken ebenbürtig oder sogar besser geeignet (z. B. Sompayrac und Danna 1981).

LIPOSOMEN sind Phospholipidvesikel mit mono-, bi- oder multimolekularer Membran, die wäßrige Phasen, z. B. DNA-Lösungen enthalten (Papahadjopoulos 1974; Straubinger und Papahadjopoulos 1983). Die Herstellung von Liposomen mit DNA-Einschluß geschieht auf unterschiedliche Weise, abhängig von der Art der herzustellenden Vesikel: "Schütteln", "Beschallen", "Ätherinjektion" und "Reverse Phase Evaporation" sind die am häufigsten angewandten Methoden (Bangham et al. 1964; Deamer und Bangham 1976; Szoka und Papahadjopoulos 1978). Nicht bei allen Methoden ist es gewährleistet, daß die DNA unbeschadet und in guter Ausbeute in funktionsfähige Vesikel eingeschlossen wird. Die Lipidmembran der Liposomen kann mit der Empfängerzellmembran fusionieren. Der Inhalt der Vesikel gelangt bei diesem Vorgang in das Innere der Zelle.

Die Zusammensetzung der für die Membran verwendeten Lipide und damit
ihrer Oberflächenladung kann variiert werden. Durch die Wahl der Her-
stellungsmethode wird die Art und Größe der Liposomen verändert (Szoka
und Papahadjopoulos 1980). Außerdem ist es möglich Lipidvesikel herzustellen, die kovalent gebundene Antikörper oder Glykolipide tragen
(Heath 1980; Leserman et al. 1980; Mauk et al. 1980). Die beschriebenen Veränderlichen ermöglichen die Anpassung der Vesikel an verschiedene Zelltypen via Zelloberflächenmarker und durch die Wahl entsprechender Vesikelzusammensetzung. Dies würde beim Gentransfer in gemischte Zellpolutionen zur Selektion von gewünschten Empfängerzellen
führen. Die Vorteile der Lipidvesikelmethode liegen weniger in der
erzielten Ausbeute als viel mehr in der Vielfalt der DNA-Träger zur
Anpassung an definierte Zelltypen.

Im Prinzip ähnlich sind andere VEHIKEL-TRANSFER-Methoden wie z. B.
die Fusion der Empfängerzellen mit beladenen ERYTHROCYTE-GHOSTS oder
die Verwendung REKONSTITUIERTER VIREN (Vainstein et al. 1983, Mann
et al. 1983). Diese Methoden können im Einzelfall zu sehr guten Ausbeuten führen, haben aber bisher keine breite Anwendung finden können.

Der Transfer von plasmidaler DNA aus E. coli Protoplasten durch Fusion
mit Empfängerzellen ist eine elegante Methode (Schaffner 1980; Sandri-
Goldrin et al. 1981). Die Herstellung der Protoplasten erfolgt durch
Zellwandverdau mit Lysozym. Diese werden mit Hilfe von Polyäthylengly-
kol mit der Zellmembran der Empfängerzellen fusioniert. Die PROTOPLA-
STENFUSIONSMETHODE ist besonders wegen ihrer Einfachheit von Interesse, da die Isolierung von plasmidaler DNA entfällt.

Im ELEKTRISCHEN FELD ist die DNA-Aufnahme in eukaryotische Zellen erhöht. Entsprechend einem Modell gibt es Strukturveränderungen in der
Zellmembran, die durch Anlegen des elektrischen Feldes entstehen, wobei es vorübergehend zur Bildung von DNA-durchlässigen Löchern kommt.
Durch Optimierung der Transfer-Bedingungen konnten Ausbeuten erzielt
werden, die auch diese Methode interessant erscheinen lassen (Neumann
et al. 1982; Potter et al. 1984).

Mit den bisher beschriebenen Methoden war es möglich DNA "statistisch"
in Zellen zu transferieren. Dabei kann die Anzahl der Zellen sehr groß
sein. In den meisten Fällen ist dies eine Voraussetzung für die Aufarbeitung der Zellen zu biochemischen Analysen. Bei besonders niedrigen Transferraten können entsprechend mehr Zellen zum Transfer einge-

setzt werden. In der Tat ist die Transferrate bei den meisten Zelltypen sehr niedrig: In Abhängigkeit von der Methode und dem Zelltyp ist
sie selten höher als 10^{-1}, gemessen an der TRANSIENTEN EXPRESSION,
und meist niedriger als 10^{-3} für die STABILE EXPRESSION der transferierten Gene.

Die MIKROINJEKTIONSTECHNIK bietet prinzipiell die Möglichkeit DNA in
alle kultivierbaren Zelltypen zu transferieren (Graessmann und Graessmann 1983). Die Aufnahme erfolgt durch Injektion von DNA-Lösungen mit
Hilfe dünner Glaskapillaren in die Empfängerzellkerne. Sie gilt als
die effizienteste aller Methoden, da 100 % aller injizierten Zellen
die DNA erhalten und bis zu 60 % dieser Zellen in der transienten Expression positiv reagieren (Capecchi 1980). Außerdem ist eine Dosie-
rung der transferierten DNA möglich. Das Schicksal der injizierten
Zellen kann mikroskopisch verfolgt werden, und eine ganze Reihe von
biochemischen Parametern kann auf Einzelzellebene bestimmt werden.
Oft genügen schon einige Hundert Zellen für die Messung von expres-
sionsspezifischen Veränderungen. Auf die Mikroinjektion kann insbesondere dann nicht verzichtet werden, wenn definierte Einzelzellen
mit hoher Effizienz Fremd-DNA aufnehmen sollen. Dies gilt zum Beispiel für den DNA-Transfer in Pronuklei von einzelligen Embryonen
(Gordon et al. 1980).

Der Anwendungsbereich der Mikroinjektion unterscheidet sich insofern
von den bisher beschriebenen Methoden, als eine deutliche Begrenzung
der injizierbaren Zellen besteht. Sie ergibt sich aus dem relativ
großen Zeit- und Arbeitsaufwand. Während für die anderen Methoden
meist keine besonderen Einrichtungen erforderlich sind, bedarf es
für die Mikroinjektion neben teuren Geräten auch einiger Übung und
Erfahrung. Außerdem kommen nur kultivierbare Zellen als Empfänger
in Frage. Adhärente Zellen eignen sich in der Regel besser als nicht-
adhärente, welche erst mit geeigneten Methoden an feststehenden Ober-
flächen fixiert werden müssen.

Aufnahme und Verbleib der transferierten DNA

Abgesehen von der Mikroinjektion sind die Mechanismen der DNA-Aufnahme in das Cytoplasma und des Transports in den Zellkern noch weitgehend ungeklärt. Man kann davon ausgehen, daß die Aufnahme nackter DNA
ins Cytoplasma zu einer schnellen Zerstörung durch Nukleasen führt.

Der Transport von DNA in schützenden Vesikeln o.ä. bis in den Zellkern ist deshalb wahrscheinlich. Im Zellkern besteht dann ein ausreichender Schutz, wenn die DNA in Chromatinform vorliegt.

Tatsächlich konnte für die Aufnahme von Kalzium-Phosphat-Kopräzipitaten
ein endozytoseähnlicher Prozeß nachgewiesen werden (Loyter et al.
1982a). Ein Großteil der intrazellulären Fremd-DNA ist in phagozyti-
schen Vakuolen eingeschlossen (Loyter et al. 1982b). In Zellen mit
hoher endozytotischer Aktivität, wie zum Beispiel Maus L-Zellen, kann
deshalb in der Regel mit hoher Ausbeute transferiert werden (Lewis et
al. 1980; Loyter et al. 1982b). Nähere Untersuchungen über die DNA-Aufnahme mit den anderen Transfermethoden liegen nicht vor. Man nimmt
aber an, daß bei der Protoplastenfusion und den Liposomentransferme-
thoden eine Membranfusion der erste Schritt auf dem Wege zum Zellkern
ist.

Das Maximum der DNA-Aufnahme liegt in den ersten zehn Stunden nach
Beginn des Transfers. DNA, einmal in den Zellkern gelangt, ist einer
Reihe von Veränderungen ausgesetzt, die zum Teil direkt bewiesen werden konnten, bzw. auf die indirekt geschlossen wurde: DNA-Replikation
kann stattfinden, wenn bestimmte Bedingungen erfüllt sind. So können
zum Beispiel Plasmide, die einen Replikations-origin von SV 40 Virus
tragen in einigen Zelltypen replizieren. Voraussetzung dafür ist die
Expression von SV 40 T-Antigen, das chromosomal, plasmidal oder viral
kodiert sein kann (Gluzman-Yakov 1981). Abgesehen von bisher nur einer
dokumentierten Ausnahme, den Papillomavirusvektoren, bleibt die extrachromosomale DNA-Replikation auf einen Zeitraum von ein bis vier Tagen begrenzt. In diesem Zeitraum findet, gleichgültig ob Replikation
stattfindet oder nicht, eine vorübergehende Expression der transferierten DNA, die TRANSIENTE EXPRESSION statt (Capecchi 1980; Mulligan
und Berg 1980; Banerji und Schaffner 1981).
Während der ersten Tage nach dem DNA-Transfer wird auch eine Umwand-
lung der Fremd-DNA in die hochmolekulare Form beobachtet (Rusconi
und Schaffner 1981). Ein kleiner Teil der Empfängerzellen nimmt einen
Teil der Fremd-DNA in die chromosomale DNA auf (Robins et al. 1981).
Dabei oder vorher geht ein Teil der DNA verloren, bzw. wird von
DNAsen angegriffen (Wigler et al. 1978). Die chromosomal lokalisier-
te Fremd-DNA wird dann verhältnismäßig stabil auf die Tochterzellen
weitergegeben. In einem so entstandenen Zellklon findet man die gesamte Fremd-DNA kompakt als PEKALOSOM oder TRANSGENOM in einer Stelle
eines zellulären Chromosoms   (Perucho et al. 1980; Scangos und

Ruddle 1981). Die Lokalisierung dieser Fremd-DNA, die im Durchschnitt etwa 2000 Kilobasenpaare beträgt, ist von Zellklon zu Zellklon verschieden (Pellicer et al. 1980). Der Befund, daß die stabil integrierte Fremd-DNA zusammen in einem Transgenom vorliegt, konnte unter anderem durch sogenannte KOTRANSFER-Experimente gezeigt werden: Zwei verschiedene Gene, die als Mischung gemeinsam zum Transfer angeboten werden, findet man in stabilen Transformanten, auch ohne Selektionsdruck, im selben Transgenom gekoppelt vor (Wigler et al. 1979).

Die Tatsache, daß die Fremd-DNA in stabilen Zellklonen in scheinbar beliebigen Stellen in den Chromosomen gefunden wird, hat die Frage aufgeworfen, ob ein spezifischer INTEGRATIONSMECHANISMUS vorliegt. Neuerdings gibt es Hinweise auf einen Mechanismus, der auf Homologie zwischen den Randfragmenten der Fremd-DNA und den flankierenden Sequenzen der chromosomalen DNA beruht (Anderson et al. 1984, Goodenow et al. 1983).

Wie die Analyse von transgenomischer DNA aus Einzelzellklonen ergibt, liegt diese in einer Weise vor, daß man auf homologe Rekombination der transferierten DNA vor dem Integrationsereignis schließen muß (Perucho et al. 1980). DNA, die beim Transfer ringförmig oder als SUPERCOIL vorliegt, findet man in den Transformanten in der Regel in linearer Form als DIRECT REPEATS wieder. Die homologe Rekombination der Fremd-DNA kann für experimentelle Zwecke gezielt genutzt werden (z. B. Mocarski et al. 1980). Neben der Rekombination trägt auch die Ligation über die Enden von linearen Molekülen zum Entstehen von hochmolekularer transgenomischer DNA bei. Verwendet man in Cosmiden oder λ-Vektoren klonierte DNA, so kann diese durch IN VITRO-VERPACKUNG wieder aus der chromosomalen DNA isoliert werden (Lindenmaier et al. 1982; Hauser et al. 1982; siehe auch Beitrag Lindenmaier in diesem Band).

Sowohl in endogener wie auch in der chromosomal verankerten Fremd-DNA gibt es mit geringer Wahrscheinlichkeit spontane Umorganisationen. Hierbei ist die Stabilität der transferierten DNA nicht so hoch wie die der endogenen. Dies gilt sowohl für den Verlust, für die Amplifikation, wie auch für andere Veränderungen der Pekalosomen-DNA (Pellicer et al. 1980; Roberts und Axel 1982).

Über den Zusammenhang zwischen der Expression der Fremd-DNA und der CHROMOSOMALEN LOKALISIERUNG gibt es keine eindeutigen Aussagen. Tatsa-

sache ist, daß die Gen-Dosis allein nicht für das Ausmaß der Expression
verantwortlich ist (Brethnach et al. 1980). Weitere Experimente, bei
denen Butyrat als möglicherweise chromatinveränderndes Agenz verwendet
wurde, legen nahe, daß die chromosomale Umgebung einen Einfluß auf
das Ausmaß der Expression der Fremd-DNA hat (Gorman und Howard 1983).
Dies wird durch eine Reihe von Experimenten mit dem Transfer von Tu-
morvirus-DNA in Kulturzellen und Pronuklei von Embryonen unterstützt.
(Jähner und Jaenisch 1980).

Die METHYLIERUNG von Vertebraten-Zellen spielt eine wichtige Rolle
bei der Genexpression (Bird 1984). Beim Transfer bleibt der Methylie-
rungszustand der Fremd-DNA erhalten; das heißt, daß nichtmethylierte
DNA auch an die Nachkommen unmethyliert übertragen wird. Dies ist offensichtlich eine Vorbedingung für die Transkriptionsaktivität (Stein
et al. 1982). DNA, die beim Transfer methyliert war, liegt in den
Tochterzellen ebenfalls methyliert vor (Busslinger et al. 1983). Anders ist die Situation beim Transfer in Präimplantationsembryos und
embryonalen Karzinom-Zellen. In beiden Zellarten wird die transferierte DNA, gleichgültig welchen Ausgangszustands, heftig methyliert (Jähner et al. 1982).

Wie bereits erwähnt, gibt es Vektoren auf der Basis von einem RINDER-
PAPILLOMVIRUS, die als Multikopienplasmide im Zellkern vorliegen und
nicht integrieren (Sarver et al. 1981 und 1982). Die transformierende
Funktion des Papillomavirus-Onkogens kann als Selektionsmarker für
den Transfer in kontaktinhibierte Zellen dienen. Die transformierende Funktion ist unabhängig von den Sequenzen, die für das Aufrechter-
halten des extrachromosomalen Zustands verantwortlich sind. Letztere
funktionieren allerdings nur, wenn andere virale Faktoren in der Zelle
aktiv sind (Lusky und Botchan 1984). Die Kopienzahl geeigneter Papil-
lomhybride, einmal in Zellen etabliert, bleibt weitgehend stabil (z.B.
Zinn et al. 1983).

Selektionsmarker

Wie können solche Zellen ausfindig gemacht werden, welche bei einer
niedrigen Transferrate die transgenomische DNA stabil an ihre Nachkommen weitergeben? Um solche Zellen bzw. Zellklone aufzufinden benutzt
man Gene, deren Expression in der Empfängerzelle zu einem selektierbaren Phänotyp führen. Sie werden entweder zusammen mit dem zu über-

tragenden Gen in einem Vektor kloniert oder vor dem Transfer einfach
gemischt (Kotransfer).

Bei der Transformation des THYMIDINKINASEGENS (TK) von Herpes Simplex
Virus in tk-defiziente Maus L-Zellen erhält ein kleiner Teil der behandelten Zellten den tk^+-Phänotyp. (Kit und Dubbs 1963; Munyon et al.
1971; Wigler et al. 1977). Zur Selektion wird Aminopterin verwendet,
das durch Hemmung der Dihydrofolatreduktase die endogene Thymidinphos-
phatsynthese unterbindet. Zellen, in denen die Thymidinkinase exprimiert ist, können externes Thymidin phosphorylieren und für die DNA-
Synthese verwenden. Durch Klonierung des Herpes Simplex Virus Tk-Gens
in pBR 322 steht isolierte Selektor-DNA zur Verfügung (Colbère-Garapin
et al. 1979).

Ähnliches gilt für eine ganze Reihe solcher Selektionsmarker, die genetische Defekte, wie zum Beispiel solche des Nukleinsäurestoffwech-
sels oder von Auxotrophien komplementieren. In jedem Fall muß eine
Empfängerzelle mit einem komplementierbaren Defekt und das entsprechende Selektionsgen zur Verfügung stehen. Wegen der Diploidie von
eukaryotischen Zellen ist die Herstellung von definierten Mutanten
außerordentlich schwierig. Aus diesem Grund war der Gentransfer in
der Vergangenheit auf wenige Zellinien beschränkt.

Die Entwicklung von DOMINANTEN SELEKTIONSMARKERN hat zur Überwindung
dieser Einschränkung geführt. Diese Marker erlauben die Selektion von
Zellen aller Art, unabhängig von genetischen Defekten. Für die Herstellung dominanter Selektionsmarker wurden bakterielle Gene unter
die Kontrolle von eukaryotischen Promotoren gesetzt: Das XGPRT-Gen aus
E. coli und das Resistenzgen des E. coli-Transposons tn5 (Mulligan
und Berg 1980; Jiminez und Davis 1980; Colbere-Garapin et al. 1981;
Southern und Berg 1982). Das Genprodukt des XGPRT-Gens erlaubt die
Phosphorylierung von externem Xanthin, während der Purinsyntheweg zum
XMP mit Mykophenolsäure blockiert wird. Das tn5-Genprodukt inaktiviert
das, auch in Eukaryoten wirksame, Aminoglykosid-Antibiotikum G 4 18
durch Phosphorylierung.

Auch ONKOGENE können als dominante Selektionsmarker verwendet werden.
Ihre Wirkung beruht auf der Entkoppelung der Kontaktinhibition von
kontaktinhibierten Zellinien. Ihr Einsatz als Selektionsmarker ist
daher auf kontaktinhibitierte Zellinien beschränkt, könnte sich aber
durch Verwendung einer Kombination von mehr als einem Onkogen zur

Transformation von primären Zellkulturen eignen (Land et al. 1983).
In diesem Zusammenhang sei nochmals auf die Verwendung von Rinderpa-
pillomvektoren hingewiesen, die sowohl transformieren wie auch extra-
chromosomal replizieren können (Law et al. 1983; DiMaio et al. 1982;
Matthias et al. 1983).

Ein dritter Typ von Markern für den Gentransfer sind Gene, mit denen
auf DNA-AMPLIFIKATION eines transferierten Gens selektiert werden
kann. Das Dihydrofolatreduktase-Gen (DHFR) ist ein solches Amplifika-
tionsmarkergen. Methotrexat blockiert das Enzym durch kompetitive
Inhibition (Schimke 1982). Zellen, in denen das Gen amplifiziert ist,
überproduzieren meist das Genprodukt und übertitrieren so die Metho-
trexathemmung. Selektion und Amplifikation können im Prinzip in jeder
Empfängerzellinie vorgenommen werden. Um jedoch keine Kompetition mit
der Amplifikation des endogenen dhfr-Gens zu bekommen, werden bevorzugt dhfr⁻-Zellen benutzt. Da die eukaryotischen Gene für die dhfr
sehr groß sind, und damit die gentechnologische Handhabung erschwert
ist, wurde ein cDNA- Klon unter die Kontrolle eines fremden Promotors
gesetzt und das Hybrid als Selektionsmarker verwendet (Alt et al. 1978).
Das Gen für das multifuntionale Enzym Aspartattranscarbamylase (CAD)
kann ebenfalls als dominanter Selektionsmarker eingesetzt werden.
Mit dem Inhibitor PALA läßt sich eine Selektion auf Genamplifikation
von CAD durchführen (Wahl et al. 1979; De Saint Vincent et al. 1981).
Durch die Aktivität des Cd^{++}-bindenen Metallothioneine können ihre
Gene als Amplifikationsmarker fungieren.

Expression von transferierten Genen

Vorausgesetzt es findet überhaupt eine Expression der transferierten
DNA in den Empfängerzellen statt, unterscheidet man eine eins bis
vier Tage dauernde transiente Expressionsphase und die stabile Expression in den Zellen, welche die Fremd-DNA auf ihre Nachkommen weitergeben können. Entsprechend der meist niedrigen Transferrate ist die
stabile Expression nur meßbar in selektierten Klonen oder Mischungen
solcher Klone.

Ob ein bestimmtes Gen in der Empfängerzelle exprimiert wird, hängt
von verschiedenen Veränderlichen ab. Dazu gehört die Stärke, bzw.
die Wirtszellspezifität des verwendeten Promotors und anderer trans-
kriptionsmodulierender Regulationseinheiten. Ob die Expression gemes-

168

sen werden kann, hängt weiterhin von der Stabilität und der Transla-
tionseffizienz der mRNA und der Stabilität bzw. des Prozessierens
des Proteins ab (Gorman et al. 1983; Walker et al. 1983).

Es entspricht den Regeln selektiver Genexpression in differenzierten
Eukaryotenzellen, daß verschiedene Gene in bestimmten Zelltypen in
unterschiedlichem Ausmaß exprimiert werden. Die wesentlichste Verän-
derliche dieser Kontrolle der Genexpression ist die Rate der Transkription, so daß in vielen Fällen Expressions- und Transkriptionsrate
gleichgesetzt werden können (Derman et al. 1981). Dies gilt auch für
transferierte DNAs in eukaryotischen Empfängerzellen.

In einigen Fällen konnte nach Transfer von isolierten Genen in homologe Zelltypen differenzierungsspezifische Expression gemessen werden
(Spandidos und Paul 1982; Chao et al. 1983; Renkawitz et al. 1982).
In anderen Untersuchungen, bei denen die DNA in spezies-heterologe
Zelltypen, die aber differenzierungs-homolog sind, transferiert wurde,
konnte ebenfalls Expressionsregulation gezeit werden (Hynes et al.
1981; Kurtz 1981; Hauser et al. 1982; Oi et al. 1983; Kondoh et al.
1983).

Darüber hinaus werden die meisten eukaryotischen Gene, mit denen bisher gearbeitet wurde, auch in differenzierungsunspezifischen Transformanten zu einem gewissen Ausmaß exprimiert (z. B. Brethnach et al.
1980; Wold et al. 1979). Diese Durchlässigkeit der differenzierungs-
spezifischen Genkontrolle kann an verschiedenen Ursachen liegen. Ein
Grund kann bei den Empfängerzellen liegen, die während ihrer Etablierung einige Differenzierungsspezifika verändert haben. Außerdem muß
berücksichtigt werden, daß die Fremd-DNA in eine vorgeformte chromosomale Umgebung kommt, welche die Transkription begünstigen oder be-
hindern kann. Es kann aber auch in der Natur der transferierten DNA
liegen, die via Klonierung in E. coli unmethyliert ist, und die gege-
benenfalls mit der kotransferierten oder der Träger-DNA verknüpft
wird, damit einer Nachbarschaft mit unbekanntem Einfluß auf die Regu-
lationsbereiche ausgesetzt ist. Die Einflüsse aus der chromosomalen
Nachbarschaft und der Verknüpfung mit undefinierter DNA sind zwar für
die transiente Expression in Papillomvirusvektoren nicht vorhanden,
dennoch sind auch in einem solchen System unspezifische Effekte beobachtet worden (Zinn et al. 1983). Der stabilen Expression geht praktisch immer eine Selektion auf Expression des benachbarten Markergens
voraus. Insofern existiert eine Selektion auf transkriptionsaktive
transgenomische Bereiche.

<u>Anwendungsmöglichkeiten</u>

Die Transformation eukaryotischer Zellen erlaubt eine vorübergehende
oder stabile Veränderung ihres Genotyps durch Hinzufügen von isolierter DNA (Pellicer et al. 1980). Daraus ergeben sich viele Anwendungsmöglichkeiten:

Ist die FUNKTION DER ZU UNTERSUCHENDEN DNA unbekannt, so kann diese
durch Expression der transferierten DNA in geeignete Empfängerzellen
nachgewiesen oder näher charakterisiert werden. Besonders einfach ist
es, wenn die Funktion des betreffenden Gens zu einem selektierbaren
Phänotyp in der Empfängerzelle führt. In diesem Fall ist es möglich,
die Aktivität von Einzelkopiegenen in zellulärer DNA nachzuweisen.
Die Transfer-Ausbeute ist dann im Vergleich zur homogenen DNA dessel-
ben Gens entsprechend der Komplexität des Genoms reduziert. Auf diese
Weise war es möglich, die Aktivität von Thymidinkinasegenen aus viraler
und chromosomaler DNA verschiedener eukaryotischer Zellen nachzuweisen (Pellicer et al. 1978; Munyon et al. 1971; Wigler et al 1978).
Mit der Anwendung derselben Methode konnte erstmals die onkogene Transformation mit zellulärer DNA aus chemisch transformierten Zellen nachgewiesen werden (Shih et al 1979). Durch maschinelles Sortieren von
fluoreszenzmarkierten Maus-Empfängerzellen wurde die Expression von
Histokompatibilitätsantigenen aus chromosomaler Human-DNA bestimmt
(Kavathas und Herzenberg 1983).

Mit Hilfe des Kotransfers ist es möglich, DNA mit nichtselektierbarer
Funktion in hoher Ausbeute stabil in Empfängerzellen zu etablieren
(z. B. Malissen et al. 1983). Bei der transienten Expression und der
Verwendung von dominanten Selektionsmarkern kann theoretisch die Expression jedes DNA-Fragments in beliebigen Zellen nach stabiler Integration gemessen werden (Chang et al. 1982). So werden zum Beispiel
manche Immunglobulingene nach Gentransfer in einigen Zelltypen exprimiert und in anderen nicht (Falkner und Zachau 1983; Oi et al. 1983;
Stafford und Queen 1983).

Zum Funktionsnachweis isolierter DNA mit Hilfe der transienten Expression eignen sich auch Vektor-Wirtssysteme. Hierzu wird das zu untersuchende DNA-Fragment in einen Vektor kloniert, welcher durch Replikation in der Empfängerzelle zu einer vorübergehenden Amplifikation
führt.

Ist das zu untersuchende Gen ausreichen charakterisiert, kann es unter die Kontrolle eines geeigneten Promotors gesetzt werden. Das garantiert eine ausreichende Transkription des Gens und erlaubt damit das Verfolgen der RNA-Prozessierung bis zur Translation und liefert genügend Protein zur Charakterisierung. Mit dieser Technik können Strukturgene auf Identität und Vollständigkeit geprüft werden.

Neben der Identifizierung und Beschreibung von Genen und deren Expression, können eine Reihe wichtiger Fragen, welche die Expression von transferierten Genen betreffen, beantwortet werden. Es geht um die WECHSELWIRKUNG von transferierten Genen miteinander oder mit den Genen der Empfängerzelle. Die Tatsache, daß einige Gene in heterologen Zellen reguliert werden, läßt Rückschlüsse auf das Vorhandensein von homologen Mechanismen und Faktoren zu (Hynes et al. 1981). Wichtige Erkenntnisse über die transformierende Funktion von einzelnen und kombinierten Onkogenen konnten gewonnen werden (Cooper 1982; Land et al. 1983).

Schließlich eignet sich der Gentransfer auch zum Studium von DIFFEREN-ZIERUNGSVORGÄNGEN. Zusätzliche genetische Information, in Präimplantationsembryos injiziert, wird zum Teil stabil ins Genom und in die Keimbahn aufgenommen. Die Einflüsse der transgenomischen DNA durch Einbau in einen endogenen Gen-Lokus sowie die Expression und ihre Konsequenzen für die Zellen verschiedener Gewebetypen können untersucht werden (Jaenicke et al. 1983, Jähner und Jaenisch 1980).

Gene, deren endogene Expression gering ist, aber die Empfängerzellen phänotypisch messbar verändern, können über Gentransfer isoliert werden. Dies geschieht durch Selektion der phänotypisch transformierten und identifizierten Zellklone. Die Gesamt-DNA dieser isolierten Zellklone wird rekloniert und der Nachweis der gesuchten durch seine biologische Aktivität in Verbindung mit prokaryotischen Vektoren oder eukaryotischen reiterierten Sequenzen geführt (Perucho et al. 1980; Long 1980; Goldfarb et al. 1982). Das COSMID-SHUTTLING ist ein System, das die Isolierung der exprimierten transferierten DNA beschleunigt, indem die Reklonierung umgangen wird (Lindenmaier et al. 1982; siehe auch Beitrag Lindenmaier in diesem Band).

Mit Hilfe von Gentransfermethoden können modellhaft GENOMISCHE VERÄN-DERUNGEN wie Integration, Deletion, Amplifikation und Rekombination untersucht werden, die in somatischen Zellen stattfinden (Robins et al. 1981; Roberts und Axel 1982; Wahl et al. 1984; Lewis et al. 1984).

Die transferierte DNA wird hierzu als definierte Probe verwendet,
mit deren Hilfe spontane Veränderungen meßbar sind.

Sollen die funktionellen Eigenschaften von DNA-Abschnitten einzelner
Nukleotide näher untersucht werden, so wird man die charakterisierte
Wildtyp-DNA "in vitro" mutagenisieren und in geeignete Zellen transferieren (REVERSE GENETICS). Da die anderen Variablen in den Zellen
konstant gehalten werden, können direkte Rückschlüsse auf den Einfluß
von den veränderten DNA-Sequenzen gezogen werden. Diese Methodik ergänzt und erweitert die an "in vitro"-Systemen gewonnen Erkenntisse.
Durch Mutation und vergleichende Analyse können auf diese Weise Promotoren, cis-wirkende Fragmente sowie weitere Signalsequenzen für
posttranskriptionale, translationale und posttranslationale Vorgänge
und ihre Funktion in verschiedenen Empfängerzellen identifiziert werden (Beiträge von Chowdhury/Gruss und Groner).

Aus dem bisher Beschriebenen geht hervor, daß es möglich ist, eine
relativ gezielte MANIPULATION HÖHERER ZELLEN vorzunehmen. Der Austausch
von regulatorischen Einheiten, ohne den protein-kodierenden Bereich
des betreffenden Gens zu verändern, erlaubt die gewünschte Modulation der Transkriptionsaktivität, durch Selektion auf Amplifikation
der transgenomischen DNA kann die Expression erhöht werden und durch
gentechnologische Methoden können Gene beliebig rekombiniert bzw.
verändert werden.

Posttranskriptionale Veränderungen wie zum Beispiel die Glykosylie-
rung von biologisch aktiven Peptiden können für die Verwendung in
Forschung und Anwendung entscheidend sein. Für die Herstellung solcher Peptide kommt nur die Produktion in Eukaryotenzellen in Frage.
In der Biotechnologie wird das bereits genutzt für die Herstellung
therapeutisch wirksamer Peptide wie Interferone, Peptidhormone und
Wachstumsfaktoren.

Durch die gezielte Veränderung des Phänotyps lassen sich auch die
endogenen Stoffwechselleistungen der Empfängerzellen komplementieren,
substituieren oder beeinflussen. In der Medizin denkt man an eine
gezielte GENTHERAPIE: Aus Patienten mit definierten genetischen Defekten sollen somatische Zellen entnommen, "in vitro" manipuliert und
wieder in den Organismus zurückversetzt werden. Im Tierversuch sind
bereits Experimente zur Regulation der transferierten DNA in TRANS-
GENISCHEN MÄUSEN durchgeführt worden (Palmiter et al. 1982). Tier-

züchter versprechen sich durch gezielte Eingriffe in die Keimbahn Produktionsverbesserungen. Ob eine Übertragung der Experimente zur "Reparatur" von genetischen Defekten in der Keimbahn auf den Menschen übertragen werden kann und soll, mag bezweifelt werden.

Literatur

Alt F, Beatino R, Schimke RT (1978) Selective multiplication of dihydrofolate reductase genes in methrothrecate resistant variants of cultured murine cells. J Biol Chem 253:1357-1370

Anderson R A, Kato S, Camerini-Otero R D (1984) A pattern of partially homologous recombination in mouse L cells. Proc Natl Acad Sci USA 81:206-210

Banerji J, Rusconi S, Schaffner W (1981) Expression of a globin Gene is enhanced by remote SV40 DNA sequences. Cell 27:299-308

Bangham AD, Standish M, Watkins J (1064) Diffusion of univalentions across the lamellae of swollen phospholipids. J Mol Biol 13:238-252

Bird AP (1984) DNA-Methylation - how important in gene control? Nature 307:503-504

Breathnach R, Mantei N, Chambon P (1980) Correct splicing of a chikken ovalbumin gene transcript in mouse L cells. Proc Natl Acad Sci USA 77:740-744

Busslinger M, Hurst J, Flavell RA (1983) DNA-Methylation and the regulation of globin gene expression. Cell 34:197-206

Capecchi MR (1980) High efficiency transformation by direct micro injection of DNA into cultured mammalian cells. Cell 22:479-488

Chang LJA, Gamble CL, Izaguirre CA, Minden MD, Mak TW, McCulloch EA (1982) Detection of genes coding for human differentiation markers by their transient expression after DNA transfer. Proc Natl Acad Sci USA 79:146-150

Chao MV, Mellon P, Charnay P, Maniatis T, Axel R (1983) The regulated expression of globin genes introduced into mouse erythroleukemia cells 32:483-493

Colbere-Garapin F, Chousterman S, Horodniceanu F, Kourilsky P, Garapin AC (1979) Cloning of the active thymidine kinase gene of herpes virus simplex type I in E. coli K12. Proc Natl Acad Sci USA 76:3755-3759

Colbère-Garapin F, Hordonicean F, Kourilsky P, Garapin AC (1981) A new dominant hybrid selective marker for higher eukaryotic cells. J Biol 150:1-14

Cooper GM (1982) Cellular transformation genes. Science 218:801-806

Deamer D, Bangham A (1976) Large volume liposomes by an ether evaporition method. Biochim Biophys Acta 443:629-634

Derman E, Krauter K, Walling L, Weinberger C, Ray M, Darnell IE (1981) Transcriptional control in the production of liver specific mRNAs. Cell 23:731-739

Di Maio D, Treisman R, Maniatis L (1982) Bovine papilloma-virus vector that propagates as a plasmid in both mouse and bacterial cells. Proc Natl Acad Sci USA 79:4030-4034

Falkner FG, Zachau G (1983) Expression of mouse immunoglobulin genes in monkey cells. Nature

Farber F, Melnick JI, Butel JSA (1975) Optimal conditions for uptake of exogenoms DNA by chinese hamster lung cells defficient in HGPRT. Biochim Biophys Acta 390:298-311

Frost E, William J (1978) Mapping temperature-sensitive and host-range mutations of adenovivus type 5 marker rescue. Virology 91:39-50

Goldfarb M, Schimizi K, Perucho M, Wigler M (1982) Isolation and preliminary characterization of a human transforming gene from T24 bladder carcima cells. Nature 296:404-

Goodenow RS, McMillan H, Nicolson M, Sher BT, Rakle E, Davidson N, Hood L (1982) Identification of the class I genes of the mouse major histocompatibility complex ba DNA-mediated gene transfer. Nature 300:231-237

Goodenow RS, Stroynowski J, McMillan M, Nicolson M, Eakle K, Sher BT, Davidson N, Hood L (1983) Expression of complete transplantation antigens by mammalian cells transformed with truncated class I genes. Nature 301:388-394

Gordon JW, Scangos GA, Plotkin DJ, Barbosa JA, Ruddle FH (1980) Genetic transformation of mouse embryos by microinjection of purified DNA. Proc Natl Acad Sci USA 77:7380-7384

Gorman C, Padmanabhan R, Howard B (1983) High Efficiency DNA-Mediated Transformation of Primate Cells. Science 221:551-553

Gorman CM, Howard BH (1983) Expression of recombinant plasmids in mammalian cells is enhanced by sodium butyrate. Nucl Acids Res 11: 7631-7648

Graessmann M, Graessmann A (1983) microinjection of Tissue Culture Cells. Methods in Enzymology 101:342-354

Graham F, Van der Eb L (1973) A new technique for the assay of infectivity of human adenovirus 5 DNA. Virology 52:456-467

Hauser H, Gross G, Bruns W, Hochkeppel HK, Mayr U, Collins J (1982) Inducibility of human ß-interferon gene in mouse L-cell clones. Nature 297:650-655

Heath TD, Fraley R, Papahadjopoulos D (1980) Tissue specific expression of liposomes: Cell specificity obtained by conjugation of F(ab')2 to vesicle surface. Science 210:539-541

Hynes NE, Kennedy N, Rahmsdorf K, Groner B (1981) Hormone responsive expression of an endogenous proviral gene of mouse mammary tumor virus after molecular cloning and gene transfer into cultured cells. Proc Natl Acad Sci USA 78:2038-2042

Jähner D, Jaenisch R (1980) Integration of Moloney leukemia virus into the germ line of mice: correlation between site of integration and virus activation. Nature 287:456-458

Jähner D, Stewart CL, Stuhlmann H, Harbers K, Jaenisen R (1982) Retroviruses and Embryogenesis: De novo methylation activity involved in gene expression. CSH Symposium on Quantitative Biology XLVII 611-620

Jaenisch R (1976) Germ line integration and Medelian transmission of the exogenous Moloney leukemia virus. Proc Natl Acad Sci USA 73: 1260-1264

Jaenisch R, Harbers K, Schnieke A, Lähler J, Chumakov I, Jähner D, Grotkopp D, Hoffmann E (1983) Germline integration of Moloney murine leukemia virus at the Mov-13 locus leads to recessive lethal mutation and early embryonic death. Cell 32:209-216

Jiminez A, Davies J (1980) Expression of a transposable antibiotic resistance element in saccharomyces. Nature (London) 287:869-871

Kavathas P, Herzenberg LA (1983) Stable transformation of mouse L cells for human membrane T-cell differentiation antigens and ß2-microglobulin: Selection by fluorescence activated cell sorting. Proc Natl Acad Sci USA 80:524-528

Kit P, Dubbs DR (1963) Acquisition of thymidine kinase activity by herpes simplex infected mouse fibroblast cells. Biochem Biophys Res Commun 11:55-63

Kondoh H, Ysuda K, Odada TS (1983) Tissue specific expression of a cloned δ-crystallin genes in mouse cell. Nature 301:440-442

Kurtz DT (1981) Homonal inducibility of rat 2μ-globulin genes in transfected mouse cells. Nature 291:629-631

Land H (1983) Cellular oncogenes and multistep carcinogenesis. Science 222:771-778

Law MF, Byrne JC, Howley PM (1983) A stable bovine papilloma virus hybrid plasmid that expresses a dominant selective trait. Mol Cell Biol 3:2110-2115

Leserman L, Barbet J, Kourilsky R, Weinstein J (1980) Targetting to cells of fluorescent liposomes covalently coupled with monoclonal antibody or protein H. Nature (London) 288:602-604

Lewis S, Gifford A, Baltimore D (1984) Joining of Vk to Jk gene segments in a retroviral vector introduced into lymphoid cells. Nature 306:

Lewis WH, Stinivasan PR, Siokes N, Siminovitch I (1980) Somat Cell Gent 6:333-347

Lindenmaier W, Hauser H, Greiser de Wilke J, Schütz G (1982) Gene shuttling: moving of cloned DNA into and out of eukaryotic cells Nucl Acids Res 10:1243-1255

Lowy T, Pellicer A, Jackson JF, Sim GK, Silverstein S, Axel R (1980) Isolation of transforming DNA: cloning of the hamster aprt gene. Cell 22:817-823

Loyter A, Scangos GA, Ruddle FH (1982)a Mechanism of DNA uptake by mammalian cells: Fate of exogenously added DNA monitored by the use of fluorescence dyes. Proc Natl Acad Sci USA 79:422-426

Loyter A, Scangos G, Juricek D, Keene D, Ruddle FH (1982)b Mechanism of DNA entry into mammalian cells: Phagocytosis of Calcium Phosphate DNA co-precipitate Visualised by electron microscopy. Exp Cell Res 139:223-234

Lusky M, Botchan R (1984) Characterization of the bovine papilloma virus plasmid maintenance sequences. Cell 36: 391-401

Malissen B, Steinmetz M, McMillan M, Pierrest M, Hood L (1983) Expression of I-A class II genes in mouse L cells after DNA-mediated gene transfer. Nature 305:207-211

Mann R, Mulligan RC, Baltimore D (1983) Construction of a retrovirus packaging mutant and its use to produce helper-free defective retrovirus. Cell 33:153-159

Matthias PD, Bernard HU, Scott A, Brady G, Hashimoto-Gotoh T, Schütz G (1983) A bovine papilloma virus vector with a dominant resistance marker replicates extrachromosomally in mouse and E. coli cells. EMBO J 2:1487-1492

Mauk M, Gamble R, Baldeschwieler J (1980) Vesicle targeting: Timed release and specifity for leucocytes in mice by subcutaneous injections. Science 207:309-311

Mocarski E, Post LE and Roizman B (1980) Molecular engineering of the herpes simplex virus genome insertion of a second L-S function into the genome causes additional genome inversions. Cell 22:243-255

Mulligan EA, Berg P (1980) Expression of a vacterial gene in mammalian cells. Science 209:1423-1427

Munyon W, Kraiselburd E, Davis D, Mann J (1971) Transfer of thymidine kinase to thymidine kinaseless L cells by infection with ultraviolet irradiated herpes simplex virus. J Virol 7:1971-1979

Neumann E, Schaefer-Ridder M, Wang Y, Hofschneider PH (1982) Gene transfer into mouse lyoma cells by electroporation in high electric fields. EMBO J 1:841-845

Oi V, Morrison S, Herzenberg LA, Berg P (1983) Immunoglobin gene expression in transformed lymphoid cells. Proc Natl Acad Sci USA 80:825-829

Pagano JS (1970) Prog Med Virol 12:1

Palmiter RD, Chen HY, Brinster RL (1982) Differential Regulation of Metallothinoein-Thymidine Kinase Fusion Genes in Transgenic Mice and Their Offspring. Cell 29:701-710

Papahadjopoulos D, Mayhow E, Poste G, Smith, Vail WJ (1974) Incorporation of lipid vesicles by mammalian cell provides a potential method for modifying cell behavior. Nature (London) 252:163-1636

Pellicer A, Wigler M, Axel R, Siverstein S (1978) The transfer and

stable integration of the HSV thymidine kinase gene into mouse
cells. Cell 14:133-141
Pellicer A, Robins D, Wold B, Sweet R, Jackson J, Lowy I, Roberts JM,
Sim GK, Siverstein S, Axel R (1980) Altering genotype and pheno-
type by DNA-mediated gene transfer. Science 209:1414-1422
Perucho M, Hanahan D, Wigler M (1980) Genetic and physical linkage of
exogeneous sequences in transformed cells. Cell 22:309-317
Potter H, Weir L, Leder P (1984) Proc Natl Acad Sci USA, im Druck
Pulciani S, Santos E, Lauver AV, Long LK, Robbins KC, Barbacid M
(1982) Oncogenes in human tumor cell lines: Molecular cloning of
a transforming gene from human bladder carcinoma cells. Proc Natl
Acad Sci USA 79:2845-2849
Renkawitz R, Beug H, Graf T, Matthias P, Grez M, Schütz G (1982) Ex-
pression of a chicken lysozyme recombinant gene is regulated by
progesterone and dexamethasone after microinjection into oviduct
cells. Cell 31:167-176
Roberts JM, Axel R (1982) Gene Amplification and Gene Correction in
Somatic Cells . Cell 29:109-119
Robins DM, Ripley S, Henderson AS, Axel R (1981) Transforming DNA in-
tegrates into the host chromosome. Cell 23:29-39
Robins D, Axel R, Henderson AS (1981) Chromosome Structure and DNA
Sequence Alterations Associated with Mutation of Transformed Genes.
J Mol Appl Genetics 1:191-203
Rusconi S, Schaffner (1981) Transformation of frog embyos with a
rabbit ß-globin gene. Proc Natl Acad Sci USA 78:5051-5055
De Saint Vincent B, Delbrück S, Eckhart W, Meinkoth J, Vitto L,
Wahl G (1981) The Cloning and Reintroduction into Animal Cells
of a Functional CAD Gene, a Dominant Amplifiable Genetic Marker.
Cell 27:267-277
Sandri-Goldin RM, Goldin AL, Levine M, Glorioso J (1983) High Effi-
ciency Transfer of DNA into Eukaryotic Cells by Protoplast Fusion.
Methods in Enzymology 101:203-206
Sarver N, Gruss P, Law MF, Khoury G, Howley PM (1981) Bovine papil-
loma-virus deoxyribonucleic acid: a novel eukaryotic cloning vac-
tor. Mol Cell Biol 1:486-492
Sarver N, Byrne YC, Howley PM (1982) Transformation and replication
in mouse cells of a bovine papilloma virus-pML2 plasmid vector
that can be rescued in bacteria. Proc Natl Acad Sci USA 79:7147-7151
Scangos G, Ruddle FH (1981) Mechanisms and applications of DNA-me-
diated gene transfer in mammalian cells - a review. Gene 14:1-10
Schaffner W (1980) Direct transfer of cloned genes from bacteria to
mammalian cells. Proc Natl Acad Sci USA 77:2163-2167
Schimke RT (1982) Gen Amplifikation. Cold Spring Harbor Laboratory
New York
Shih C, Shilo BZ, Goldfarb MP, Dannenberg A, Weinberg RA (1979) Passage of phenotypes of chemically transformed cells cia transfec-
tion of DNA and chromatin. Proc Natl Acad Sci USA 76:5714-5718
Sompayrac LM, Danna KJ (1981) Efficient infection of monkey cells
with DNA of simian virus 40. Proc Natl Acad Sci USA 78:7575-7578
Southern PJ, Berg P (1982) Transformatin of mammalian cells to antibiotic resistance with a bacterial gene under control of the SV40
early region promotor. J Mol App Gent 1:327-341
Spandidos DA, Paul J (1982) Transfer of human globin genes to ery-
throleukemic mouse cells. EMBO J 1:15-20
Stafford J, Queen C, (1983) Cell type specific expression of a transfected immunoglobin gene. Nature 306:77-78
Stein R, Razin A, Cedar H (1982) In vitro methylation of the hamster
adenine phosphoribosyltransferase gene inhibits its expression in
mouse L cells. Proc Natl Acad Sci USA 79:3418-3422
Straubinger RM, Papahadjopoulos D (1983) Liposomes as Carriers for
Intracellular Celivery of Nucleic Acids. Methods in Enzymology

101:512-518
Szoka F, Papahadjopoulos D (1978) Procedure for preparation of liposomes with large internal aqueous space and high capture by reverse-phase evaporation. Proc Natl Acad Sci USA 75:4194-4198
Szoka F, Papahadjopoulos D (1980) Comperative properties and methods of preparation of lipid vesicles. Ann Rev Biophys Bioeng 9:467-508
Szybalska EH, Szybalski W (1962) Genetics of human cell lines, IV. DNA-mediated heritable transformation of a biochemical trait. Proc Natl Acad Sci USA 48:2026-2030
Vainstein A, Razin A, Graessmann A, Loyter A (1983) Fusogenic Reconstituted Sendai Virus Envelopes as a Vehicle for Introducing DNA into Viable Mammalian Cells. Methods in Enzymology 101:492-499
Wahl GM, De Saint Vincent RB, DeRose ML (1984) Effect of chromosomal position on amplification of transfected genes in animal cells. Nature 307:516-520
Wahl GM, Padjett RA, Stark GR (1979) Gene amplification causes overproductionof three enzymes of UMP in N-(phosphonacetyl)-L-aspartate resistant hamster cell. J Biol Chem 254:8679-8689
Walker MD, Edlund T, Boulet AM, Rutter WJ (1983) Cell-specific expression controlled by 5'flanking region of insulin and chymotrypsin genes. Nature 306:557-561
Wigler M, Silverstein S, Lee LS, Pellicer A, Cheng YC, Axel R (1977) Transfer of purified herpes virus thymidine kinase gene to cultured mouse cells. Cell 11:223-232
Wigler M, Pellicer A, Silverstein S, Axel R (1978) Biochemical transfer of single-copy eukaryotic genes using total celular DNA as donor. Cell 11:725-731
Wigler M, Sweet R, Sim GK, Wold B, Pellicer A, Lacy E, Maniatis T, Silverstein S, Axel R (1979) Transformation of mammalian cells with genes from prokaryotes and eukaryotes. Cell 16:777-785
Wold B, Wigler M, Lacy E, Maniatis T, Silverstein S, Axel R (1979) Introduction and expression of a rabbit ß-globin gene in mouse fibroblasts. Proc Natl Acad Sci USA 26:5684-5688
Zinn K, DiMaio D, Maniatis T (1983) Identification of Two Distinct Regulatory Regions Adjacent to the Human ß-Interferon Gene. Cell 34:865-879

SV40 als Modellsystem zum Studium eukaryontischer Genregulation

K. Chowdhury, H. Schöler und P. Gruss

Zentrum für Molekulare Biologie, Im Neuenheimer Feld 364, Universität Heidelberg, D-6900 Heidelberg

Die komplexen biologischen Prozesse der Tumorgenese und Differenzierung
können nur verstanden werden, wenn es gelingt Einblick in Mechanismus
und Regulation der Genexpression eukaryontischer Zellen zu gewinnen.
Unterschiede wie die zwischen einer normalen Zelle und einer Krebszelle
oder wie die zwischen verschiedenen differenzierten Zellen werden
durch Proteine geprägt, die von diesen Zellen gebildet werden. Reguliert
werden diese unterschiedlichen Merkmale, soweit bekannt, hauptsächlich
auf der Ebene der Transkription. Um es auf eine Formel zu bringen:
unterschiedliche Phänotypen werden durch regulierte Expression bestimmter Gene verursacht.

Aus dem Bereich der Prokaryonten und deren Phagen sind einige solcher
Abläufe bis ins Detail bekannt. Nahezu klassisch sind schon die Untersuchungen an dem Bakteriophagen Lambda und seinem Wirt E. coli. Je nach
Stimulus werden bestimmte Gene, gelegentlich ganze Gensätze, an- oder
abgeschaltet (Arber 1983). Um eukaryontische Gene und deren Expression
zu untersuchen, müssen die entsprechenden Gene oder deren mRNA zunächst
identifiziert, kloniert und charakterisiert werden. Ist ein solches Gen
verfügbar, muß es in seine ursprüngliche zelluläre Umgebung zurückgeführt
werden, um seine Expression untersuchen zu können. Berücksichtigt man
die Komplexität der eukaryontischen Zelle, ist dies ein gewaltiges Un-
terfangen. Genau an diesem Punkt helfen den Molekularbiologen die Viren,
insbesondere die DNA- und RNA-Tumorviren, da diese eine sehr viel ein-
fachere Struktur haben. Legt man einem eukaryontischen Genom 10^9 Bp zugrunde, berechnet sich daraus eine Länge von etwas mehr als 1 m, während
die Länge des im nächsten Abschnitt beschriebenen SV40 DNA dagegen nur
etwa 0.005 mm beträgt. Daher können mit Hilfe von modernen molekularbiologischen Methoden diese Viren gleichsam als Fenster zur eukaryontischen Zelle benutzt werden. Durch diese relativ einfachen Werkzeuge
hat sich unser Verständnis der Molekularbiologie der Eukaryonten im allgemeinen, sowie das der Expression und Regulation von Genen eukaryontischer Viren im besonderen beachtlich verbessert. In diesem Kapitel
möchten wir das Simian Virus 40 (SV40) als eukaryontisches Modellsystem
vorstellen, das wohl das am besten untersuchte und verstandene eukaryontische Virus ist.

SV40, ein Mitglied der Papovavirus Familie, wurde 1960 von Sweet und
Hilleman aus Kulturen von Rhesusaffennierenzellen isoliert. Das Virus-
partikel besteht nur aus Protein (88% der Gesamtmasse) und DNA (12%).
Das ikosaedrische Kapsid hat einen Durchmesser von 45 nm und besteht
aus drei verschiedenen Kapsidproteinen, die vom Virusgenom kodiert werden. Im Kapsid befindet sich ein doppelsträngiger DNA Ring, der aus
5243 Bp besteht und kovalent geschlossen ist (Abb. 1). Die virale DNA
ist wie die zelluläre DNA mit Histonen komplexiert. Das Genom von SV40
beinhaltet auf engstem Raum ein Maximum an genetischer Information; es
nutzt für die sechs verschiedenen Proteine alle drei Leseraster, deren
kodierende Sequenzen sich zudem noch teilweise überlappen. Funktionell

Molekular- und Zellbiologie
Hrsg. von Blin et al.

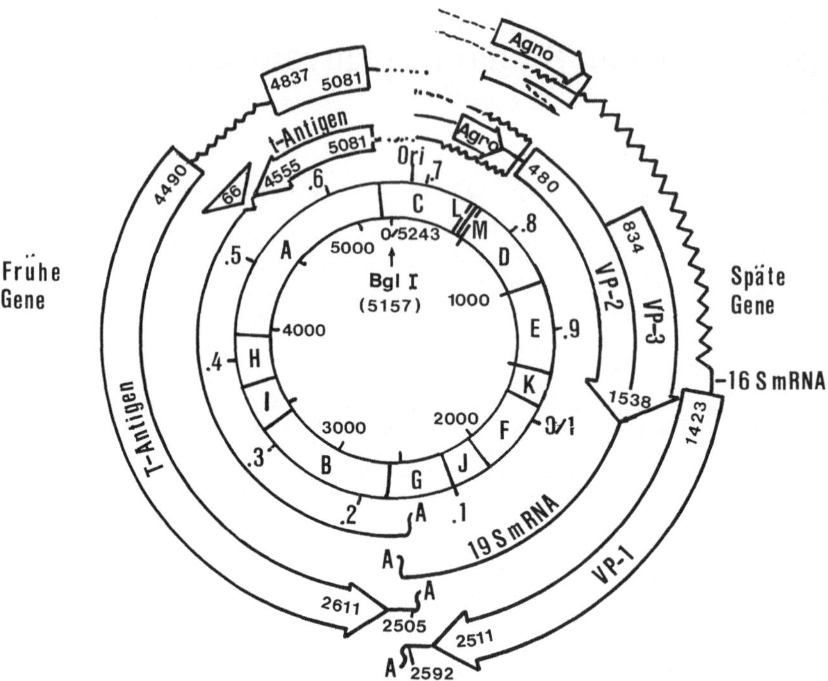

Abb. 1. Schematische Darstellung des SV40 Genoms. Wichtige Positionen
von Transkription, Processing und Translation sind entsprechend der Nukleotidzählweise von Reddy (1978) und von Piatak (1981) modifiziert angegeben. Das Genom ist als Kreis dargestellt, wobei der Replikationsursprung oben ist. Die Zahlen außerhalb des Kreises geben den Bruchteil
des Genoms in Bezug auf die einzige EcoRI Schnittstelle an. Die durch
die Buchstaben (A-M) gekennzeichneten Kreissegmente symbolisieren die
Hind II/III Restriktionskarte. Kodierende Bereiche sind durch offene
Pfeile gekennzeichnet, intervenierende Sequenzen durch gewellte Linien
ist das gesamte Genom in zwei Teile gegliedert. Die eine Hälfte wird
früh nach der Infektion transkribiert (frühe Gene). Der andere Teil des
Genoms (späte Gene) wird nach Beginn der viralen DNA Replikation in
großer Menge transkribiert

Für SV40 Infektionen können grundsätzlich zwei verschiedene Zelltypen
definiert werden. Permissive Zellen, in denen sich das Virus vermehrt
und nicht permissive Zellen, die keine Produktion von Nachkommenviren
erlauben. Im Falle der permissiven Affennierenzelle (CV-1) verläuft der
Infektionszyklus lytisch. Das absorbierte Virus dringt in die Zelle ein
(Penetration) und enthüllt sich im Nukleus (Uncoating). Innerhalb von
10 Stunden nach der Infektion beginnt die Synthese der 19 S mRNA, die
in die frühen Proteine groß T-Antigen (90-100 K) und klein t-Antigen
(17 K) translatiert wird. Dies führt zur Induktion zellulärer Enzyme,
die am Nukleinsäurestoffwechsel, der Stimulierung der zellulären DNA
Synthese und an der viralen Replikation beteiligt sind. Nach Beginn der
Replikation werden die späten Gene transkribiert. Zu diesem Zeitpunkt
werden die frühen viralen Gene durch ein eigenes Genprodukt, das T-
Antigen, autoreguliert, ein Beispiel für Repression bei eukaryontischen
Genen. Andererseits konnte kürzlich auch nachgewiesen werden, daß das
T-Antigen die späte Transkription stimuliert. Diese führt im lytischen
Zyklus zur Bildung viraler Kapsidproteine (VP1, 2 und 3). Die neugebil-

deten infektiösen Viren werden nach Lyse der Zellen freigesetzt. Erst
vor kurzem wurde ein kleines basisches Protein (25% Arginin und Lysin)
von SV40 nachgewiesen, das spät nach der Infektion gebildet wird. Es
bindet an einzel- und doppelsträngige DNA, aber die Funktion dieses daher auch als Agnoprotein bezeichnenden Produktes in vivo ist unbekannt
(Jay 1981).

Hamsterzellen sind in Bezug auf SV40 semipermissiv, Mäusezellen nicht
permissiv. In den Zellen beider Arten werden überwiegend die frühen SV40
Gene exprimiert. Replikation der viralen DNA und die Synthese der späten
Gene findet nur gelegentlich in Hamsterzellen, nicht aber in Mäusezellen
statt. Sehr wenige solcher Zellen werden transformiert, d.h. sie erwer-
ben Merkmale von Krebszellen. In transformierten Zellen ist SV40 DNA in
das zelluläre Genom integriert, wobei es keine spezifische Integrations-
stelle gibt. Die DNA kann durch homologe Rekombination in das zelluläre
Genom eingebaut werden, wozu fünf homologe Nukleotide ausreichen. Die
Integration kann zum Verlust einiger zellulärer DNA Sequenzen führen
(Stringer 1981).

Der regulatorische Bereich des SV40 Genoms

Zwischen beiden kodierenden Teilen des SV40 Genoms liegt ein 370 Bp
langer nicht kodierender Bereich (Abb. 2). Es umfaßt den Replikationsursprung, die Bindungsstellen für das T-Antigen, die Startstellen für
frühe und späte Transkripte und Promoter/Enhancer Sequenzen. Augenfäl-
lige Bestandteile von Promoter und Enhancer sind Sequenzrepetitionen
von 21 Bp bzw. 72 Bp Länge.

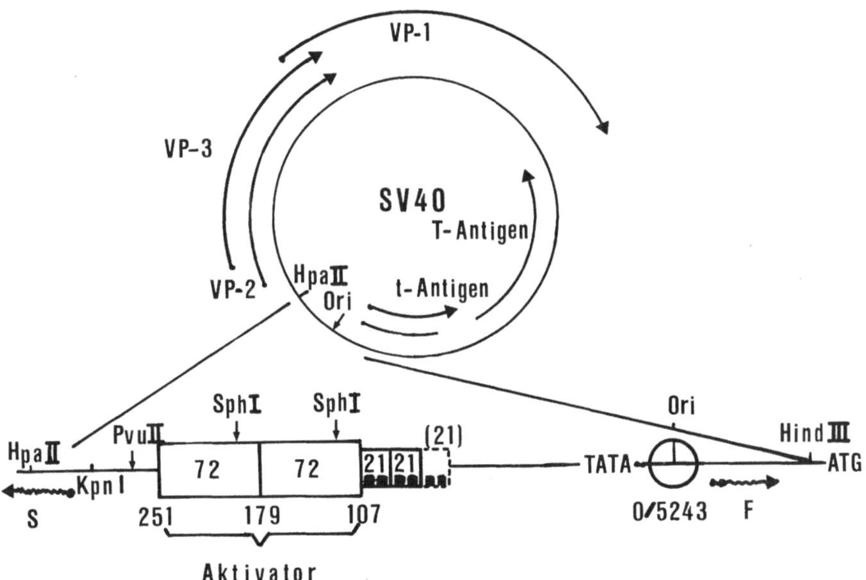

Abb. 2. Funktionelle Karte des SV40 Genoms. Der regulatorische Bereich
ist vergrößert dargestellt, eingezeichnet sind 72 Bp und 21 Bp Repetitionen, außerdem TATA Region der frühen Gene und Replikationsursprung.
Die schwarzen Quadrate in den 21 Bp Repetitionen stellen CCGCCC Sequenzen dar. Die Nukleotidzählweise ist die von Van Heuverswyn (1979)

Struktur und Synthese eukaryontischer Transkripte

Bevor wir auf die Funktionen der obengenannten regulatorischen Sequenzen
eingehen, die für die Genexpression von SV40 verantwortlich sind, wollen
wir kurz die wesentlichen Merkmale pro- und eukaryontischer Gene und
deren Transkription erörtern (Abb. 3). Prokaryontische Transkripte können direkt in Proteine translatiert werden, wohingegen eukaryontische
Transkripte erst zur reifen mRNA prozessiert werden müssen, bevor sie
translatiert werden können. Merkmale pro- und eukaryontischer Transkriptionseinheiten sind in Abb. 3 schematisch dargestellt. Die 5'-Enden eukaryontischer Transkripte sind durch ein Oligonukleotid (Kappe, cap) des
Typs $m^7G(5')pppN^m$ maskiert. Die frühen und späten Transkripte von SV40
haben relativ heterogene 5'-Enden, die den jeweiligen Startstellen der
Transkription entsprechen und nicht durch nachträgliche Prozessierung
entstehen. Unter Verwendung von $ß-^{32}P$ GTP konnte nämlich nachgewiesen
werden, daß die Kappen radioaktiv markiert sind (Contreas 1981). Dies
trifft auf alle bislang untersuchten 5'-Enden von eukaryontischen Transkripten zu. Bestimmt werden die 5'-Enden bei vielen Transkriptionseinheiten durch die TATA-Region, die sich 25-35 Bp vor dem Transkriptions-
start befindet. Fehlt dieser Bereich, so führt dies zu einer starken

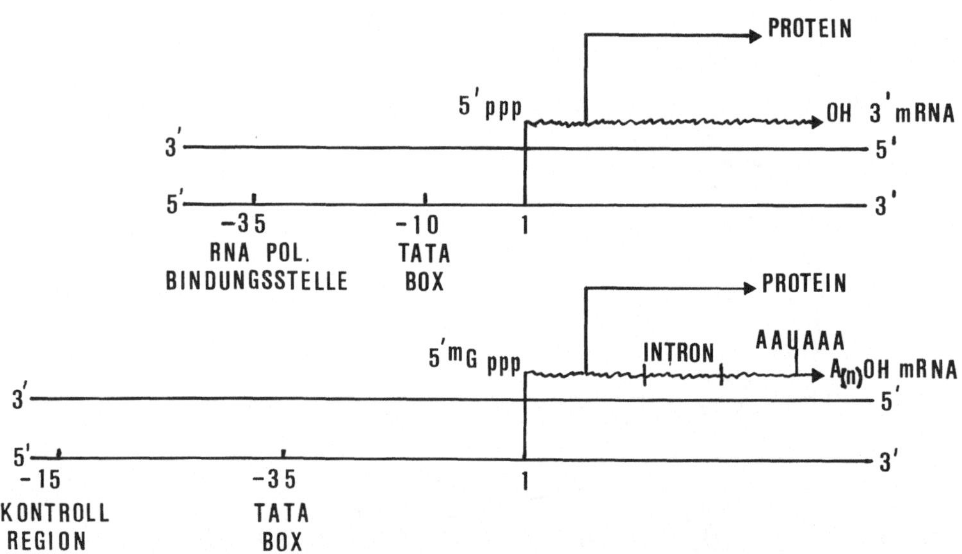

Abb. 3. Schematische Darstellung der wichtigsten Merkmale pro- (oben)
und eukaryontischer (unten) Transkriptionseinheiten

Heterogenität der 5'-Enden, wie es für die späten Transkripte von SV40
der Fall ist. Daß die frühen Transkripte von SV40 trotz vorhandener
TATA-Region eine gewisse Heterogenität aufweisen, mag an der Überlappung
unterschiedlicher regulatorischer Sequenzen in diesem Bereich liegen.
Diese Vermutung wird auch dadurch erhärtet, daß sich die 5'-Enden im
Verlaufe der Infektion verschieben. Sie liegen dann etwa 10 Bp vor der
TATA-Region.

Die meisten bislang untersuchten mRNAs unterliegen zur Bildung reifer Transkripte einem Splicing-Mechanismus. Doch gibt es auch hier Ausnahmen, etwa Histon-Transkripte, die keine intervenierenden Sequenzen aufweisen. Wie sich schon durch Sequenzvergleiche von Genen Hinweise auf wichtige Regionen ergaben, die später experimentell bestätigt wurden, etwa die TATA-Region, hat man auch versucht, durch Vergleich der Exon-Introngrenzen gewisse Gesetzmäßigkeiten abzuleiten. Eine Analyse von über 130 Verknüpfungsstellen (Mount 1982) hat für den Bereich am 5'-Ende des Introns (sog. Donor Splice Stelle) die Konsensussequenz

$$\overset{\quad C \qquad\;\; A}{AAG \mid GTGAGT}$$

ergeben, für den Bereich am 3'-Ende (Akzeptor Splice Stelle) die Konsensussequenz

$$\overset{\quad T \qquad\; C}{(C)_{6-12}\,N\underline{TAG} \mid G}$$

Der senkrechte Balken stellt die Exon-Introngrenze dar, unterstrichen sind die besonders konservierten Nukleotide.

Den genauen Mechanismus des Splicing versuchen eine Vielzahl von Gruppen zu entschlüsseln. Es gilt als sicher, daß kleine zelluläre Ribonukleoproteinpartikel (U1snRNP) und Enzyme an der Reaktion beteiligt sind. Ein Beleg für die Beteiligung der Ribonukleoproteinpartikel sind gegen sie gerichtete Antikörper. Hernandez (1983) und Yang (1981) konnten nachweisen, daß durch diese Antikörper die Splicingreaktion von bestimmten Transkripten eines Adenovirus gehemmt wird.

Kürzlich wurden potentielle Splicing-Intermediate in vitro dargestellt, die etwas mehr Einblick in den Mechanismus des Splicings gestatten. Die Intermediate konnten für die RNA eines Adenovirus 2 DNA Fragments (Grabowski 1984) und für die RNA eines ß-Globin Gens (Ruskin 1984) als sogenannte Lariat-Strukturen nachgewiesen werden. Der Name rührt von der Lasso-ähnlichen Struktur her, die durch eine 2'-5' Phosphodiesterbindung entsteht, wodurch eine Verzweigung an der 2'-Hydroxylgruppe eines Nukleotids, das bereits mit einem Nukleotid durch die normale 3'-5' Phosphodiesterbindung verknüpft ist, entsteht (Wallace 1983). Außerdem konnte gezeigt werden, daß am 5'-Ende des Introns ein U1 RNP bindet, das zur Spaltung an diesem Ende erforderlich ist (W. Keller, pers. Mitteilung). Folgender Ablauf wird postuliert:

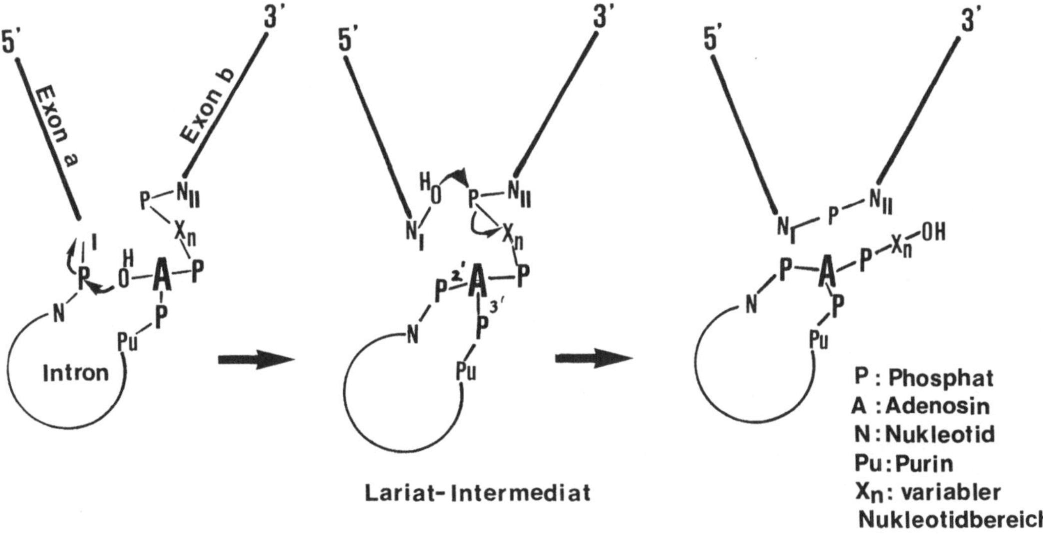

Lariat-Intermediat

Die Verzweigung erfolgt in beiden untersuchten Fällen über ein Adenosin,
das sich in folgender Sequenz 5' vor dem Polypyrimidinbereich am 3'-
Ende des Introns befindet: Py-N-Py-T-Pu-A-Py. Diese Sequenz ähnelt
einer konservierten Sequenz, die in Hefen gefunden wurde (Langford 1984)
und die wohl dieselbe Funktion hat. Sie lautet: TACTAAC, wobei das ge-
kennzeichnete A auch hier möglicherweise den Verzweigungspunkt des
Splicing-Intermediats darstellt. Diese Sequenz befindet sich etwa 30-35
Nukleotide 5' vor der Splice-Akzeptorstelle. Zu erwähnen ist noch, daß
auch rRNA und tRNA einen Splicing unterliegen, wobei jedoch zwei völlig
andere Mechanismen benutzt werden. Diese werden in einem Übersichtsartikel von Cech (1983) dargestellt.

Viele der bislang untersuchten eukaryontischen Transkripte haben vor
ihrem 3' poly A Terminus die Konsensussequenz AAUAAA. Es herrschte bislang Unklarheit darüber, ob diese Sequenz ein Signal für Polyadenylie-
rung oder für Spaltung der reifenden mRNS darstellt. Kürzlich wurde für
mRNS eines Adenovirus nachgewiesen (Montell 1983), daß das primäre
Transkript ungefähr 20 Nukleotide nach dieser Sequenz gespalten und
dann polyadenyliert wird. Demnach dient dieses Signal primär als Spal-
tungssignal. Eine tatsächliche Termination, wie sie für die Entstehung
der 3'-Enden prokaryontischer Transkripte verantwortlich ist, wurde bei
Eukaryonten noch nicht beschrieben. Alle bislang untersuchten Gene
zeigen durch ihr Transkriptionsmuster, daß sie über das 3'-Ende der
reifen mRNA hinaus transkribiert werden. Analogieschlüsse zu prokaryontischen Genen, die spezielle Terminationssignale, etwa bestimmte Faltungsstrukturen, nahegelegt hätten, konnten nicht belegt werden. Solche
Faltungsstrukturen (hairpins) sind beispielsweise bei den Histontrans-
kripten anzutreffen. Es wird angenommen, daß diese hairpins an einer
posttranskriptionellen Reaktion beteiligt sind. An dieser nachträglichen
Abspaltungsreaktion sind, wie bei der Splicingreaktion, bestimmte kleine
nukleäre Riboproteinpartikel beteiligt (Birchmeier 1984). Histongene besitzen außerdem keine Intronsequenzen, kein AAUAAA-Signal und werden
nicht oder wenig polyadenyliert.

Der frühe Promotor von SV40 besteht aus der TATA-Region und aus den 21-Bp Repetitionen

Einige Gruppen haben zum Verständnis des frühen SV40 Promotors beige-
tragen. Ein Experiment soll genügen, um den Sachverhalt zu veranschaulichen (Byrne 1983). Als Testgen wurde die Thymidinkinase (TK) des
Herpes Simplex Virus verwendet (siehe Beitrag von H. Hauser). Transfiziert man das virale Gen in eukaryontische Zellen, deren TK-Gen defekt
ist, läßt sich das Vorhandensein von TK-positiven Zellen durch ein selektives Medium (HAT-Medium) nachweisen. Dazu ist notwendig, daß das
virale TK-Gen in die chromosomale DNA integriert und normal exprimiert
wird. Da durch das selektive Medium nur TK-positive Zellen wachsen können, ist deren Zahl, bzw. die Zahl der durch sie entstehenden Foci, ein
gewisses Maß für die transkriptionelle Aktivität dieses Gens. Die Autoren entfernten die Kontrollregion des TK-Gens und ersetzten sie durch
verschieden lange Anteile des regulatorischen Bereichs von SV40. Nach
Transfektion dieser Hybridgene wurden die Foci gezählt und die sich daraus ergebende transkriptionelle Aktivität wie beschrieben bestimmt.
Die Ergebnisse sind in Abb. 4 zusammengefaßt.

Sobald die TATA-Region und zwei 21 Bp Repetitionen von SV40 vor das TK-
Gen gesetzt werden, erreicht die Expression ihre ursprüngliche Höhe.
Die Funktion der TATA-Region für die Transkription in SV40 wurde von
Chambon und seinen Mitarbeitern genaustens untersucht (Benoist 1981).

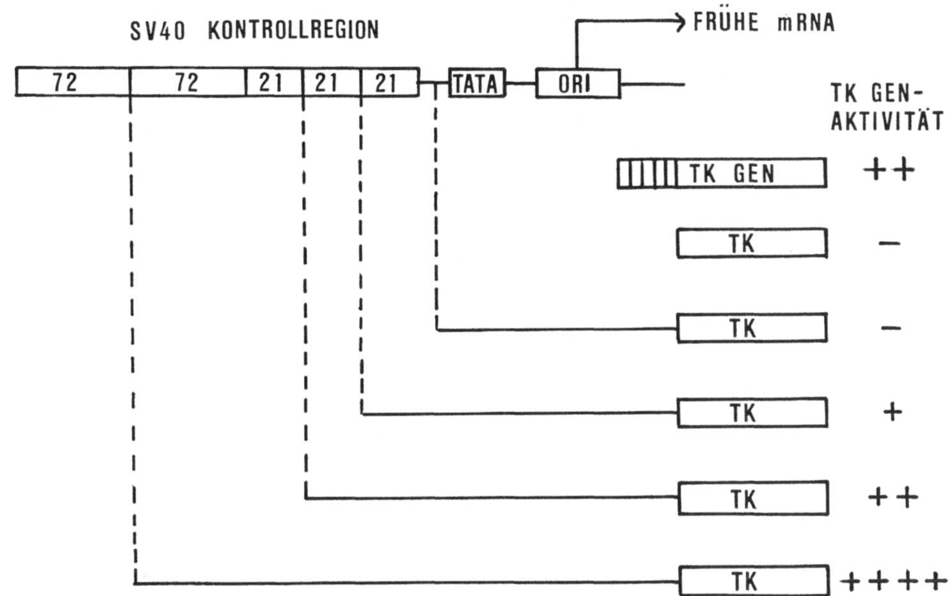

Abb. 4. Eingrenzung des frühen SV40 Promotors (Byrne 1983). Die Aktivität des Thymidinkinase Gens (ohne die eigene Kontrollregion; diese ist
im Ausgangsgen schraffiert dargestellt) wurde nach Verknüpfung mit verschieden langen Anteilen der SV40 Kontrollregion bestimmt. Um die ursprüngliche Aktivitität des TK-Gens zu erreichen, werden TATA-Bereich
und zunächst zwei 21-Bp Repetitionen benötigt

Wie bereits erwähnt, dient die TATA-Region der Positionierung der 5'-
Enden der Transkripte. Veränderten sie die TATA-Region, fand zwar ebenfalls Transkription statt, doch begann diese völlig heterogen und kaum
an den korrekten Initiationsstellen. Mit ihrer Arbeit bestätigten sie
(Byrne 1983) auch die Resultate anderer Gruppen, die gefunden hatten,
daß SV40 in seiner regulatorischen Region Sequenzen enthält, die die
Transkription seiner und fremder Gene stark erhöhen kann. Dieser Befund
wird noch im einzelnen erörtert werden.

Die 72-Bp Repetitionen können die Transkription von eigenen und fremden Promotoren stark erhöhen

Um die Bedeutung der 72-Bp Repetitionen für die SV40 Transkription zu
verstehen, wurden Mutanten konstruiert, denen entweder eine oder beide
Repetitionen fehlen. Dazu wurde die virale DNA entweder mit den Restriktionsenzymen Sph I oder Sph I und Kpn I geschnitten (s. Abb. 2). Trans-
fektionsversuche mit permissiven CV-1 Zellen ergaben, daß zumindest der
72-Bp Repetitionen für eine effiziente SV40 Transkription erforderlich
ist. Fehlen beide, so wird etwa 100mal weniger T-Antigen gebildet und
die Mutante ist nicht vermehrungsfähig (Gruss 1981; Benoist 1981). Die
Gruppe von Schaffner (Banerji 1981) konnte als erste die Notwendigkeit
von Sequenzen in der Nähe des Replikationsursprungs für die verstärkte

Transkription eines klonierten Kaninchen ß-Globin Gens nachweisen. Außerdem konnte sie zeigen, daß die Sequenzen zumindest ein 72-Bp Monomer beinhalten mußten. Wird dieses kleine Fragment, das nur aus Replikationsursprung, 21-Bp und 72-Bp Repetitionen besteht (s. Abb. 2) mit dem ß-Globin Gen verknüpft, erhöht sich die Transkription um das 200fache. Dabei ist gleichgültig, ob das Fragment 5' oder 3' in Bezug auf das ß-Globin Gen eingebaut wird, außerdem spielt die Orientierung des Fragments für die Transkriptionsstärke keine Rolle. Weitere Eingrenzungen ergaben, daß ein Monomer der 72-Bp Repetition genügt, um in cis eine starke Erhöhung der Transkription zu bewirken. Daß ein kleines Stück DNA von Ort und Orientierung unabhängig die Transkription auch von heterologen Promotoren sehr stark aktiviert, war etwas völlig Neues. Die einzige Einschränkung: die 72-Bp mußten sich auf derselben DNA (also in cis) wie das aktivierte Gen befinden. Auf Grund seiner Transkriptionssteigernden Aktivität wurden diesem Fragment Namen wie Enhancer, Potentiator oder Aktivator gegeben. Im Gegensatz dazu befinden sich Promotersequenzen für die durch RNA Polymerase II transkribierten Gene immer in relativ konstanter Entfernung vom 5'-Ende der kodierenden Sequenz. Verschiedene Aspekte von Enhancerfunktionen werden in einem kürzlich erschienenen Artikel näher dargestellt (Gruss 1984).

Enhancer ähnliche Sequenzen gibt es auch in anderen Viren und in eukaryontischen Genen

Nach Entdeckung des SV40 Enhancer Elements, bemüht man sich verstärkt, weitere Enhancer zu finden. Relativ schnell hatte man bei anderen Viren Erfolg, die Suche nach Enhancern im eukaryontischen Genom war etwas langwieriger. Inzwischen wurden Enhancer jedoch auch für einige eukaryontische Gene gefunden.

Bei den RNA Viren wurden bislang in den langen terminalen Repetitionen (LTR) von MSV (Maus Sarcom Virus), RSV (Rous Sarcom Virus) und HaSV (Harvey Sarcom Virus) Enhancer nachgewiesen. Außer SV40 besitzen folgende DNA Viren Enhancer: Polyoma, BK, Adeno, BPV (Rinder Papilloma Virus) und LPV (Lymphotropes Papova Virus). In Eukaryonten wurden bislang Enhancerelemente in den Genen für die schwere Kette und für die K-Kette der Immunoglobuline (Banerji 1983; Gillies 1983; Queen 1983) und in den Genen für Insulin und Chymotrypsin nachgewiesen (Walker 1983). Im Gegensatz zum SV40 Enhancer, der einen weiten Wirtsbereich besitzt, wirken diese eukaryontischen Sequenzen ausgesprochen gewebespezifisch. Weitere eukaryontische Enhancer werden sicherlich bald gefunden werden.

Enhancer Sequenzen zeigen Wirts- und Gewebespezifität

Deletiert man den Enhancer aus dem SV40 Genom, sind nach Infektion von CV-1 Zellen keine Viren nachweisbar. Ersetzt man jedoch den SV40 Enhancer durch eine 72, 73-Bp Repetition aus dem LTR des MSV, erhält man nach Infektion wieder lebensfähige Viren (Levinson 1982). Verglichen mit der Genaktivität im natürlichen Wirt (Maus Fibroblasten) des MSV, ist die Genaktivität dieser Rekombinante in CV-1 Zellen geringer. Weitere Analysen (Laimins 1982) ergaben, daß die SV40 72-Bp Repetition in Affennierenzellen zu einer deutlich höheren Genexpression führt, wohingegen die MSV-72, 73-Bp Repetition in verschiedenen Maus Zellinien der aktivere von beiden Enhancern ist. Aus diesen Ergebnissen wurde eine Wirtspräferenz von Enhancerelementen abgeleitet, die möglicherweise den

Wirtsbereich eines Virus mitbestimmt. Zusätzlich zur Wirtspräferenz
konnte auch Gewebsspezifität nachgewiesen werden. Beispielsweise zeigt
der Enhancer des Gens für die schwere Immunoglobulinkette (Banerji 1983;
Gillies 1983) seine Wirkung nur in B-Lymphozyten. Eine geringere Gewebespezifität zeigt der Enhancer des LPV der in T- und B-Lymphozyten aktiv
ist (L. Mosthaf, persönliche Mitteilung).

In vielen Enhancern gibt es einen gemeinsamen Sequenzkernbereich

Um festzustellen welche Nukleotide in Enhancer für ihre Funktion aus-
schlaggebend sind, wurde eine Reihe von Punktmutanten (Weiher 1983) über
den Bereich eines 72-Bp Monomers erzeugt. Einige dieser Mutanten verringern die Aktivität des Enhancers, andere zerstören die Aktivität fast
vollständig. Als besonders wichtig stellte sich eine Sequenz GGTGTGGAAAG
heraus, wobei die Mutation des unterschriebenen G zu starkem Aktivitäts-
verlust führt. Die Sequenz liegt nahe am 5'-Ende des 72 Bp Monomers. Ein
Vergleich mit anderen Enhancern zeigte, daß eben dieser Bereich besonders konserviert ist. Eine mögliche Konsensussequenz, die sich aus solchen Vergleichen ergibt, ist

$$\text{GNTGTGG}^{\text{AAA}}_{\text{TTT}}\text{G}$$

(s. Tabelle 1). Das heißt aber nicht, daß diese Sequenz allein genügt,
um die Enhancerwirkung zu vermitteln. Dazu sind noch zusätzlichen Sequenzen in deren Umgebung notwendig, wobei diese Hilfssequenzen möglicherweise für die Wirts- und/oder Gewebespezifität von Enhancern verantwortlich sind.

Tabelle 1. Homologien innerhalb von DNA Bereichen, die die Enhancer Aktivität vermitteln. Mögliche Konsensussequenz:

$$\text{GNTGTGG}^{\text{AAA}}_{\text{TTT}}\text{G}$$

SV40	AGTTAGGGTGTGGAAAGTCCCC
MSV	AGGATATCTGTGGTAAGCAGTT
Polyoma	AGAGGGCGTGTGGTTTTGCAAG
BK	CCTGAGGTCATGGTTTGGCTGC
BPV1	AGCGATGATGTGGACCCTGCTG
BPV2	CGGAGTGGTGTGTACCTTGGTG
LPV	GAGGAAGCTGTGGTTAGACTCG
Ad2	GCGCCGGATGTGGTAAAAGTGA
Ad12	GCGCCGGATGTGACGTTTTAGA
IgCμ1	CTTGTAGCTGTGGTTTGAATAA
IgCμ2	GCAGGTCATGTGGCAAGGCTAT
IgCK	TTGTTTTTCTTGGTAAGAACTC
IgCλ	AATCAAGAGCTGGAAAGAGAGG

<u>Zur Ausübung der Enhanceraktivität wird eine Interaktion mit zellulären Faktoren angenommen</u>

Wie bereits erwähnt, muß ein Enhancer in cis, d.h. auf demselben DNA Molekül wie das Gen und der Promoter vorhanden sein. Dies allein schon ließe eine durch den Enhancer vermittelte Wechselwirkung von zellulären Faktoren und der DNA vermuten. Diese Annahme wurde kürzlich durch ein Experiment bestätigt (Schöler und Gruss 1984), das auf folgender Annahme beruhte: Setzt man in der Zelle eine begrenzte Zahl von Faktoren voraus, deren Bindung der Enhancer vermittelt, dann sollte es möglich sein diese wegzufangen, indem man steigende Mengen von Enhancersequenzenenthaltenden Molekülen in die Zelle bringt. Diese Annahme stellte sich als richtig heraus. In dem Experiment benutzten die Autoren zwei Rekombinanten, pSV2CAT und pSV2NEO. Diese beiden Plasmide unterscheiden sich nur durch die Gene, die sie in der eukaryontischen Zelle exprimieren und deren Produkte leicht nachzuweisen sind, die Chloramphenicol Acetyltransferase (CAT) einerseits und die Neomycin Phosphotransferase (NEO) andererseits. Beide Plasmide sind so konstruiert, daß die Expression dieser prokaryontischen Gene durch die Enhancer/Promoter Region bestimmt wird. Transfektionen von CV-1 Zellen mit einer jeweils konstanten Menge von pSV2CAT und steigenden Mengen von pSV2NEO führte zu einer Abnahme der CAT-Aktivität im zellulären Extrakt. Gleichzeitig wies dieses Experiment auf eine reversible Interaktion zwischen Faktor(en) und DNA hin. Über den genauen Mechanismus oder die Wirkungsweise von Enhancern kann man auch hier nur spekulieren. Man diskutiert den Enhancer als Eintrittsstelle für zelluläre Faktoren oder Enzyme, die an der Transkription beteiligt sind. Dies könnte zutreffen, da der Bereich in dem sich der Enhancer befindet, in Minichromosomen oft frei von Histonen ist. Enhancer könnten aber auch die Struktur des Chromatins so verändern, daß es für transkriptionelle Faktoren leichter zugänglich ist. Man kann auch nicht ausschließen, daß Enhancer, entweder durch ihre Sequenz oder ihre Struktur, eine Affinität zur nukleären Matrix haben und die DNA sich an diese Stellen heftet. Ohne ein gut funktionierendes in vitro Testsystem für Enhancer, wird es jedoch kaum möglich sein, diese Modelle nachzuprüfen.

LITERATUR

Arber W (1983) A beginner's guide to lambda biology. In: Hendrix R, Roberts J, Stahl F, Weisberg R (Hrsg) Lambda II. Cold Spring Harbor, New York, pp 380-395

Banerji J, Rusconi S, Schaffner W (1981) Expression of a ß-globin gene is enhanced by remote SV40 DNA sequences. Cell 27:299-308

Banerji J, Olson L, Schaffner W (1983) A lymphocyte specific cellular enhancer is located downstream of the joining region in immunoglobulin heavy chain genes. Cell 33:729-740

Benoist C, Chambon P (1981) In vivo sequence requirements of the SV40 early promoter region. Nature 290:304-310

Birchmeier C, Schümperli D, Sconzo G, Birnstiel ML (1984) 3' editing of mRNAs: Sequence requirements and involvement of a 60-nucleotide RNA in maturation of histone mRNA precursors. Proc Natl Acad Sci USA 81: 1057-1061

Byrne BJ, Davis MS, Yamaguchi J, Bergsma DJ, Subramanian KN (1983) Definition of the Simian virus 40 early promoter region and demonstration of a host range bias in the enhancement effect of the simian virus 40 72 base pair repeat. Proc Natl Acad Sci USA 80:721-725

Cech TR (1983) RNA Splicing: Three Themes with Variations. Cell 34:713-716

Contreas R, Fiers W (1981) Initiation of transcription by RNA Polymerase II in permeable, SV40-infected or uninfected CV-1 cells; evidence for multiple promoters of SV40 late transcription. Nucl Acids Res 9:215-236

Ghosh PK, Reddy VB, Swinscoe J, Lebowitz P, Weissman SM (1978). Heterogenicity and 5'-terminal structures of the late RNAs of simian virus 40. J Mol Biol 126:813-846

Gillies SD, Morrison SL, Oi VT, Tonegawa S (1983) A tissue-specific transcription enhancer element is located in the major intron of a rearranged immunoglobulin heavy chain gene. Cell 33:717-728

Grabowski PJ, Padgett RA, Sharp PA (1984) mRNA splicing in vitro: an excised intervening sequence and a potential intermediate. Cell 37:415-427

Gruss P, Lai CJ, Dhar R, Khoury G (1979) Splicing as a requirement for biogenesis of functional 16S mRNA of simian virus 40. Proc Natl Acad Sci USA 76(9):4317-4321

Gruss P, Khoury G (1980) Rescue of a splicing defective mutant by insertion of a heterogeneous intron. Nature 286:634-637

Gruss P, Dhar R, Khoury G (1981) Simian virus 40 tandem repeated sequences as an element of the early promoter. Proc Natl Acad Sci USA 78:943-947

Gruss P (1984) Magic enhancers? DNA 3(1):1-5

Hernandez N, Keller W (1983) Splicing of in vitro synthesized messenger RNA precursors in Hela cell extracts. Cell 35:89-99

Jay G, Nomura S, Anderson CW, Khoury G (1981) Identification of the SV40 agnogene product: a DNA binding protein. Nature 291:346-349

Laimins L, Khoury G, Gorman C, Howard BH, Gruss P (1982) Host-specific activation of transcription by tandem repeats from simian virus 40 and Moloney murine sarcoma virus. Proc Natl Acad Sci USA 79:6453-6457

Langford CJ, Klinz F-J, Donath C, Gallwitz D (1984) Point mutations identify the conserved, intron-contained TACTAAC box as an essential splicing signal sequence in Yeast. Cell 36:645-653

Levinson B, Khoury G, Vande Woude G, Gruss P (1982) Activation of SV40 genome by 72-base pair tandem repeats of Moloney sarcoma virus. Nature 295:568-572

Montell C, Fisher EF, Caruthers MH, Berk AJ (1983) Inhibition of RNA cleavage but not polyadenylation by a point mutation in mRNA 3' consensus sequence AAUAAA. Nature 305:600-605

Mount SM (1982) A catalogue of splice junction sequences. Nucl Acids Res 10:459-472

Piatak M, Subramanian KN, Weissman SM (1981) Late messenger RNA production by viable simian virus 40 mutants with deletions in the leader region. J Mol Biol 153:589-618

Queen C, Baltimore D (1983) Immunoglobulin gene transcription is activated by downstream sequence elements. Cell 33:741-748

Reddy VB, Thimmappaya R, Dhar R, Subramanian KN, Zain BS, Pan J, Ghosh PK, Colma ML, Weissman SM (1978) The genome of simian virus 40. Science 200:494

Ruskin (1984) Cell, im Druck

Schöler H, Gruss P (1984) Specific interaction between enhancer-containing molecules and cellular components. Cell 36:403-411

Stringer J (1981) DNA sequence homology and chromosomal deletion of a site of SV40 DNA integration. Nature 296:363-366

Sweet BH, Hilleman HR (1960) The vacuolating virus, SV40. Proc Soc Exp Biol Med 105:420

Tooze J (1981) DNA tumor viruses, Part 2, 2nd edn. Cold Spring Harbor, New York

van Heuverswyn H, Fiers W (1979) Nucleotide sequence of the Hind III-C fragment of simian virus 40 DNA. Eur J Biochem 100:51-60

Walker MD, Edlund T, Boulet A, Rutter WJ (1983) Cell-specific expression controlled by the 5'-flanking region of insulin and chymotrypsin

Wallace JC, Edmonds M (1983) Polyadenylated nuclear RNA contains branches (heterogeneous nuclear RNA/mRNA/HeLa cell/RNA processing). Proc Natl Acad Sci USA 80:950-954
Weiher H, König M, Gruss P (1983) Multiple point mutations affecting the simian virus 40 enhancer. Science 219:626-631
Yang VW, Lerner MR, Steitz JA, Flint SJ (1981) A small nuclear ribonucleoprotein is required for splicing of adenoviral early RNA sequences. Proc Natl Acad Sci USA 78:1371-1375

Danken möchten wir R. Franklin und E. Vosshans, die dem Manuskript die schriftliche bzw. die zeichnerische Endfassung gaben.

Hormonal gesteuerte Transkription – Definition der regulatorischen Sequenzen im Genom des Maus-Mammatumorvirus

B. Groner

Ludwig Institut für Krebsforschung, Inselspital, CH-3010 Bern

Viele Fortschritte in der molekularen Genetik beruhen auf der geschickten Kombination von Methoden, die zulassen, dass:

1.) Mengen eines individuellen Gens zur Verfügung stehen (molekulare Klonierung), die eine Charakterisierung (Restriktions- und Sequenzenanalyse, Analyse der Initiations- und Terminationsstelle Exon- und Intronstruktur) möglich machen (cf. W. Lindenmaier).
2.) Gene verändert werden können (durch in vitro Rekombination und Mutagenese).
3.) Klonierte Gene in Zellen wiedereingeführt werden (Transfektion) und dann im zellulären Kontext auf ihre Funktion untersucht werden können (Analyse des Phänotyps) (cf. H. Hauser).

Die Vielseitigkeit und generelle Anwendbarkeit der Kombination dieser Methoden wird illustriert durch Erkenntnisse, die von der Entdeckung von Onkogenen, (Land et al., 1983, Cooper, 1982), über die Beschreibung von verhaltensregulierenden Genen (Scheller et al., 1983), bis zu Einsichten in den Hormonwirkungsmechanismus reichen (Hynes et al., 1981). Die Fragestellungen entscheiden dabei über die Vorgehensweise. So wurden zelluläre Onkogene z.B. dadurch entdeckt, dass gesamte genomische DNA von Tumorzellen in normale Mausfibroblastenzellen eingeführt und diejenigen transfizierte Zellen identifiziert wurde, die ein zelluläres Onkogen aufgenommen hatten (Shih et al., 1979).

Molekulare Klonierung der aufgenommenen DNA war deshalb möglich, weil menschliche DNA durch reiterierte Sequenzen auf dem Hintergrund der Maus DNA unterscheidbar ist (Deininger et al., 1981, Pulciani et al, 1982). Die experimentelle Sequenz: Einführung von genomischer DNA in Kulturzellen und Identifikation eines vermittelten Phänotyps in der Population der transfizierten Zellen, kann deshalb zur Klonierung von Genen führen, die für die Ausprägung eines bestimmten Phänotyps verantwortlich sind. Die dazu notwendige Transfektionsmethodik geht zurück auf Graham und van der Eb (1973) und wurde von Wigler et al. (1977, 1979 a, b), zur Verwendung von gesamter genomischer DNA weiterentwickelt. Klonierungsmethoden sind von Maniatis et al. (1982) standardisiert. Beispiele für Gene, die durch diese Strategie kloniert wurden, sind in Figur 1 ersichtlich.

Geht man jedoch von einem Gen aus, das einen bekannten Phänotyp vermittelt, und das bereits in klonierter Form vorliegt, können zusätzliche Fragen gestellt werden. Studiert man z.B. einen komplexen regulatorischen Vorgang wie die Transkriptionskontrolle durch Steroidhormone, muss man annehmen, dass eine grosse Anzahl zellulärer Komponenten wie die transkribierte DNA, die RNA Polymerase II, der Steroidhormon Rezeptorkomplex und eventuell noch andere bisher nicht definierte Proteine und Faktoren an diesen Prozess beteiligt sind (Baxter and Rousseau, 1979). Ist das biochemische Studium eines solchen Systems in vitro nicht oder noch nicht möglich, können doch wichtige

Molekular- und Zellbiologie
Hrsg. von Blin et al.
© Springer-Verlag Berlin Heidelberg 1985

Fragen bereits gestellt und beantwortet werden, die die funktionelle
Interaktion einer Anzahl von Genen betreffen, die an der Regulation
beteiligt sind. Man kann dazu folgendes experimentelles Protokoll
vorsehen: Klonierung des hormonregulierten Gens, Charakterisierung und
Manipulation in vitro, Wiedereinführung des Gens in Kulturzellen,
Analyse der regulatorischen Eigenschaften (Hynes et al, 1981 a). Diese
Vorgehensweise erlaubt alle Parameter, die die Hormonregulation bewirken, konstant zu halten und nur einen einzigen, die transkribierte
DNA, zu verändern. Die Aussagen, die aus dieser Strategie gewonnen
werden können, sind daher auch zunächst auf die primären Sequenz-
erfordernisse, die relative Organisation von regulatorischen und regulierten Sequenzen, beschränkt.

Eine Anzahl hormonregulierter Gene wurde auf diese Art untersucht
(Figur 1). Die umfangreichste Arbeit hat sich dabei des proviralen
Genoms des Mammatumor Virus der Maus (MMTV) bedient (Hynes und Groner,
1982). MMTV ist ein Retrovirus, das replikationskompetent ist und
Zellen in Kultur nicht transformiert. Wird jedoch Glukocorticoidhormon
zu infizierten Kulturzellen im Medium zugesetzt, so steigert sich die
Transkription von MMTV und die Virusproduktion der Zellen etwa um das
Zehnfache (Ringold, 1979).

Die Vermutung, dass das provirale Gen direkter Hormonkontrolle
unterworfen ist, d.h. dass eine responsive Hormonregulationssequenz
Teil der proviralen DNA ist, wurde durch die molekulare Klonierung und
Wiedereinführung in Kulturzellen bestätigt. Provirale DNA, die nicht
durch reverse Transkription und Integration zum Teil des Wirtsgenoms
wurde, sondern durch Transfektion klonierter DNA, ist in der Lage mit
allen notwendigen zellulären Komponenten in geeigneter Weise zu
interagieren, die zur Hormonsteuerung der Transkription notwendig sind
(Hynes et al., 1981 a, b; Buetti and Diggelmann, 1981). Der Phänotyp,
der von der proviralen DNA vermittelt wird, ist makroskopisch nicht
erkennbar. RNA blotting Experimente oder einzelstrangspezifische
Nuklease Protektionsexperimente erlauben den Aufschluss über die genspezifische Transkription und ihre Quantitierung (cf. Hofmann, Maier
und Trendelenburg). Der Phänotyp der regulatorischen Sequenz ist
definiert durch die Menge des spezifischen Transkripts (Hynes et al.,
1983).

MMTV provirale DNA umfasst etwa 10 kb. Die provirale DNA wird von zwei
"long terminal repeats" (LTR) flankiert und kodiert für die viralen
Strukturproteine (gag und env) sowie für die reverse Transkriptase, die
im Lebenszyklus des Virus eine zentrale Rolle spielt (Varmus, 1983).
Welches sind nun die für die Hormonregulation wichtigen Sequenzen? Ist
Virusproduktion notwendig, d.h. müssen alle viralen Proteine transkribiert und translatiert werden, oder kann die Hormonregulation los-
gelöst von viralen Strukturproteinen studiert werden?

In vitro Rekombination von Segmenten der proviralen DNA mit einem
heterogen Indikatorgen wurde genutzt, um diese Fragen zu beantworten
(Lee et al., 1981; Groner et al., 1982 b). Dabei diente eine Analogie
zu prokaryotischen Genen als erstes Modell. Regulatorische Sequenzen
wurden in der Umgebung der Initiationsstelle der Transkription
vermutet. Diese Annahme wurde dadurch bestärkt, dass die Struktur des
LTR 5' von der RNA Initiationsstelle noch etwa 1200 Nukleotide
aufweist, die als potentielle regulatorische Sequenzen in Betracht
kommen (Kennedy et al., 1981). Chimärengene, die am 5' Ende die LTR
Sequenz von MMTV beinhalten und mit verschiedenen Indikatorgenen am 5'
Ende versehen sind, wurden durch Transfektion in Kulturzellen
eingeführt. RNA blotting und S1 Nuklease Protektionsexperimente
zeigten, dass die Hormoninduzierbarkeit der Indikatorgene durch

Rekombination mit dem MMTV LTR hergestellt werden kann, d.h. dass die
regulatorische Sequenz in MMTV LTR lokalisiert sein muss. Genaue
Quantitierung von initiierten Transkripten, die von der Startstelle im
LTR ausgehen und von Transkripten, die vom authentischen Promoter des
Indikatorgens ausgehen (z.B. Thymidinkinase-Gen) zeigte, dass die
Hormoninduzierbarkeit nicht auf den LTR Start beschränkt ist, sondern
dass die Nachbarschaft der LTR Sequenz die Induzierbarkeit auch auf ge-
wöhnlicherweise insensitive Promotoren überträgt (Hynes et al., 1983).
Diese Beobachtung geht über die reine Analyse der Sequenzerfordenissen
hinaus und legt Schlüsse über die Wirkungsweise nahe.

Die ungewöhnliche Länge der U3 Region des MMTV LTR und die Entdeckung
eines Leserasters in der U3 Region, das für ein 36kd Protein kodieren
könnte, waren der Anlass zu weiteren Sequenzeingrenzungen (Kennedy et
al., 1982). In vitro hergestellte Deletionsmutanten der chimären LTR-tk
Gene dienten dabei zur genauen Definition der minimalen Sequenz-
erfordernisse für Hormonregulation. Eine Serie von Mutanten wurde
hergestellt, die von 5' Ende her deletiert war. In ihr wurden
schrittweise Sequenzen aus der U3 Region entfernt. DNase I und BAL 31
sind Enzyme, die sich zur Erstellung solcher Deletionsserien eignen
(Groner et al., 1982 a; Hynes et al., 1983; Buetti und Diggelmann,
1983; Majors and Varmus, 1983). Auch aus der 3' Richtung sind
Deletionsmutanten möglich. Da die Hormonwirkung nicht auf den LTR Start
beschränkt ist, sondern auch an heterologen Promotoren funktioniert,
konnte die Frage gestellt werden, ob die Initiationsstelle im LTR Teil
der Regulationssequenz ist (Hynes et al., 1983). 3' Deletionen entfernen schrittweise Sequenzen um die LTR Startstelle (Groner et al.,
1984). Alle Deletionsmutanten werden auf die gleiche Weise getestet.
Sie werden in Kulturzellen eingeführt und die Initiation von Transkripten wird durch S1 mapping Experimente quantitiert. Die Verbindung
der 5' und 3' Deletionsserien lässt als minimales Erfordernis einer
regulatorischen Sequenz die Einengung auf die Nukleotide -52 bis -202
(relativ zur LTR RNA Initiationsstelle) zu (Groner et al., 1984). Die
Kombination von in vitro Rekombination und Deletion mit der Transfektion von DNA und sensitiven methoden zur Quantitierung individueller
Transkripte erlaubt daher die funktionelle Definition sehr kleiner
regulatorischer DNA Sequenzen.

Die Information, die die biologischen Experimente erbracht haben,
können weiter ausgenutzt werden, um bestimmte Voraussagen zu
überprüfen, die dem Modell des Wirkungsmechanismus von Steroidhormonen
zugrunde liegen. So wurde beispielsweise gezeigt, dass die gleiche
Sequenz (-52 bis -202), die den Induktionseffekt in transfizierten
Zellen vermittelt, Glukokorticoidrezeptormoleküle mit Preferenz bindet
(Scheiderreit et al., 1983; Pfahl et al., 1983). DNA Zellulose
Kompetitionsexperimente und DNA "footprinting" Experimente wurden
ausgeführt um die genauen Bindungsstellen aufzuzeigen. DNA
"footprinting" zeigt die Interaktion zwischen DNA und bindenden
Proteinen auf. DNA Sequenzen, die durch Proteine vor DNase Verdauung
geschützt werden, können nach Gel Elektrophorese und Autoradiografie
identifiziert werden. Weiterhin wurde die Initiationshäufigkeit der RNA
Synthese als der regulierte Parameter erkannt, der zu einer
Akkumulation von spezifischer MMTV RNA nach Hormonstimulation führt
(Groner et al., 1983 a). Die Schlüsse, die aus in vivo Daten, basierend
auf in vitro Mutagenese und Transfektion und in vitro Daten, basierend
auf der DNA Protein Interaktion von MMTV DNA und Steroidrezeptor-
molekülen, gezogen werden können sind folgendermassen zusammenzufassen:
spezifische DNA Sequenzen, die dem regulierten Transkript etwa 200
Nukleotide vorgelagert sind, interagieren mit den Glukocorticoid-
rezeptor Komplex wenige Minuten nach Hormongabe. Diese Interaktion
erlaubt eine höhere Initiationsrate der RNA Transkription und führt so

Figur 1   <u>Molekulare Genklonierung und DNA vermittelter Gentransfer</u>

<u>Voraussetzung</u>	<u>Vorgehen</u>	<u>Ziel</u>	<u>Beispiele</u>
1. Genomische DNA	Transfektion und phänotypische Selektion individueller Transfektanten	Klonierung des den selektierbaren Phänotyp vermittelnden Gens	Onkogene (Shih and Weinberg,1982, Cooper,1982) HPRT (Jolly et al.,1982) APRT (Lowy et al.,1980) Thymidinkinase (Perucho et al.,1980, Bradshaw,1983) Transferrinrezeptor (L.Kühn,pers.communicat.)
2. Kloniertes Gen	In vitro Rekombination und Manipulation, Transfektion, zusammen mit einem selektierbaren Markergen, Quantitierung von Transkripten	Definition regulatorischer DNA Sequenzen	MMTV (Groner et al.,1983 b) Thymidinkinase (McKnight and Kingsburg, 1982) Ovalbumin (Lai et al.,1983) Lysozym (Renkawitz et al.,1982) Globin (Dierks et al.,1981, Chao et al.,1983) Heat shock (Pelham,1982) Metallothionein (Karin et al.,1984) Growth hormone (Robins et al.,1982) Enhancersequenzen (Banerji et al.,1981, Levinson et al,1982)

zur mRNA Akkumulation. Diese Schlüsse sind möglich, ohne alle daran beteiligten Komponenten identifiziert zu haben. Die nächsten Schritte erfordern nun einen Uebergang von der genetischen zur biochemischen Beschreibung, d.h. die Identifikation der Komponenten und ihrer Interaktionen in vitro. Dazu ist die Entwicklung sehr sensitiver in vitro Transkriptionssystem notwendig, die eine Modulation der Transkriptionseffizient durch gereinigte Faktoren zulassen (Sassone-Corsi et al., 1984; Parker and Topol, 1984).

Figur 1 fasst die Möglichkeiten zusammen, die sich aus der Verbindung von molekularer Klonierung und DNA vermitteltem Gentransfer ergeben. Ausgehend von genomischer DNA, kann bei genügend hoher Transfektionseffizienz (siehe dazu Ball und Groner, 1984, in diesem Buch) die gesamte zelluläre DNA auf individuelle Transfektanten verteilt werden. Solche Zellen, auf die ein selektierbarer Phänotyp vermittelt wurde, können dann aus der Population der Transfektanten isoliert werden. Das den Phänotyp vermittelnden, exogen eingeführte Gen, kann aus der DNA der transfizierten Zelle molekular kloniert werden. Die zweite Strategie, die bereits von klonierter DNA ausgeht, dient zur Untersuchung der biologischen Aktivität der regulatorischen Sequenzen dieses Gens. Diese Aktivität muss nicht unbedingt einen makroskopisch erkennbaren Phänotyp vermitteln, da die Einführung des Gens in transfizierte Zellen zusammen mit einem selektierbaren Markergen (Southern and Berg, 1982,) stattfinden kann. Der vermittelte Phänotyp kann sich daher auf die Menge eines Transkripts beschränken, das mit sehr sensitiven Methoden quantitiert werden kann. Cis agierende, regulatorische Sequenzen der Genexpression wurden durch diese Strategie der Untersuchung zugänglich.

LITERATUR

Banerji, J., Rusconi, S., and Schaffner, W. (1981) Expression of a globin Gene is enhanced by remote SV40 DNA sequences. Cell, 27, 299-308.

Baxter, J.D., and Rousseau, G.G. (1979) Glucocorticoid hormone action. Monographs on Endocrinology, Vol. 12, Springer Verlag, Berlin, Heidelberg, New York.

Bradshaw, H.D. (1983) Molecular cloning and cell cycle specific regulation of a functional human thymidin kinase gene. Proc. Natl. Acad. Sci. USA, 80, 5588-5591.

Buetti, E., and Diggelmann, H. (1981) Cloned mouse mammary tumor virus DNA is biologically active in transfected mouse cells and its expression is stimulated by glucocorticoid hormones. Cell 23, 335-345.

Buetti, E., and Diggelmann, H. (1983) Glucocorticoid regulation of mouse mammary tumor virus: identification of a short essential DNA region. The EMBO Journal 2, 1423-2429.

Chao, M.V., Mellon, P., Charnay, P., Maniatis, T., and Axel R. (1983) The regulated expression of globin genes introduced into mouse erythroleukemia cells. Cell 32, 483-493.

Cooper, G.M. (1982) Cellular transforming genes. Science 218, 801-806.

Deininger, P.L., Jolly, D.J., Rubin, C.M., Friedmann, T., and Schmid C.W. (1981) Base sequence studies of 300 nucleotide renatured repeated human DNA clones. J. Mol. Biol. 151, 17-33.

Dierks, P., van Ooyen, A., Mantei, N., and Weissmann, C. (1981) DNA sequences preceding the rabbit globin gene are required for formation in mouse L cells of globin RNA with the correct S' terminus. Proc. Natl. Acad. Sci. USA 78, 1411-1415.

Groner, B., Herrlich, P., Kennedy, N., Ponta, H., and Rahmsdorf, K. (1982 a) Delimitation of DNA sequence which confers inducibility by glucocorticoid hormones. J. Cellular Biochem. 20, 349-357.

194

Groner, B., Kennedy, N., Rahmsdorf K., Herrlich, P., van Ooyen, A., and
Hynes, N.E. (1982 b) Introduction of a proviral mouse mammary tumor
virus gene and a chimeric MMTV-thymidine kinase gene into L cells
results in their glucocorticoid responsive expression. In: Hormons
and Cell Regulation Vol. 6, p. 217-228, Dumont, J.E., Nunez, J., and
Schultz, G., eds. Elsevier Biomedical Press.

Groner, B., Hynes, N.E., Rahmsdorf, K., and Ponta, H. (1983 a)
Transcription initiation of transfected mouse mammary tumor virus LTR
DNA is regulated by glucocorticoid hormones. Nucleic Acids Res. 11,
4713-4725.

Groner, B., Ponta, H., Beato, M., and Hynes, N.E. (1983 b) The
proviral DNA of mouse mammary tumor virus: its use in the study of
the molecular details of steroid hormone action. Mol. Cell. Endocr.
32, 101-116.

Groner, B., Kennedy, N., Skroch, P., Hynes, N.E., and Ponta, H. (1984)
DNA Sequences involved in the regulation of gene expression by
glucocorticoid hormones. Biochem. Biophys. Acta 781, 1-6.

Graham, F.L., and van der Eb, A.J. (1973) A new technique for the
assay of infectivity of human adenovirus 5 DNA. Virology 52,
456-467.

Huang, A.L., Ostrowski, M.C., Berard, D., Hager, G.L. (1981)
Glucocorticoid regulation of the HaMuSV p21 gene conferred by
sequences from mouse mammary tumor virus. Cell 27: 245.

Hynes, N.E., Kennedy, N., Rahmsdorf, K., and Groner, B. (1981 a)
Hormone responsive expression of an endogenous proviral gene of mouse
mammary tumor virus after molecular cloning and gene transfer into
cultured cells. Proc. Natl. Acad. Sci. USA 78, 2038-2042.

Hynes, N.E., Rahmsdorf, K., Kennedy, N., Fabiani, L., Michelides, R.,
Nusse, R., and Groner, B. (1981 b) Structure, stability,
methylation expression and glucocorticoid induction of endogenous and
transfected proviral genes of mouse mammary tumor virus in mouse
fibroblasts. Gene 16, 307-317.

Hynes, N.E., and Groner, B. (1982) Mammary tumor formation and
hormonal control of mouse mammary tumor virus expression. In:
Current Topic in Microbiology and Immunology 101, Tumor Viruses,
Neoplastic transformation and Differentiation (Graf, T., and Jänisch,
R., eds), p. 119-141. Springer Verlag, Berlin, Heidelberg, New York.

Hynes, N.E., van Ooyen, A., Kennedy, N., Herrlich, P., Ponta, H., and
Groner, B. (1983) Subfragments of the large terminal repeat cause
glucocorticoid responsive expression of mouse mammary tumor virus and
of an adjacent gene. Proc. Natl. Acad. Sci. USA 80, 3637-3641.

Jolly, D.J., Esty, A.C., Bernard, H.U., and Friedman, T. (1982)
Isolation of a genomic clone partially encoding human hypoxanthine
phosphoribosyltransferase. Proc. Natl. Acad. Sci. USA 79, 5038-5041.

Karin, M., Haslinger, A., Holtgreve, H., Richards, R.T., Kranter, P.,
Westphal, H.M., and Beato, M. (1984) Characterisation of DNA
sequences through with cadmium and glucocorticoid hormones induce
human metallothionein - II$_A$ gene. Nature 308, 513-519.

Kennedy, N., Knedlitschek, G., Groner, B., Hynes, N.E., Herrlich, P.,
Michelides, R., van Oogen, A., (1982) The long terminal repeats of
an endogenous mouse mammary tumor virus are identical and contain a
long open reaching frame extending into adjacent sequences. Nature
295, 622-624.

Lai, E.C., Riser, M.E., and O'Malley, B., (1983) Regulated expression
of the chicken ovalbumin gene in a human estrogen-responsive cell
line. J. Biol. Chem. 258, 12693-12701.

Land, H., Parada, L.F., and Weinberg, R.A. (1983) Cellular Oncogenes
and multistep carcinogenesis. Science 222, 771-778.

Lee, F., Mulligan, R., Berg, P., Ringold, G. (1981) Glucocorticoids
regulate expression of dihydrofolate reductase cDNA in mouse mammary
tumor virus chimeric plasmids. Nature 294: 228.

Levinson, B., Khoury, van de Woude, G., and Gruss, P. (1982)
Activation of SV40 genome by 72-base pair tandem repeats of Moloney
sarcoma virus. Nature 295, 568-572.

Lowy, T., Pellicer, A., Jackson, J.F., Sim, G.K., Silverstein, S., and
Axel R. (1980) Isolation of transforming DNA: Cloning of the
hamster aprt gene. Cell 22, 817-823.

Majors, J., and Varmus, H.E. (1983) A small region of the mouse
mammary tumor virus long terminal repeat confers glucocorticoid
hormone regulation on a linked heterlogons gene. Proc. Natl. Acad.
Sci. USA 80, 5866-5870.

Maniatis, T., Fritsch, E.F., and Sambrook, J. (1982) Molecular
cloning. A laboratory manual. Cold Spring Harbor Laboratory, New
York.

McKnight S.L., and Kingsburg, R. (1982) Transcriptional control
signals of an eukaryotic protein coding gene. Science 217, 316-325.

Parker, C.S., and Topol, J. (1984) Studies ont the molecular
mechanism of heat shock gene activation in Drosophila. DNA 3, 71.

Pelham, H.R.B. (1982) A regulatory upstream promoter element in the
Drosophila Hsp 70 heat shock gene. Cell 30, 517-528.

Perucho, M., Hanahan, D., Lipsick, L., and Wigler, M. (1980)
Isolation of the chicken thyamidine kinase gene by plasmid rescue.
Nature 285, 207-210.

Pfahl, M., McGinnis, D., Hendricks, M., Groner, B., and Hynes, N.E.
(1983) Correlation of glucocorticoid receptor binding sites on MMTV
proviral DNA with hormone inducible transcription. Science 222,
1341-1343.

Pulciani, S., Santos, E., Lauver, A.V., Long, L.K., Robbins, K.C., and
Barbacid, M. (1982) Oncogenes in human tumor cell lines: Molecular
cloning of a transforming gene from human bladder carcinoma cells.
Proc. Natl. Acad. Sci. USA 79, 2845-2849.

Renkawitz, R., Berg, H., Graf, T., Matthias, P., Grez, M., and Schütz,
G. (1982) Expression of a chicken lysozyme recombinant gene is
regulated by progesterone and dexamethasone after microinjection
into oviduct cells. Cell 31, 167-176.

Ringold, G.M. (1979) Glucocorticoid regulation of mouse mammary tumor
virus gene expression. Biochem. Biophys. Acta 560, 487-507.

Robins, D.M., Pack, I., Seeburg, P.H., and Axel, R. (1982) Regulated
expression of human growth hormone genes in mouse cells. Cell 29,
623-631.

Sassone-Corsi, P., Dougherty, J.P., Wasylyk, B., and Chambon, P.
(1984) Stimulation of in vitro transcription from heterologons
promoters by the simian virus 40 enhancer. Proc. Natl. Acad. Sci.
USA 81, 308-312.

Scheiderreit, C., Geisse, S., Westphal, H.M., and Beato, M. (1983)
The glucocorticoid receptor binds to defined nucleotide sequences
near the promoter of mouse mammary tumor virus. Nature 304, 749-752.

Scheller, R.H., Jackson, J.F., McAllister, L.B., Rothman, B.S., Mayeri,
E., and Axel, R. (1983) A single gene encodes multiple
neuropeptides mediating a stereotyped behavior. Cell 32, 7-22.

Shih, C., Shilo, B.Z., Goldfarb, M.P., Dannenberg, A., and Weinberg,
R.A. (1979) Passage of phenotypes of chemically transformed cells
via transfection of DNA and chromatin. Proc. Natl. Acad. Sci. USA
76, 5714-5718.

Shih, C., and Weinberg, R.A. (1982) Isolation of a transforming
sequence from a human bladder carcinoma cell line. Cell 29, 161-169.

Southern, P.J., and Berg, P. (1982) Transformation of mammalian cells
to antibiotic resistance with a bacterial gene under control of the
SV40 early region promoter. J. Mol. Appl. Genetics 1, 327-341.

Varmus, H.F. (1983) Retroviruses, In: Mobile Genetic Elements,
Shapiro J., ed., p.411-503, Academic Press, New York, London.

Wigler, M., Silverstein, S., Lee, L.S., Pellicer, A., Cheng, Y.C., and Axel, R. (1977) Transfer of purified herpes virus thymidine kinase gene to cultured mouse cells. Cell 11, 223-232.
Wigler, M., Sweet, R., Sim, G.K., Wold, B., Pellicer, A., Lacy, E., Maniatis, T., Silverstein, S., and Axel, R. (1979 a) Transformation of mammalian cells with genes from prokaryotes and eukaryotes. Cell 16, 777-785.
Wigler, M., Pellicer, A., Silverstein, S., Axel, R., Urlaub, G., and Chasin, L. (1979 b) DNA mediated transfer of the adenine phosphoribosyltransferase locus into mammalian cells. Proc. Natl. Acad. Sci. USA 76, 1373-1376.

Sachverzeichnis

Acetyl-LDL 13,14,15,19
- Receptor 14-17,19,21
Aktin 1,4,5,6,7,10
Alignment-Algorithmen 60,61
Amplifikation 130,167,169,170
Antikörper 1,4,5,6,7,9,10,18,89
-, Reinigung der 28
-, -, über DEAE-Zellulose 28
-, -, über Immunaffinitätschromatographie 29
Antikörperklassen, Bestimmung der 29
Anti-Z-DNA Antikörper 103-107

Bakteriophage λ 65,66,69,71,77,78,85
β-D-Octylglucosid 15-17
Botstein-Konzept 137,139
Burkitt-Lymphom 133
Butyrophilin 27,28,30,33

cDNA 66,68,75,78
Chromatinstruktur der Primärtranskipte von proteincodierenden Genen 149-151
- - von rDNA-Genen 148,149,151
chromosomale Aberrationen 127,128,129,137
Chromosomen
-, Bruchpunktanalysen 132,134,135,137
-, Evolution 136
-, hochauflösende Bänderung 132
-, Sortierung 121,124,125,128,139,140,141
Chromosomenanalyse 123

Chromosomenbande 110,114,115,116,120
Chromosomenisolierung 114
Chromosomenpräparation 111,114
Codon-Benutzung 59,177
Cosmid-Shuttle 76,77,170
Cosmidvektoren 65,66,71,72,77,84

Datenbanken 52,53
Deletionsmutante 191
Dideoxysequenzierung 43,44,45
DNA Interkalator 99,100
- Konformation 96
- Struktur 93
- Supercoiling 93,96,106
DNA-Aufnahme im elektrischen Feld 161
DNA-Bibliothek (*siehe auch* Genbank)
- chromosomenspezifisch 128,129,132,135-137,139
DNA-Injektion in Xenopus-Oocyten 144
DNA-Integration 168
Dot-Matrix 62
Durchflußcytometrie 123,124,125,128
Durchflußkaryogramm 124,126,127,128,129

Empfängerzellen 160
Endmarkierung 36-40
Enhancer 56,179,184,185,186
Erbkrankheiten 137,138
Erythrocyte-Ghosts 161
Eukaryont 177,180
Exonuklease-Technik 46,47

198

Expressionsvektoren 68

Fluoreszenzaktivierte Zellsortierung
  86,87,88,89
Fluorochrome 4,5,124

Genbank (*siehe auch* DNA-Bibliothek)
  65,121,128,129,139
Genexpression 159,167
Genidentifizierung 65,75
Genisolierung 65,75,76,77
Genklonierung 86,87
Gen-Manipulation höherer Zellen 171
Genomische Sequenzierung 41
Genregulation 177
Gentherapie 171
Gentransfer 86,87,159,169,170,192

Hairpins 59
helikale Ganghöhe 96
Homologiesuche 54
Hormonregulation 189,190
Hybridzellen 133,140
Hydrophobizität 62

Immunaffinitätschromatographie 29,32
Immunblot 29,30,31
Immunfluoreszenz 1,5,6,30
Immunglobulingene 133,134
Immunpräzipitation 32
in situ-Hybridisierung 129,133,134,
  138
in vitro Rekombination (*siehe* Rekombi-
  nation, in vitro)
Intermediärfilamente 1,10
isoelektrische Fokussierung von
  Proteinen 24

Kartierung 56
Kettenabbruchsynthese 43,45,48
Klonierungssystem 65
Koppelungsanalysen 138

Kotransfektion 86-88,91
Kotransfer 164

LDL (= low density protein) 13
LDL-Receptor 13-15
Ligandenblotting 17-19,21
Liposomen 160

Marker-Chromosomen 128,129
Maus Mammatumorvirus (MMTV) 189,190
Maxam und Gilbert-Technik 36-38,48
Mikrodissektionsinstrumente 111,112,
  113
Mikrofilamente 1,5,6,7,8,9
Mikroinjektion 1,2,3,7,10,149,162
Mikrokapillare 2,3,4
Mikroklone 118,120
Mikroklonierungsvorgang 116,118
Mikromanipulator 111,112,114,147
Mikropipette 112,113,149
Mikroschmiede 112,113,114
Mikrotubuli 1,5,9
Milchfettglobulus, Isolation von 22
Milchfettmembranen, Fraktionierung
  von 24,25
-, Isolation von 23
M13-Klonierung 43-45
M13-Vektoren 65,66,69,78,83

Nicht-Gleichgewichtsfokussierung von
  Proteinen 24

Ölkammer 111,112,116
Onkogene 86,129,134,166,189,192

Papillomvirusvektoren 163,165
Pekalosom 163
Phagenselektion 119
Plasmid Vektor 65,67,69,78,82
Plasmide 93,96,99,100-105
Polyacrylamidgelelektrophorese von
  DNA, denaturierend 153,154,155,156

Polyacrylamidgelelektrophorese von Proteinen 24,27,29,31,32

Polymorphismen 127,137

Polyvinylsulfat 13,17,19

Prokaryont 177

Promotor 56,167,179

Proteine, Reinigung von 26,27

-, Reinigung durch Adsorptionschromatographie mit Hydroxyapatit 26,27

-, Reinigung durch Ammonsulfatpräzipitation 26,27

-, Reinigung durch Elution aus Polyacrylamidgelen 27,28

-, Reinigung durch Gelfiltration 26

Protoplastenfusion 161

pUR 250 41,42

Quervernetzung 106

rDNA 130,146,149,150,151

regulatorische DNA Sequenzen 191

Rekombination, in vitro 189

Rekombination, in vivo 74

Rekonstituierte Viren 161

Restriktionsarten 57,58

Restriktionsfragmente 38,40,42,110, 117,138

Reverse Genetics 171

RNA/DNA-Hybridisierung gegen Doppelstrang-DNA 155

- gegen Einzelstrang-DNA 154,155

RNA-Isolierung aus Xenopus-Oocyten 152

Sanger-Technik 36,43,46

Selektionsmarker 165,166

Sequenzgel-Elektrophorese 48

Sequenzvergleiche 55

"shot gun"-Sequenzierung 44,46

Splicing 56,181,182

stabile Expression 168

Superhelikale Dichte 97,98,100,102

- Windungszahl 93,97,99,101,104

SV 40 177,178,179,185

T-Antigen 178,179,183

Thymidinkinase 86,87,166,169,182,183, 192

Topoisomerase I 98,99

Transfektion 160,189

Transformation 67,86

Transgenische Mäuse 171

Transgenom 163,164

Transiente Expression 163,169

Transkriptcharakterisierung, elektronenmikroskopisch 144,146,148,150

- mit S1-Nuklease-Abbau 151,152,157

Transkription 180,182,183

- durch RNA-Polymerase I (A) 146

- durch RNA-Polymerase II (B) 146

Triton X-114 15,17

Tumorcytogenetik 132

Vakuumdialyse 26, 27, 28

Vehikel-Transfer 161

Verpackung, in vitro 70,77

Verpackungsextrakte 71,73,120

Voraussage

- kodierender Bereiche 58

- Sekundärstrukturen 59

- Z-DNA-Strukturen 62

Wirtsspezifität 184

Xanthinoxidase 26,27,28,31,32,33

Z-DNA 62,93,94,95,96,102-104

Zellbank 90,91

Zelloberflächenproteine 86,88,91

Zellsorter 124,125

Zytoskellet 1,4,10

E. A. Brige

Bakterien- und Phagengenetik

Eine Einführung

Übersetzt aus dem Englischen von H. Matzura, E. Zyprian
1984. 111 Abbildungen. XVI, 311 Seiten. ISBN 3-540-13125-6

Inhaltsübersicht: Besonderheiten der Prokaryonten und ihrer Genetik. – Die Gesetze der Wahrscheinlichkeit und ihre Anwendung auf Kulturen und Prokaryonten. – Mutationen und Mutagenese. – Der Bakteriophage T4 als genetisches Modellsystem. – Die Genetik anderer intemperenter Bakteriophagen. – Die Genetik der temperenten Bakteriophagen. – Transduktion. – Die Transformation. – Die Konjugation. – Das F-Plasmid. – Andere Plasmide als F. – Regulation. – Reparatur und Rekombination von DNA-Molekülen. – Das Gen-Spleissen und die Herstellung künstlicher DNA-Strukturen. – Zukunftsentwicklungen. – Sachverzeichnis.

„... ein gelungenes Buch über die Genetik der Bakterien und Bakteriophagen ... Ich halte das Buch ... für eine nützliche und gleichermaßen erfreuliche Bereicherung des Angebots für Studenten und andere Interessierte auf diesem Gebiet. Der Autor hat versucht, die ‚klassischen‘ Ergebnisse der Prokaryontenforschung mit neuesten Daten für den Anfänger aufzuarbeiten. Dieser Versuch ist ihm gelungen ... Es macht Spaß, das Buch zu lesen, weil es etwas von der Begeisterung ausstrahlt, die der Autor seinen eigenen Angaben nach (Einleitung) bei der Beschäftigung mit der Materie erfahren hat. ...“

Forum Mikrobiologie

P. v. Sengbusch

Molekular- und Zellbiologie

1979. 616 Abbildungen, 68 Tabellen. XI, 671 Seiten.
ISBN 3-540-09454-7

Inhaltsübersicht: Einleitung. – Nukleinsäuren. – Proteine. – Membranen. – Cytoskelette und kontraktile Strukturen. – Supramolekulare Strukturen. – Zellen. – Vielzellige Systeme. – Sachverzeichnis.

Die Entwicklung der Komplexität im Verlauf der Evolution und der Ontogenese bildet den Leitgedanken des Buches. Mit Nachdruck wird auch auf die Bedeutung des Einsatzes von Mutanten hingewiesen, um zu veranschaulichen, welchen Beitrag die genetische Forschung für die Aufklärung biologischer Vorgänge auf allen Organisationsebenen geleistet hat und immer noch leistet.
Dieses Lehrbuch wird nicht nur bei Biologie-Studenten und Dozenten Interesse und Begeisterung für die Molekular- und Zellbiologie erwecken, sondern ist auch jedem Nicht-Biologen zu empfehlen, der sich über Ergebnisse und Probleme auf diesen aktuellen Gebieten informieren möchte.

Springer-Verlag
Berlin
Heidelberg
New York
Tokyo

P. J. Russell

Genetik

Eine Einführung

Übersetzt aus dem Englischen von K. Wolf

1983. 262 Abbildungen. X, 236 Seiten
ISBN 3-540-12063-7

Inhaltsübersicht: Das genetische Material. – Erbmaterial und Chromosomenaufbau. – DNA-Replikation bei Prokaryonten. – DNA-Replikation und der Zellzyklus bei Eukaryonten. – Mitose und Meiose. – Mutation, Mutagenese und Selektion. – Transkription. – Proteinbiosynthese (Translation). – Der genetische Code. – Phagengenetik. – Bakteriengenetik. – Rekombinierte DNA. – Genetik der Eukaryonten: Die Mendelschen Regeln. Meiotische Analyse bei Diploiden. Pilzgenetik. Ein Überblick über die Humangenetik. – Extrachromosomale Genetik. – Biochemische Genetik (Genfunktion). – Genregulation bei Bakterien. – Regulation der Genexpression bei Eukaryonten. – Populationsgenetik. – Sachverzeichnis.

Dieses reich illustrierte Buch gibt eine kurze, umfassende und leicht faßliche Einführung in alle Teilgebiete der Genetik, wobei es neben Grundwissen auch Einblick in moderne Arbeitstechniken vermittelt. Der Einstieg erfolgt durch die molekulare Genetik, deren Befunde zum Verständnis der daran anschließenden klassischen Genetik beitragen. Besonderes Schwergewicht liegt dabei nicht auf der Vermittlung von Tatsachen, sondern auf deren experimenteller Ableitung.

Zahlreiche Abbildungen ergänzen und vertiefen die Aussagen im Text und tragen zu einem besseren Verständnis bei. Außerdem regen ausführliche Literaturangaben am Ende der Kapitel zum Weiterstudium an. Diese Vorzüge machen das Buch zu einem wertvollen Hilfsmittel für Biologie- und Medizinstudenten der ersten Semester, ebenso wie für Dozenten und Lehrer bei der Unterrichtsvorbereitung.

Springer-Verlag
Berlin
Heidelberg
New York
Tokyo